Mitteilungen aus der Biologischen Reichsanstalt für Land- und Forstwirtschaft

Heft 27   April 1926

Jahresheft 1923 des Phänologischen Reichsdienstes

Bearbeitet im Laboratorium für Meteorologie
und Phänologie der Biologischen Reichsanstalt

Leiter:
Regierungsrat Prof. Dr. E. Werth
Mitglied der Biologischen Reichsanstalt

Springer-Verlag Berlin Heidelberg GmbH

Jahresheft 1923

des

Phänologischen Reichsdienstes

Bearbeitet im Laboratorium für Meteorologie
und Phänologie der Biologischen Reichsanstalt

Leiter:

Regierungsrat Prof. Dr. E. Werth
Mitglied der Biologischen Reichsanstalt

Springer-Verlag Berlin Heidelberg GmbH

ISBN 978-3-662-01798-2   ISBN 978-3-662-02093-7 (eBook)
DOI 10.1007/978-3-662-02093-7

Inhaltsübersicht.

Einleitung.

Auf den folgenden Seiten ist das gesamte Beobachtungsmaterial des Phäno=
logischen Reichsdienstes für das Jahr 1923 enthalten. Es bezieht sich auf
301 Beobachtungsstationen. Das ist ein Mehr von fast 50 Stationen gegenüber
dem vorhergehenden Jahre (vgl. Mitteilungen aus der Biologischen Reichsanstalt
für Land= und Forstwirtschaft, Heft 25). Soweit die Beobachtungen der einzelnen
Stationen dazu ausreichten, wurden dieselben wieder, nach Landesteilen geordnet,
in übersichtlicher Weise zu Tabellen zusammengefaßt. Die mehr vereinzelten Be=
obachtungen, sowie solche, welche sich auf Objekte beziehen, die über den Rahmen
der Beobachtungsvordrucke hinausgreifen, folgen, nach Beobachtungsorten und =daten
geordnet, nach. Die Tabellen 1—14 umfassen die Beobachtungen über den Ent=
wicklungsgang der Kulturpflanzen, die Tabellen 15—18 diejenigen über Schäd=
linge und Krankheiten der Kulturpflanzen, und die Tabellen 19—35 bringen die
allgemeinen phänologischen Beobachtungen. Dann folgen die „Einzelbeobach=
tungen", welche die Seiten 149—212 füllen. Zwei Abhandlungen „Apfelblüte
und Apfelblütenstecherbefall 1923" und „Bedeutung extremer Temperaturen für
die Existenzgrenzen der Pflanzen" beschließen das Heft.

So sind auch für 1923 die gesamten Beobachtungen des Phänologischen
Reichsdienstes jedem zur weiteren Benutzung zugänglich gemacht. Aufrichtiger
Dank gebührt den freiwilligen Beobachtern, die in so großer Zahl und in allen
Landen des Reiches ihr Interesse und ihre Kraft in den Dienst der Sache gestellt
haben. Der Phänologische Reichsdienst strebt vor allem eine unmittelbare Nutzbar=
machung der phänologischen Beobachtungen für die Landwirtschaft und die
Schädlingsbekämpfung an. Er arbeitet damit letzten Endes im Interesse der Er=
nährung des deutschen Volkes. Es wird auch fernerhin um rege Teilnahme an
den Beobachtungen gebeten. Da es sich für den einzelnen Beobachter nur um
relativ sehr wenige Aufzeichnungen handelt, die sich auf einen Zeitraum von vielen
Monaten verteilen, so dürfte die Übernahme des phänologischen Beobachtungs=
dienstes von niemandem als eine Last empfunden werden können. Die Zentrale
des Phänologischen Reichsdienstes in der Biologischen Reichsanstalt in Berlin=
Dahlem (Königin Luisestr. 19) ist gerne bereit, einzelnen Interessenten, wie auch
naturwissenschaftlichen, gärtnerischen und landwirtschaftlichen Vereinen oder ähnlichen
Organisationen, die über einen Stab für derartige Beobachtungen durch Beruf
oder Neigung geeigneter Personen verfügen, jede nähere Auskunft zu erteilen,
und würde für die Nennung weiterer freiwilliger Mitarbeiter jederzeit sehr
dankbar sein. Ergänzungen des Beobachtungsnetzes sind überall erwünscht.
Besonders dringlich sind solche in Ostpreußen, der Grenzmark, Pommern, Meck=
lenburg, Schleswig=Holstein, Hannover, Oldenburg, Bayern.

I.

Beobachtungen
des Phänologischen Reichsdienstes
im Jahre 1923

Phänologische Beobachtungen an landwirtschaftlichen Kulturpflanzen

Beobachtungsort und Beobachter	Marggrabowa Zicher, Landw. Schule	Jonikaten, Memellb. Ernst Jung und Dr. Nagel	Gumbinnen Ökonomierat Ehlert	Eßnerischken b. Trempen ?
Meereshöhe in Metern .				
Winterroggen				
Sorte	Petkuser	Petkuser	Petkuser	Petkuser
Aussaat	1. Sept.	31. Aug.	20. Mai (schoßt)	28. Aug.
Beginn der Blüte . .	15. Juni	23. Juni	10. Juni	17. Juni
Ende der Blüte . . .	25. Juni	—	—	7. Juli
Beginn der Ernte . .	1./10. Aug.	6. Aug.	—	1. Aug.
(Marggr.: G./L. 2 m; Jonikaten: Drainiert, lehmiger Sand; Eßnerischken: Lehmsand, mittel)				
Sommergerste				
Sorte	Hannagerste	—	Chevalier	Verschieden
Aussaat	10. April	12. April	3. Mai	12. April
Beginn der Blüte . .	18. Juni	6. Juli	26. Juni	6. Juli
Ende der Blüte . . .	—	—	—	—
Beginn der Ernte . .	10. Aug.	9. Aug.	—	9. Aug.
(Marggr.: G./L. 2 m; Jonikaten: f. o.; Gumbinnen: Lehmboden; Eßnerischken: f. o.)				
Winterweizen				
Sorte	Sandomir	Kostroma	—	Criewener
Aussaat	5. Sept.	8. Sept.	—	2. Sept.
Beginn der Blüte . .	16. Juni	—	—	12. Juli
Ende der Blüte . . .	25. Juni	—	—	—
Beginn der Ernte . .	20. Aug.	30. Aug.	—	31. Aug.
(Marggr.: G./L. 2 m; Jonikaten: f. o.; Eßnerischken: f. o.)				
Sommerweizen				
Sorte	—	Strube	—	—
Aussaat	—	11. April	—	—
Beginn der Blüte . .	—	—[2]	—	—
Ende der Blüte . . .	—	—	—	—
Beginn der Ernte . .	—	—	—	—
(Jonikaten: f. o.)				
Hafer				
Sorte	Petk. Gelbhafer	Schlanstädter	—	Svalöfs Siegeshafer
Aussaat	10. April	5./10. April	3. Mai	7. April
Beginn der Blüte . .	15. Juni	—	6. Juli	—
Ende der Blüte . . .	20. Juni	—	—	—
Beginn der Ernte . .	20. Aug.	3. Sept.	—	17. Aug.
(Marggr.: G./L. 2 m; Jonikaten: f. o.; Eßnerischken: f. o.)				

[1] Im wesentlichen Baltischer Klimabezirk, umfassend den hinterpommerschen und preußischen

[2] Am 29. Mai, 6. Juni, 20. Juni Nachtfröste, am 20. Juni Hagel.

in Ostpreußen, Grenzmark und Pommern 1923.[1]

Tabelle 1.

Abl. Gründen b. Labiau E. Brinkmann	Rastenburg Landw.=Lehrer Flemming	Bartenstein Ldw. Schule (50—60 m)	Königsberg Hpst. f. Pfl.=schutz	Marienburg Wittpahl	Wendisch=Tychow (Kr. Schlawe) v. Kleist
mittelschwer, drainiert	*lehmiger Sand*		*Lehmboden*		*eben L.S./G.L.*
Petkuser	Petkuser	—	Petkuser	—	Petkuser
15. Sept.	12. Sept.	28.Aug./3.Okt.	20. Sept.	Anfg. März Austrieb	4. Sept.
17. Juni	15. Juni	9. Juni	14. Juni	—	11. Juni
10. Juli[3])	27. Juni	29. Juni	25. Juni	—	8. Juli[4])
8. Aug.	10. Aug.	5./6. Aug.	24. Aug.	—	1. Aug.
f. o.	*f. o.*		*Sandlehm*	*sandiger Lehm*	
—	Hannagerste	—	Hannagerste	Hannagerste	—
14. April	28. April	6./Ende April	12. April	Mitte März	30. März
29. Juni	—	5. Juli	15. Juni	—	—
21. Juli[3])	15. Juli	12. Juli	—	—	—
20. Aug.	21. Aug.	8. Aug.	26. Aug.	—	—
f. o.	*Lehm, hügelig*		*Lehmboden*	*f. o.*	
Criewener	Eppweizen	—	Criewener	General Stocken	Pommerscher Dickkopf
—	2. Sept.	—	29. Sept.	Anf.März Austrieb	30. Sept.
2. Juli	—	—	10. Juli	—	12. Juli
25. Juli	—	—	18. Juli	—	—
12. Sept.	26. Aug.	20. Aug.	10. Sept.	—	20. Aug.
	Lehm, hügelig		*strenger Lehm*	*f. o.*	
—	—	—	Heines Kolben	—	—
—	—	—	18. April	—	—
—	—	—	11. Juli	—	—
—	—	—	17. Juli	—	—
—	—	—	5. Sept.	—	—
f. o.	*Lehm*		*sandiger Lehm*	*f. o.*	
Dippes Überwinder	Siegeshafer	—	Petk.Gelbhafer	Siegeshafer	—
14. April	10. April	26.Mz./E.Apr.	7. April	Mitte März	31. März
28. Juni	—	12. Juli	25. Juni	—	Austrieb 19. April
22. Juli[3])	—	18. Juli	30. Juni	—	—
1. Sept.	14. Sept.	15. Aug.	26. Aug.	—	—

Landrücken nebst der Küstenebene.   [2]) Stark gelitten durch Nachtfröste.
[4]) Nachtfrost am 28. Juni.

Noch: Phänologische Beobachtungen an landwirtschaftlichen Kulturpflanzen

Beobachtungsort und Beobachter	Marggrabowa Ziehr, Landw. Schule	Jonikaten, Memelld. Ernst Jung und Dr. Nagel	Gumbinnen Ökonomierat Ehlert	Eßnerischken b. Trempen ?
Meereshöhe in Metern .				
Kartoffel				
Sorte	Modell	—	Frühe	Eldorado, Landskr.
Aussaat	15. April	—	26. Mai	1. Mai
Beginn der Blüte . .	15. Juli	—	12. Juli	20. Juli
Ende der Blüte . . .	1. Aug.	—	—	—
Beginn der Ernte . .	1. Okt.	—	—	2./30. Oktober
Rübe				
Sorte	—	—	—	Kirsches Ideal
Aussaat	—	—	—	25. April
Beginn der Ernte . .	—	—	—	9. Okt./3. Nov.
Lupine				
Sorte	—	—	—	blau
Aussaat	—	—	—	14. April
Beginn der Blüte . .	—	—	—	4. Juli
Ende der Blüte . . .	—	—	—	—
Beginn der Ernte . .	—	—	—	1. Okt.
Klee				
Sorte	—	Grün= u. Rot=	—	Rot=, Schweden=
Aussaat	—	12. April	—	11. April
Beginn der Blüte . .	—	—	19. Juni	15. Juni
Ende der Blüte . . .	—	—	—	—
Beginn der Ernte . .	—	—	—	28. Juni
Erbse				
Sorte	—	—	—	Erbse mit Senf
Aussaat	—	—	—	14. April
Beginn der Blüte . .	—	—	4. Juli	9. Juli
Ende der Blüte . . .	—	—	—	—
Beginn der Ernte . .	—	27. Aug.	—	30. Aug.

Anmerkungen in den Zwischenspalten: S./L. 2 m (Marggrabowa); Drainiert, lehmiger Sand (Jonikaten); Lehmsd., mittel bzw. s. o. (Eßnerischken).

¹) Am 29. Mai, 6. Juni, 20. Juni Nachtfröste, am 20. Juni Hagel.

in Ostpreußen, Grenzmark und Pommern 1923.   Noch: Tabelle **1**.

Adl. Gründen b. Labiau E. Brinkmann	Rastenburg Landw.-Lehrer Flemming	Bartenstein Ldw. Schule	Königsberg Hpst. f. Pfl.-schutz	Marienburg Wittpahl	Wendisch-Tychow (Kr. Schlawe) v. Kleist
		50—60 m			
mittelschwer, drainiert Silesia 15. Mai 20. Juli 25. Aug.[1]) 3. Sept.	*sandiger Lehm* Modell 8./12. Mai Anf. Juli Ende Aug. 9./15. Okt.	— 28. Apr./24. M. 15. Juli — 1. Okt.	Modell 2. Juni 26. Juli 16. Aug. 9. Okt.	*Lehm* Graf Dohna 25. April — — —	Silesia, Parnassia, Deodora 23. April 15. Juli 18. Sept. 20. Sept.[2])
Eckerndorfer 6. Mai —	*w. o.* Eckerndorfer 20./24. Mai Ende Okt.	— 28. Apr./24. M. 10. Okt.	— — —	*w. o.* Eckerndorfer 23. April —	Wruken 2. Mai —
w. o. blau — 1. Juni 10. Juli[1]) —	— — — — —	— — — — —	— — — — —	— — — — —	— 23. März 4. Juli — 25. Sept.
w. o. Rot= 16. April 20. Juni 9. Juli[1]) 10. Juli	*Lehm* Rot= 20. April Mitte Juni — Mitte Juni	— — — — —	— — 19. Juni — —	*w. o.* Ostpreuß. Anfg. März — — —	Rotklee 3. Mai 10. Juni — 10. Juli
w. o. Graue 15. April 2. Juni 10. Sept.[1]) 10. Sept.	*sandiger Lehm* GrüneVikt. 8. April — — Anfg.Sept.	— — — — —	— — 6. Juli — —	Viktoria Mitte März — — —	— 24. März 4. Juli — —

[2]) Ertrag 70—75 Ztr. je Morgen.

Beobachtungsort und Beobachter	Jonikaten (Memelland) E. Jung und Dr. Nagel	Abl. Gründen b. Labiau Brinkmann	Marggrabowa Ziehr	Königsberg i. Pr. Dr. Lemcke
Apfel				
Sorte	—	—	—	—
Austrieb	—	10. April	—	—
Beginn der Blüte . . .	27. Mai	19. Mai	20. Juni	12. Mai
Ende der Blüte	—	12. Juni[2])	—	—
Beginn der Ernte . . .	—	13. Sept.	—	—
Birne				
Sorte	—	—	—	—
Austrieb	—	12. April	—	—
Beginn der Blüte . . .	23. Mai	21. Mai	20. Juni	14. Mai
Ende der Blüte	29. Mai	11. Juni[2])	—	—
Beginn der Ernte . . .	—	30. Aug.	—	—
Süß- und Sauerkirsche				
Sorte	—	—	—	—
Austrieb	—	15. April	—	—
Beginn der Blüte . . .	20. Mai	18. Mai	10. Juni	9 Mai
Ende der Blüte	—	29. Mai[2])	—	—
Beginn der Ernte . . .	10. Aug.	25. Juli	—	—
Pflaume und Zwetsche				
Sorte	—	—	—	—
Austrieb	—	16. April	—	—
Beginn der Blüte . . .	—	20. Mai	—	—
Ende der Blüte	—	28. Mai[2])	—	—
Beginn der Ernte . . .	—	29. Juli	—	—
Pfirsich				
Sorte	—	—	—	—
Austrieb	—	—	—	—
Beginn der Blüte . . .	—	—	—	—
Ende der Blüte	—	—	—	—
Beginn der Ernte . . .	—	—	—	—
Stachelbeere				
Austrieb	—	11. April	20. April	—
Beginn der Blüte . . .	—	10. Mai	—	—
Ende der Blüte	—	27. Mai	—	—
Beginn der Ernte . . .	—	1. Juli	—	—
Johannisbeere				
Sorte	—	—	—	—
Austrieb	—	9. April	—	—
Beginn der Blüte . . .	7. Mai	9. Mai	15. Mai	10. Mai
Ende der Blüte	—	27. Mai[2])	—	—
Beginn der Ernte . . .	1. Aug.	25. Juli	1. Aug.	24. Juli
Erdbeere				
Sorte	—	—	—	—
Austrieb	—	5. April	—	—
Beginn der Blüte . . .	—	23. Mai	—	—
Ende der Blüte	—	12. Juni[2])	—	—
Beginn der Ernte . . .	—	11. Juli	—	—

[1]) Im wesentlichen Baltischer Klimabezirk, umfassend den hinterpommerschen und preußischen Land=

Ostpreußen, Grenzmark und Pommern 1923.¹) Tabelle **2**.

Fischhausen Kuhnke³)	Aweyden Sadlowski		Marienburg (Westpr.) Wittpahl	Bucholz (Kr. Schlochau) D. Adolphi	Wendisch=Tychow (Kr. Schlawe) v. Kleist
Verschiedene	Eiserapfel		Schöner v. Nordhausen	Gravensteiner	—
16. Mai	—	Lehm	2. Mai	—	17. April
25./31. Mai	26. Mai		9. Mai	16. Mai	22. Mai
10./15. Juni	—		—	29. Mai	—
15. Aug.	—		—	—	8. Sept.
Verschiedene	Honigbirne		Le Lectier	—	Gute Graue
16. Mai	—		1 Mai	—	23. April
20./25. Mai	12. Mai	f. o.	7. Mai	10. Mai	12. Mai
1./7. Juni	—		—	28. Mai	28. Mai
20. Aug.	—		—	—	15. Sept.
Verschiedene	—		Gubens Ehre	Frühe rhein. Süßkirsche	Sauerkirsche
20./27. Mai	—		2. Mai	—	23. April
15./18. Mai	13. Mai	f. o.	—	5. Mai	5. Mai
28. Mai/7. Juni	—		—	17. Mai	—
10. Juli	—		—	—	14. Juli
Verschiedene	—		Hauspflaume	—	Großherzog
20. Mai	—		7. Mai	—	—
23./28. Mai	—	f. o.	—	15. Mai	—
1./10. Juni	—		—	30. Mai	—
24. Aug.	—		—	—	14. Sept.
Frühe Alexander	—		—	—	—
5. Mai	—		—	—	—
22. Mai	—		—	—	18. April
28. Mai	—		—	—	—
21. Aug.	—		—	—	—
5. Mai	—		Ende April	—	—
9. Mai	—	f. o.	1. Mai	27. April	3. Mai
15. Mai	—		—	5. Mai	—
1. Aug.	—		—	—	1. Aug.
—	—		Rote Kirsch=	—	—
8. Mai	—		Ende April	—	—
12. Mai	6. Mai	f. o.	1. Mai	2. Mai	3. Mai
21. Mai	—		—	10. Mai	—
1. Aug.	21. Juli		—	—	30. Juli
—	—		Lactons	—	—
20. April	—		Ende April	—	—
17. Mai	—	f. o.	—	—	20. Mai
31. Mai	—		—	—	—
6. Juli	—		—	—	6. Juli

rücken nebst der Küstenebene.   ²) Am 10. Mai, 29. Mai und 6. Juni Nachtfröste.   ³) 5./6. Juni Nachtfrost.

| Beobachter und Beobachtungsort | Beginn der Blüte bei | | | | Ende der |
	Birne Gute Luise	Apfel Goldparm.	Erdbeere	Süßkirsche	Sauerkirsche
Lindner, Forst=Lausitz . . .	—	6. Mai	14. Mai Sieger	—	—
Landw. Schule Seelow i. M..	28. April	6. Mai	—	7. Mai Frühe der Mark	14. Mai Schattenmorelle
Landw. Schule Guben . . .	27. April	2. Mai	5. Mai Sieger	30. April	9. April Schattenmorelle
Landw. Schule Sorau . . .	—	—	—	15. Mai	1. Mai
Verein der Gärtner Spremberg	—	—	—	5. Mai Maikirsche	8. Mai
Pilz, Lübbenau	25. April	5. Mai	20. April Deutsch Evern	20. April Schwarze Knorpel	1. Mai Schattenmorelle
Walter, Cottbus	15. Mai	12. Mai	29. Mai	24. April	28. April
Woetzel, Calau N.=L. . . .	24. April	6. Mai	4. Mai Laxton u. Evern	—	9. Mai Schattenmorelle
Schlenz, Luckau N.=L. . . .	26. April	6. Mai	6. Mai Sieger	16. April	2. Mai Schattenmorelle
Berg, Luckau	24. April	5. Mai	4. Mai Sieger	2. Mai Frühe der Mark	11. Mai Schattenmorelle
Landw. Schule Jüterbog . .	—	—	20. Mai	21. Mai	30. Mai
Giebelhausen, Beeskow i. M..	23. April	8. Mai	8. Mai Rotkäppchen	30. April	16. Mai Schattenmorelle
Schwericke, Caputh	—	—	—	4. Mai	8. Mai
Kunert, Sanssouci, Potsdam .	2. Mai	6. Mai	8. Mai Evern, Sieger	2. Mai	7. Mai
Böhmer, Bln.=Karlshorst . .	16. April	22. April	28. April	16. Mai	2. Juni

¹) Fällt in den Subsarmatischen Klimabezirk, d. i. der südliche, wärmere und trockenere Teil des Harzes reichend.

gewächsen in Brandenburg 1923.[1]   Tabelle 3.

Blüte von			Erstes Auftreten von			
			Fusicladium an		Monilia	Pflaumen=säge=wespe
Pflaume u. Zwetsche	Johannisbeere	Erdbeere	Apfel	Birne		
12. Mai Hauszwetsche	—	—	—	—	7. Mai	—
7. Mai Viktoria	—	—	15. Mai	15. Mai	4. Mai	—
8. April gr. blaue Hauszwetsche	2. Mai Rote Kirsch=	15. Juni Sieger	8. Juni	12. Juni	11. Mai	27. Mai
28. April	1. Mai	13. Juni	—	—	Mai	—
10. Mai	28. April Rote Kirsch=	12. Mai Deutsch Evern	—	—	15. Mai	—
30. April	—	1. Juli Sp. v. Leopoldshall	25. April	10. Mai	7. Mai	29. April
25. April	28. April	10. Juni	30. Mai	—	—	—
6. Mai Hauspflaume	—	29. Juni Leopoldshall	28. Mai	12. Mai	6. Mai	—
10. Mai Hauszwetsche	21. April Rote Holländische	11. Juni Sieger	28. Mai	22. Mai	11. Mai	12. Mai
5. Mai Hauszwetsche	3. Mai Rote Kirsch=	5. Juni Sieger	17. Mai	22. Mai	6. Mai	15. Mai
29. Mai	15. Mai	10. Juni	—	—	—	—
3. Mai	30. April Rote Holländ.	4. Juni Rotkäppchen	22. Mai	24. Mai	14. Mai	18. Mai
10. Mai	4. Mai	5. Juni	—	—	17. Mai	—
10. Mai	7. Mai	18. Juni	12. Juni	—	10. Juni Pflaume	8. Juni
26. Mai	26. Mai	20. Juni Leopoldshall	—	—	—	—

Ostelbiens, im Süden bis an die Vorberge der mitteldeutschen Gebirgsschwelle, im Westen bis an diejenigen

Beobachter und Beobachtungsort	Beginn der Blüte bei			Ende der	
	Birne Gute Luise	Apfel Goldparm.	Erdbeere	Süßkirsche	Sauerkirsche
Krüger, Nauen	3. Mai	15. Mai	20. Mai	15. Mai	10. Mai
Landw. Schule Trebbin . . .	—	—	—	16. Mai	16. Mai
W. Flemming, Lobetal b. Rudnitz	—	—	—	4. Mai	10. Mai Schattenmorelle
Schorf, Freienwalde	18. April	21. April	10. Mai Flandern	12. April	17. April
Lemm, Prenzlau	5. Mai	20. Mai	20. Mai Noble	13. Mai	17. Mai
Tismer, Neuruppin	—	—	—	7. Mai	15. Mai
Braatz, Gransee	12. Mai	15. Mai	13. Mai Evern	27. April	18. Mai Schattenmorelle
Baader, Kyritz	—	—	—	30. April Frühe	17. Mai Natte
Landw. Schule Perleberg . .	10. Mai	16. Mai	28. April Laxton Noble	16. Mai Prinzeß Marianne	25. Mai Schattenmorelle
W. Pfeil, Wittstock a. D. . .	—	—	—	10. Mai Kön. Hortense	15. Mai
G. Jost, Victorshöhe . . .	—	—	—	10. Mai	19. Mai
Hedwigsberg, Frankfurt a. O. .	6. Mai	10. Mai	18. Mai	28. April Frühe d. Mark	3. Mai Schattenmorelle
de la Barre, Reppen . . .	—	—	—	10. Mai	20. Mai
Gartenbauschule Driesen i. N. .	10. Mai	12. Mai	28. Mai	20. Mai	18. Mai
Obst- u Gartenbauverein Soldin	30. April	3. Mai	22. Mai	2. Mai Hortense	15. Mai Schattenmorelle

gewächsen in Brandenburg 1923. Noch: Tabelle **3.**

| Blüte von | | | Erstes Auftreten von | | | |
| Pflaume u. Zwetsche | Johannisbeere | Erdbeere | Fusicladium an | | Monilia | Pflaumen=säge=wespe |
			Apfel	Birne		
12. Mai	15. Mai	15. Juni	1. Juli	25. Juni	12. Mai	1. Juli
—	—	8. Juni	—	4. Juni	19. Mai	—
10. Mai Bauerpflaume	20. Mai Holländer	15. Juni	25. Mai	—	10. Mai	5. Mai
10. April	10. April Rote Holländer	30. Mai Flandern	—	22. Mai	16. Mai Schattenmorelle	—
25. Mai	8. Mai	10. Juni Noble	28. Mai	—	14. Mai Schattenmorelle	—
23. Mai	9. Mai Rote Holländer	—	—	—	8. Mai	—
—	5. Mai Rote Holländer	23. Juni	—	11. Juni	18. Mai	—
8. Mai	20. April Rote Holländer	21. Juni König Albert	4. Juni	4. Juni	10. Mai	—
12. Mai	18. Mai Rote Holländer	—	25. Mai	18. Mai	15. Mai	—
12. Mai Hauszwetsche	16. Mai Rote Holländer	18. Juni Noble	15. Juni	—	17. Mai	—
—	17. Mai	—	23. Mai	28. Mai	15. Mai	—
6. Mai	—	—	—	—	16. Mai	—
15. Mai	10. Mai	3. Juni	Anfg. Mai	Anfg. Mai	Anfang Mai	—
12. Mai	30. Mai	—	2. Juni	—	29. Mai	—
8. Mai	22. April Kirsch	22. April	—	—	10. Mai	—

Beobachter und Beobachtungsort	Ende der Blüte von Apfel	Beginn der Blüte von	Ende der Blüte von	Beginn der		
		Wein		Erdbeere	Süßkirsche	Stachel-beere
Gartenbauschule der Landw. Kammer in Driesen i. Nm.	24. Mai	9. Juli	—	28. Juni	30. Juni	—
Krüger in Nauen	20. Mai	—	—	3. Juli	1. Juli	1. Aug.
P. Böhmer, Gärtn., Karlshorst	—	—	—	25. Juni Sieger	22. Juni	—
Scharf, Freienwalde . . .	12. Mai	15. Juni	2. Juli	18. Juni Deutsch Evern	24. Juni	13. Juli
Dr. Tannert, Schwiebus . .	Mitte Mai	Mitte Juli	Anfg. Juli	Anfang Juli	Mitte Juli	Mitte Juli
Ldw. Schule, Crossen . . .	—	11. Juli	16. Juli	—	30. Juni	15. Juli
Ldw. Schule, Seelow i. M..	26. Mai	17. Juli	—	25. Juni Laxton	18. Juni Frühe d. Mark	17. Juli
Fr. Wolther, Gärtn., Cottbus, Rieselfeld	30. Mai	5. Juni	20. Juni	20. Juni	30. Juni	—
Schlenz, Obergärtner, Luckau	12. Mai	6. Juli	14. Juli	18. Juni Sieger	11. Juni	—
Ldw. Schule, Jüterbog . .	16. Mai	23. Juni	—	20. Juni	18. Juni	15. Juli
Kunert, Oberhofgärtner, Sanssouci b. Potsdam .	6. Juni	19. Juni	28. Juni	20. Juni Evern	12. Juni	21. Juli

¹) Fällt in den Subsarmatischen Klimabezirk, d. i. der südliche, wärmere und trockenere Teil des Harzes reichend.

gewächsen in Brandenburg 1923.[1] Tabelle 4.

Ernte von			Erstes Auftreten der			
Johannisbeere	Sauerkirsche	Walderdbeere	Pflaumensägewespe	ausgewachsenen Larven der Stachelbeerblattwespe	Obstmade	Kräuselkrankheit
7. Juli	—	30. Juni	—	—	—	12. Mai
15. Juli	4. Aug.	—	—	—	—	1. Juni
2. Juli Vierländer	8. Juli K. Weichsel	—	—	—	16. Mai	24. Mai
10. Juli	—	28. Juni	—	5. Juli	10. Juli	20. Juni
Mitte Juli	—	Ende Juni	—	—	—	2. Juli
11. Juli	—	8. Juli	—	—	—	—
11. Juli	—	—	—	10. Juni	6. Juli	4. Juli
1. Juli	—	24. Juni	20. Juni	15. Juni	2. Juni	20. Mai
14. Juli Rote Holländer	10. Juli Podbielski	12. Juli	12. Mai	28. Mai	18. Juni	16. Mai
15. Juli	—	18. Juli	—	—	—	18. Juni
12. Juli	10 Juli	6. Juli	10. Juni	7. Juni	18. Juli	12. Juni

Ostelbiens, im Süden bis an die Vorberge der mitteldeutschen Gebirgsschwelle, im Westen bis an diejenigen

Phänologische Beobachtungen an Obst=

Beobachter und Beobachtungsort	Beginn der				
	Sauerkirsche	Pfirsich	Aprikose	Birne	Johannisbeere
Landw. Schule Jüterbog . .	9. August	—	—	17. August	18. Juli
Berg, Luckau N.=L.	7. August Schattenmorelle	—	—	20. August Juli Dechants= 22. August Rettichbirne	16. Juli Rote Holländische
P. Schlenz, Luckau N.=L. . .	10. Juli Podbielski 8. August Schattenmorelle	—	—	11. August bunt. Julibirne	14. Juli Rote Holländische
Ldw. Schule, Cottbus=Sandow	29. Juli	6. August	6. August	2. August	2. Juli
Landw. Schule, Sorau N.=L. .	—	—	—	—	10. Juli
Landw. Schule, Crossen a. O.	18. Juli	—	—	5. August	11. Juli
Landw. Schule, Seelow i. M.[2])	23. Juli Osth. W.	—	—	—	20. Juli Rote Holländische
de la Brue, Reppen	25. Juli	—	—	—	15. Juli
Ldw. Lehrer Pohl, Soldin Nm.	1. August	1. August	1. August	1. August	22. Juli
Gartenbauschule d. Ldw.Kammer f. Brandenbg., Driesen i. d. N.	18. Juli	—	—	—	15. Juli
Gustav Rabbel, Jordan (Neumrk.)	25. Juli	—	—	—	15. Juli Gr. Rote
Heinecke, Werder a. H. . . .	28. Juli Schattenmorelle	—	—	—	10. Juli
Schorf, Freienwalde	24. Juli v. Podbielski	—	—	—	20. Juli Holl. Rote
Korn, Großbeeren	—	—	—	4. Sept. Williams	—
Rob.Schulz,Trebbin(Kr.Teltow)	Anfang August	Ende Sept.	—	15. Sept. Kaiserkrone	Ende Juli
Paul Böhmer, Bln.=Karlshorst	8. Juli Kaiserl. Weichsel	—	—	—	2. Juli Früh.v.Vierland.
Baader, Kyritz	1. August Glaskirsche 9. August Natte	—	—	12. August Juli Dechants	1. August Rote Holländer
Kunert, Sanssouci, Potsdam .	18. August Gubens Ehre	27. Juli Früh.Halls	9. August Frhe. Moorpark	17. August Lapiomont	12. Juli Holl. weiße u. rote
Krüger, Rauen	4. August	—	—	23. August	15. Juli

<hr>

¹) Fällt in den Subsarmatischen Klimabezirk, d. i. der südliche, wärmere und trockenere Teil des Harzes reichend. ²) Ende der Weinblüte am 25. Juli.

gewächsen in Brandenburg 1923.[1]   Tabelle 5.

Ernte bei		Ende der Ernte bei		Erste wurmstichige	
Stachelbeere	Himbeere	Süßkirsche	Erdbeere	Birne	Apfel
18. Juli	—	20. Juli	—	15. Juli	—
22. Juli Werd. Beste	20. Juli Marlborough	19. Juli Hebelfinger R.	21. Juli Sieger	20. Juli	20. Juli
20. Juli Rote Triumph	3. Juli Superlativ	25. Juli Hebelfinger Riesen	12. Juli Sieger	18. Juni	25. Juni
20. Juli	16. Juli	30. Juli	26. Juli	25. Juli	6. August
—	10. Juli	2. Juli	2. Juli	—	—
20. Juli	11. Juli	20. Juli	20. Juli	—	—
25. Juli	15. Juli Marlborough	29. Juli Gr. schw. Knorpelk.	18. Juli	6. Juli	6. Juli
12. Juli	18. Juli	—	20. Juli	—	—
22. Juli	20. Juli	25. Juli	1. August	Mitte Juli	Mitte Juli
30. Juli	15. Juli	23. Juli	23. Juli	20. Juli	15. Juli
Grün geerntet (Mehltau)	—	Infolge Regen verdorben	Infolge Regen verdorben	Vollständige Fehlernte	
10. Juli	10. Juli Werdersche Himb.	10. Juli Knauß Kirsche 26. Juli Werd. Knupperk.	—	—	20. Juli
18. Juli Frühe von Neuwied	20. Juli	27. Juli Schwarze Knorpel	15. Juli Laxtons Holde	—	10. Juli Wintergoldp.
—	3. Juli Marlborough	—	—	24. August Williams Christ	21. August
Mitte Juli	Anfang Juli	—	Ende Juli	10. Sept.	—
8. Juli Früheste	4. Juli Goliath	20. Juli Herzkirsche	23. Juli Leopoldshall	—	16. Juli
25. Juli rote Berliner	15. Juli Marlborough	10. August Knorpelkirsche	1. August Frühe Sorten 15. August Lucida perf.	—	2. August
21. Juli Frühe von Neuwied	27. Juli	—	15. Juli Belle Alliance	26. Juni	26. Juni
1. August	1. August	31. Juli	8. August	20. August	20. August

Ostelbiens, im Süden bis an die Vorberge der mitteldeutschen Gebirgsschwelle, im Westen bis an diejenigen

Phänologische Beobachtungen an landwirtschaftlichen Kulturpflanzen in

Beobachtungsort und Beobachter	Glogau Ldw. Schule	Görlitz Ldw. Schule Dr. Oehmichen	Lauban Dir. Voellmer	Hirschberg
Meereshöhe in Metern .	70		250	
Winterroggen				
Sorte	Petkuser	Petkuser	Petkuser	Petkuser
Aussaat	—	25. Sept.	—	24. Sept.
Beginn der Blüte . .	2. Juni	10. Juni	10. Juni	9. Juni
Ende der Blüte . . .	10. Juni [2])	25. Juni	Anfang Juli	6. Juli
Beginn der Ernte . .	20. Juli	20. Juli	Ende Juli	6. Aug
Wintergerste				
Sorte	—	Friedrichs	—	—
Aussaat	—	10. Sept.	—	
Beginn der Blüte . .	—	—	10. Juni	
Ende der Blüte . . .	—	—	—	
Beginn der Ernte . .	6. Juli	5. Juli	Ende Juli	
Sommergerste				
Sorte	Hanna	Hanna	—	Rimpaus Hanna
Aussaat	—	1. April	27. März	6./7. April
Beginn der Blüte . .	20. Juni	—	—	28. Juni
Ende der Blüte . . .	—	—	—	15. Juli
Beginn der Ernte . .	28. Juli	30. Juli	Erste Hälfte Aug.	8. August
Winterweizen				
Sorte	Strubes Dickkopf	Cimbals Züchtung	—	Strubes
Aussaat	—	28. Sept.	—	27. Sept. 2. Okt.
Beginn der Blüte . .	20. Juni	—	7. Juli	22. Juni
Ende der Blüte . . .	—	—	—	17. Juli
Beginn der Ernte . .	28. Juli	1. August	Zweite Hälfte Aug	20. August
Sommerweizen				
Sorte	Roter Schlanstedter	Strubes	—	—
Aussaat	21. März	1. April	—	—
Beginn der Blüte . .	—	—	—	—
Ende der Blüte . . .	—	—	—	—
Beginn der Ernte . .	27. Juli	30. Juli	Ende Aug.	—
Hafer				
Sorte	Petkuser Gelbhafer	Petkuser Gelbhafer	—	Strubes
Aussaat	21. März	1. April	26. März	22./29. März
Beginn der Blüte . .	—	—	—	25. April
Ende der Blüte . . .	—	—	—	27. Juli
Beginn der Ernte . .	28. Juli	4. August	Zweite Hälfte Aug.	10. August

[1]) Fällt in den Subsarmatischen Klimabezirk, d. i. der südliche, wärmere und trockenere Teil des Harzes reichend. [2]) 3. u. 8. Juni Nachtfröste.

Schlesien, Brandenburg, Prov. Sachsen und Thüringen 1923.[1]　　Tabelle 6.

Hermsdorf u. K. Neugebauer	Landeshut i. Schl. Ldw. Schule	Reichenbach i. Schl. Ldw. Schule Dir. Schneider	Strehlen Ldw. Schule Schönenbeck	Namslau Ldw. Schule Dir. Ocklitz
	400	200—260	160	
—	Petkuser	—	—	Petkuser
Oktober	16. August	—	—	—
7. Juni	11. Juni	28. Mai	29. Mai	21. Mai
Juli	16. Juli	—	—	—
20. Juli	26. Juli	—	21. Juli	19. Juli
—	—	—	—	—
—	—	—	—	—
6. Juni	—	16. Mai	—	24. Juni
—	—	—	—	—
18. Juli	—	—	—	20. Juli
—	Ackermanns	—	—	—
Ende März	20. April	—	—	—
Juni	15. Juni	—	—	—
—	5. Juli	—	—	—
—	26. August	—	24. Juli	—
—	Cimbals	—	—	Weißweizen
Ott./Nov.	16. August	—	—	—
Juni	15. Juni	25. Juni	23. Juni	23. Juni
—	1. Juli	—	—	—
—	26. August	—	—	5. August
März	—	—	—	—
Juli	—	—	—	—
—	—	—	—	—
—	—	—	—	—
—	Fichtelgeb. Hafer	—	—	—
März	12. März	—	—	—
Juli	15. Juni	—	—	—
—	5: Juli	—	—	—
—	26. August	—	—	—

Ostelbiens, im Süden bis an die Vorberge der mitteldeutschen Gebirgsschwelle, im Westen bis an diejenigen

Noch: Phänologische Beobachtungen an landwirtschaftlichen Kulturpflanzen in

Beobachtungsort und Beobachter	Glogau Ldw. Schule	Görlitz Ldw. Schule Dr. Oehmichen	Lauban Dir. Voellmer	Hirschberg —
Meereshöhe in Metern .	70		250	
Kartoffel				
Sorte	Frühe Sorten	Cimbals Züchtung	—	späte Sorten
Aussaat	12. April	20. April	Mitte Mai	27. April/2. Mai
Beginn der Blüte . .	3. Juni	—	Mitte Juli	26. Juli
Ende der Blüte . . .	—	—	bis Anfang Sept.	3. Sept.
Beginn der Ernte . .	—	1. Okt.	Anfang Sept.	3. Okt.
Rübe				
Sorte	—	Criewener	—	Kirschs
Aussaat	—	4. April	28. April	26. Juni
Beginn der Blüte . .	—	—	—	—
Beginn der Ernte . .	—	15. Okt.	Oktober	15. Okt.
Raps				
Sorte	—	Schlesischer	—	Lemkes
Aussaat	—	15. Aug.	—	21. Aug.
Beginn der Blüte . .	15. April	—	Anfang Mai	2. Juni
Ende der Blüte . . .	—	—	—	8. Juli
Beginn der Ernte . .	—	24. Juni	Mai/Juni	21. Juli
Lupine				
Sorte	—	Schlesische	—	—
Aussaat	—	4. April	Mitte Mai	—
Beginn der Blüte . .	—	—	Mitte Juli	—
Ende der Blüte . . .	—	—	—	—
Beginn der Ernte . .	—	10. Sept.	—	—
Klee				
Sorte	—	Schlesischer	—	Rotklee
Aussaat	—	20. April	—	—
Beginn der Blüte . .	30. Mai	—	Anfang Juli	—
Ende der Blüte . . .	—	—	—	—
Beginn der Ernte . .	5. Juni	—	Sept.	14. Aug.
Erbse				
Sorte	—	Viktoria	—	—
Aussaat	—	1. April	—	—
Beginn der Blüte . .	—	—	Juni	—
Ende der Blüte . . .	—	—	—	—
Beginn der Ernte . .	—	20. Aug.	—	—
Ackerbohne				
Sorte	—	Thüringer	—	—
Aussaat	—	1. April	—	—
Beginn der Blüte . .	—	—	Anfang Juli	—
Ende der Blüte . . .	—	—	—	—
Beginn der Ernte . .	—	10. Sept.	—	

Schlesien, Brandenburg, Prov. Sachsen und Thüringen 1923.   Noch: Tabelle **6**.

Hermsdorf u. K. Neugebauer	Landeshut i. Schl. Ldw. Schule	Reichenbach i. Schl. Ldw. Schule Dir. Schneider	Strehlen Ldw. Schule Schönenbeck	Namslau Ldw. Schule Dir. Ocklitz
	400	200—260	160	
—	Verschieden	—	—	—
Mai	25. April	—	—	—
Juli	20. Juli	—	—	—
—	15. Aug.	—	—	—
—	12. Sept.	—	—	—
—	Verschieden	—	—	—
Mai	2. Mai	—	—	—
—	—	—	—	—
—	15. Sept.	—	—	—
—	—	—	—	—
—	—	—	—	—
Mai	—	10. Mai	3. Mai	7. Mai
—	—	—	—	—
13. Juli	—	—	—	28. Juni
—	—	—	—	—
—	—	—	—	—
—	—	—	—	—
—	—	—	—	—
—	Riesengebirgs-Klee	—	—	—
—	22. März	—	—	—
Juni	2. Juli	15. Juni	—	8. Juni
—	18. Aug.	—	—	—
—	—	—	—	—
—	—	—	—	—
—	—	—	—	—
Juli	—	—	—	—
—	—	—	—	—
—	—	—	—	—
—	—	—	—	—
Juli	—	—	21. Juni	—
—	—	—	—	—
—	—	—	—	—

Noch: Phänologische Beobachtungen an landwirtschaftlichen Kulturpflanzen in

Beobachtungsort und Beobachter	Leobschütz Ldw. Schule	Neustadt O.-Schl. Ldw. Schule	Oranienburg —	Speichrow Kr. Lübben H. Petry
Meereshöhe in Metern .	278			45
Winterroggen				
Sorte	Petkuser	—	Petkuser	—
Aussaat	—	—	28. Sept. 22	—
Beginn der Blüte . .	14. Juni	10. Juni	12. Juni	28. Mai
Ende der Blüte . .	—	20. Juni	Mitte Juli	—
Beginn der Ernte . .	25. Juli	—	27. Juli	18. Juli
Wintergerste				
Sorte	—	—	Friedrichsw. Berg	—
Aussaat	—	—	23. Sept. 22	—
Beginn der Blüte . .	—	—	6. Juni	24. Mai
Ende der Blüte . .	—	20. Juni	—	—
Beginn der Ernte . .	12. Juli	—	13. Juli	5. Juli
Sommergerste				
Sorte	Bavaria	—	Original Danubia	—
Aussaat	—	1./5. April	5. April	—
Beginn der Blüte . .	—	—	5. Juli	—
Ende der Blüte . .	—	—	8 Juli	—
Beginn der Ernte . .	2. Aug.	10. Aug.	6. Aug.	—
Winterweizen				
Sorte	—	—	Criewener 104	—
Aussaat	—	—	26. Sept. 22	—
Beginn der Blüte . .	—	—	—	4. Juli
Ende der Blüte . .	—	—	—	—
Beginn der Ernte . .	—	15. Aug.	—	25. Aug.
Sommerweizen				
Sorte	—	—	—	—
Aussaat	—	1./5. April	—	—
Beginn der Blüte . .	—	—	—	—
Ende der Blüte . .	—	—	—	—
Beginn der Ernte . .	—	25. Aug.[1]	—	—
Hafer				
Sorte	—	—	Petkuser Gelbh.	—
Aussaat	—	1./10. April	6. April	—
Beginn der Blüte . .	—	—	13. Juli	—
Ende der Blüte . .	—	—	—	—
Beginn der Ernte . .	—	10. Aug.	23. Aug.	—

[1] Zu 50—80% von Getreidehalmfliege befallen.

Beeskow Ldw. Schule	Luckau Ldw. Schule	Sargstedt Kr. Halberstadt Weydemann	Jena Ldw. Institut	Gera=R. Lonitz
—	—	—	Kirsches	—
—	6. Mai	—	12. Okt. 22	—
31. Mai	31. Mai	16. Juni	4. Juni	8. Juni
30. Juni	21. Juni	—	27. Juni	6. Juli
21. Juli	20. Juli	—	1. Aug.	30. Juli
—	—	Erlendorfer	—	—
—	7. Mai	—	—	—
8. Juni	14. Mai	—	—	2. Juni
—	—	—	—	10. Juni
16. Juli	7. Juli	20. Juli	—	18. Juli
—	—	—	Heils=Franken	—
22. März	—	26. März	28. März	—
8. Juli	21. Juni	—	26. Juni	12. Juli
—	—	—	—	26. Juli
27. Juli	2. Aug.	4. Aug.	7. Aug.	10 Aug.
—	—	—	Krafft Siegerländer	—
—	—	—	10. Okt.	—
8. Juli	—	14. Juli	27. Juni	20. Juni
—	—	—	6. Juli	6. Juli
20. Aug.	—	20. Aug.	4. Aug.	15. Aug.
—	—	—	Dippes Bordeaux	—
22. März	—	23. März	26. März	—
16. Juli	—	—	10. Juli	8. Juli
—	—	—	15. Juli	17. Juli
30. Aug.	—	—	23. Aug.	22. Aug.
—	—	—	Brands	—
—	—	—	24. März	—
8. Juli	7. Juli	—	12. Juli	5. Juli
—	—	—	—	18. Juli
20. Aug.	4. Aug.	16. Aug.	13. Aug.	10. Aug.

Noch: Phänologische Beobachtungen an landwirtschaftlichen Kulturpflanzen in

Beobachtungsort und Beobachter	Leobschütz Ldw. Schule	Neustadt O.-Schl. Ldw. Schule	Oranienburg —	Speichrow Kr. Lübben H. Petry
Meereshöhe in Metern .	278			45
Kartoffel				
Sorte	B. Gerlach	—	Industrie	—
Aussaat	14. April	15. April	1. Mai	—
Beginn der Blüte . .	—	20. Juni	17. Juni	—
Ende der Blüte . . .	—	—	28. Juli	—
Beginn der Ernte . .	—	20. Aug.	5. Okt.	—
Rübe				
Sorte	—	—	—	—
Aussaat	—	21. April	—	—
Beginn der Blüte . .	—	—	—	—
Beginn der Ernte . .	—	—	—	—
Raps				
Sorte	—	—	—	—
Aussaat	—	—	—	—
Beginn der Blüte . .	26. April	—	—	10. April
Ende der Blüte . . .	—	—	—	—
Beginn der Ernte . .	12. Juli	20. Juli	—	20. Juni
Lupine				
Sorte	—	—	Gelbe (Handelssaat)	—
Aussaat	—	—	21. April	—
Beginn der Blüte . .	—	—	12. Juli	—
Ende der Blüte . . .	—	—	22. Juli	—
Beginn der Ernte . .	—	—	11. Okt.	—
Klee				
Sorte	—	—	—	Rotklee
Aussaat	—	—	—	—
Beginn der Blüte . .	—	—	—	1. April
Ende der Blüte . . .	—	—	—	—
Beginn der Ernte . .	—	—	—	—
Erbse				
Sorte	—	—	—	—
Aussaat	—	10. April	5. April	—
Beginn der Blüte . .	—	—	2. Juni	—
Ende der Blüte . . .	—	—	—	—
Beginn der Ernte . .	—	—	6. Juli	—
Ackerbohne				
Sorte	—	—	Puffbohne	—
Aussaat	—	—	6. April	—
Beginn der Blüte . .	—	—	2. Juni	—
Ende der Blüte . . .	—	—	—	—
Beginn der Ernte . .	—	—	September	—

(In Spalte Oranienburg, vertikal: bei Kartoffel „Hum. Sand"; bei Lupine, Erbse und Ackerbohne „f. o.")

Schlesien, Brandenburg, Prov Sachsen und Thüringen 1923.

Beeskow Ldw. Schule	Luckau Ldw. Schule	Sargstedt Kr. Halberstadt Weydemann	Jena Ldw. Institut	Gera=R. Loniß
—	—	—	Fr. Rosen=	—
15. April	—	—	29. April	—
13. Juli	1. Juli	—	8. Juli	12. Juli
Ende Juli	—	—	10. Aug.	15. Juli
Anfg. Aug.	—	14. Aug. (Frühe) sonst Ende Sept.	19. Sept.	20. Sept.
—	—	—	Eckendorfer	—
20. April	—	28. April	5. Mai	—
15. Aug.	—	14. Juli	—	—
—	—	10 Okt.	14. Okt.	—
—	—	—	—	—
—	—	—	—	—
20. April	26. April	—	—	—
12. Mai	—	—	—	—
—	—	15. Juli	—	—
—	—	—	—	—
3. April	—	—	—	—
23. Juli	27. Juni	—	—	—
5. Aug.	—	—	—	—
20. Aug.	—	—	—	—
—	—	—	Schlesischer	—
—	—	—	—	—
15. Mai	—	—	1. Juni	—
—	—	—	5. Juli	—
—	—	—	5. Juli	10. Mai
—	—	Viktoriaerbse	Heines	—
—	—	28. März	27. März	—
23. Mai	—	15. Juni	8. Juni	—
—	—	—	11. Juli	—
20. Aug.	—	—	—	—
—	—	—	Hörnings=	—
—	—	28. März	21. April	—
30. Mai	—	16. Juni	13. Juni	—
—	—	—	30. Juni	—
5. Sept.	—	—	—	—

Phänologiſche Beobachtungen an Obſtgewächſen in

Beobachtungsort und Beobachter	Glogau Ldw. Schule	Aslau Reiter	Lauban Dir. Voellmer	Hirſchberg —
Meereshöhe in Metern .	70		250	—
Apfel				
Sorte	—	Landsbg. Reinette	—	—
Austrieb	—	—	—	—
Beginn der Blüte . .	3. Mai	—	Anfg. Mai	15. Mai
Ende der Blüte. . .	—	25. Mai	—	19. Mai
Beginn der Ernte . .	—	—	Mitte Sept.	15. Sept.
Birne				
Sorte	—	Williams Chriſtbirne	—	—
Beginn der Blüte . .	25. April	—	20. April	2. Mai
Ende der Blüte. . .	—	10. Mai	—	17. Mai
Beginn der Ernte . .	—	—	Sept.	2. Sept.
Süß= und Sauerkirſche				
Sorte	—	Große Prinzeſſin	—	—
Beginn der Blüte . .	10. April	—	22. April	23. April
Ende der Blüte. . .	—	9. Mai	—	3. Mai
Beginn der Ernte . .	8. Juni	—	—	5. Aug.
Pflaume und Zwetſche				
Sorte	—	Gr. grüne Reineclaude	—	—
Beginn der Blüte . .	15. April	—	20. April	14. Mai
Ende der Blüte. . .	—	7. Mai	—	29. Mai
Beginn der Ernte . .	25. Aug.	—	Mitte Sept.	10. Sept.
Pfirſich				
Sorte	—	Proskauer	—	—
Beginn der Blüte . .	5. April	—	4. April	—
Ende der Blüte. . .	—	25. Mai	—	—
Beginn der Ernte . .	—	—	—	—
Stachelbeere				
Sorte	—	Amerik. Gebirgsſt.	—	—
Austrieb	—	—	—	—
Beginn der Blüte . .	25. April	—	—	17. April
Ende der Blüte. . .	—	26. April	—	8. Mai
Beginn der Ernte . .	20. Juli	—	—	28. Juli
Johannisbeere				
Sorte	—	Rote Holländiſche	—	—
Austrieb	—	—	—	—
Beginn der Blüte . .	15. April	—	20. April	19. April
Ende der Blüte. . .	—	28. April	—	10. Mai
Beginn der Ernte . .	10. Juli	—	Mitte Juli	—
Erdbeere				
Sorte	—	Sieger	—	—
Austrieb	—	—	—	—
Beginn der Blüte . .	5. Mai	6. Mai	25. April	21. Mai
Ende der Blüte. . .	5. Juni	20. Mai	—	13. Juni
Beginn der Ernte . .	12. Juni	—	—	28. Juni

¹) Fällt in den Subſarmatiſchen Klimabezirk, d. i. der ſüdliche, wärmere und trockenere Teil des Harzes reichend.

Schlesien, Brandenburg und Gera-R. 1923.[1] Tabelle 7.

Neustadt O.-Schl. Ldw. Schule	Landeshut i. Schl. Ldw. Schule	Reichenbach i. Schl. Ldw. Schule Dir. Schneider	Strehlen Ldw. Schule Schönenbeck	Namslau Ldw. Schule Dir. Ocklitz
	400	200—260	160	
30. April	24. April	1. Mai	3. Mai	6. Mai
25. April	2. Mai	25. April	22. April	26. April
30. Mai	—	—	—	—
20. April	—	28. April	20. April	25. April
25. Mai	—	—	—	—
15. Juni	—	—	—	—
15. April	—	—	1. Mai	3. Mai
10. April	—	10. April	18. April	—
—	—	—	—	12. April
11. April	—	—	15. April	—
2. Mai	—	—	—	—
12. April	1. April	12. April	15. April	7. Mai
10. Mai	—	—	—	—
—	2. Juni	—	—	16. Juli
15. Mai	22. April	—	1. Mai	16. Mai
15. Juni	—	—	—	—

Ostelbiens, im Süden bis an die Vorberge der mitteldeutschen Gebirgsschwelle, im Westen bis an diejenigen:

Beobachtungsort und Beobachter	Leobschütz Ldw. Schule	Sprottau Ökon.-Rat Klocke	Obergebelzig Lehrer W. Schulze	Festenberg Ldw. Schule Dir. Scheibe
Meereshöhe in Metern	278	130		
Apfel				
Sorte	—	—	Gravensteiner	—
Austrieb	—	—	—	—
Beginn der Blüte . .	18. April	5. Mai	6. Mai	5. Mai
Ende der Blüte . . .	—	—	—	—
Beginn der Ernte . .	1./10 Okt.	—	—	—
Birne				
Sorte	—	—	Gute Luise	—
Beginn der Blüte . .	16. April	17. April	2. Mai	—
Ende der Blüte . . .	—	—	—	—
Beginn der Ernte . .	20. Sept.	—	—	—
Süß- und Sauerkirsche				
Sorte	—	—	—	—
Beginn der Blüte . .	24. April	24. April	21. April	20. April
Ende der Blüte . . .	—	—	—	—
Beginn der Ernte . .	10. Juni	—	—	—
Pflaume und Zwetsche				
Sorte	—	—	—	—
Beginn der Blüte . .	25. April	26. April	—	—
Ende der Blüte . . .	—	—	—	—
Beginn der Ernte . .	—	—	—	—
Pfirsich				
Sorte	—	—	—	—
Beginn der Blüte . .	11. April	15. April	—	20. April
Ende der Blüte . . .	—	—	—	—
Beginn der Ernte . .	—	—	—	—
Stachelbeere				
Sorte	—	—	—	—
Austrieb	—	—	10. April	—
Beginn der Blüte . .	14 April	—	—	13. April
Ende der Blüte . . .	—	—	—	—
Beginn der Ernte . .	20. Juli	—	—	—
Johannisbeere				
Sorte	—	—	—	—
Austrieb	—	—	—	—
Beginn der Blüte . .	13. April	—	14. April	28. April
Ende der Blüte . . .	—	—	—	—
Beginn der Ernte . .	15. Juli	—	20. Juli	—
Erdbeere				
Sorte	—	—	—	—
Austrieb	—	5. Mai	—	—
Beginn der Blüte . .	25. April	—	—	—
Ende der Blüte . . .	—	—	—	—
Beginn der Ernte . .	28. Juli	—	—	—

¹) Am 29. April Nachtfrost.   ²) Am 18. April Nachtfrost.   ³) Stachelbeermehltaubefal

Speichrow (Kr. Lübben) H. Petry	Oranienburg —	Beeskow Ldw. Schule	Bln.=Lichterfelde G. Diederrich	Gera=R. Lonitz
45				
—	Gravensteiner	—	—	—
—	2. Mai	—	—	—
23. April	7. Mai	20. April	18. April	3. Mai
—	12. Mai	12. Mai¹)	—	12 Mai
—	Keine Frucht	—	—	20. Aug.
				(frühe)
—	—	—	—	—²)
12. April	—	17. April	18. April	18. April
—	—	5. Mai¹)	—	5. Mai³)
—	—	—	—	17. Aug.
—	—	—	—	—²)
13. April	—	15. April	28. April	15. April
—	—	10. Mai¹)	—	6. Mai
—	—	20. Juli	—	6. Juli
—	—	—	—	—
27. April	—	16. April	30. April	25. April
—	—	4. Mai¹)	—	6. Mai
25. Aug.	—	—	—	
—	—	—	Amsden	—²)
12. April	—	20. April	12. April	15. April
—	—	4. Mai¹)	—	25. April
—	—	—	—	20. Aug.
—	Amerik. Gebirgsst.	—	—	—
—	2. April	19. März	—	—²)
—	23. April	12. April	12. April	8. April
—	28. April	1. Mai¹)	—	28. April
—	18. Juli	15. Juli	—	20. Juli
—	Rote Holländische	—	—	—
—	28. März	19. März	—	—²)
12. April	25. April	14. April	10. April	10. April
—	15. Juni	1. Mai¹)	—	12. Mai
5. Juli	2. Juli	20. Juli	—	24. Juli
—	Laxton Noble	—	—	—
—	—	19. März	—	—
—	13. Mai	30. April	—	—
—	15. Juni	—¹)	—	—
—	2. Juli	6. Juli	—	—

Phänologische Beobachtungen an landwirtschaftlichen Kultur=

Beobachtungsort und Beobachter	Dorotheenhof auf Fehmarn R. Hagen	Kiel Finken	Bad Oldesloe Ldw. Schule
Meereshöhe in Metern . .	8		
Winterroggen			
Sorte	Petkuser	Petkuser	—
Aussaat	14. Okt.	1. Nov.	3. Okt.
Beginn der Blüte . . .	24. Juni	1. Juli	16. Juni
Ende der Blüte	10. Juli	20. Juli	8. Juli
Beginn der Ernte . . .	10. Aug.	15. Aug.	8. Aug.
Wintergerste			
Sorte	—	—	—
Beginn der Blüte . . .	—	—	—
Ende der Blüte	—	—	—
Beginn der Ernte . . .	—	—	26. Juli
Sommergerste			
Sorte	Kuhnows Meoravia	—	—
Aussaat	8./12. April	—	18. April
Austrieb	—	—	—
Beginn der Blüte . . .	4. Juli	—	—
Ende der Blüte	14. Juli	—	—
Beginn der Ernte . . .	15. Aug.	—	9. Aug.
Winterweizen			
Sorte	Königin Wilhelmina	Carsten	—
Aussaat	11. Okt.	1. Nov.	10. Okt.
Beginn der Blüte . . .	9. Juli	15. Juli	—
Ende der Blüte	—	20. Juli	—
Beginn der Ernte . . .	23. Aug.	20. Aug.	20. Aug.
Sommerweizen			
Sorte	—	—	—
Aussaat	—	—	—
Austrieb	—	—	—
Beginn der Blüte . . .	—	—	—
Ende der Blüte	—	—	—
Beginn der Ernte . . .	—	—	—
Hafer			
Sorte	Strubes Schlanstedter	Schlanstedter	—
Aussaat	5./7. April	20. April	8. April
Austrieb	—	—	—
Beginn der Blüte . . .	12. Juli	15. Juli	—
Ende der Blüte	—	30. Juli	—
Beginn der Ernte . . .	28. Aug.	10. Sept.	18. Aug.

---

[1]) Zum Nordatlantischen Klimabezirk gehörend, welcher im Osten mit der Arealgrenze der Mittelharz — abschließt.

pflanzen in Schleswig-Holstein und Westfalen 1923.¹)   Tabelle 8.

Itzehoe Ldw. Winterschule	Ringel b. Kattenvenne Finkener	Soest i. W. Ldw. Schule	Münster Ldw. Kammer	Westercappeln i. W. Ldw. Schule
	75	103		
	(leichter Sandb.)	*(sandiger Lehm)*		
—	Petkuser	Kraffts Zeeländer	Petkuser	Petkuser bis 20. Okt.
25./30. Juni	3. Juni	1. Juni	11. Juni	Mai/Juni
—	20. Juni	26. Juni	26. Juni	Mitte Juli
Mitte August	25. Juli	27. Juli	3. Aug.	Anfg. Aug
—	—	Eckendorfer	Eckendorfer	—
—	—	24. Mai	—	—
—	—	10. Juni *(s. o.)*	—	—
18./20. Juli	—	16. Juli	21. Juli	—
—	Zweizeilige	Heils Frankeng.	—	Landsorte
—	4. April	—	—	Apr./Anf. Mai
—	19. April *(s. o.)*	— *(s. o.)*	—	—
—	25. Juni	10. Juli	—	Juni
—	4. Juli	19. Juli	—	Ende Juni
—	8. Aug.	kein Ertrag (Sperlingsfraß)	—	Mitte Juli
—	—	Siegerländer	—	—
—	—	—	—	—
6./12. Juli	—	24. Juni *(s. o.)*	—	—
—	—	15. Juli	—	—
Ende August	—	6. Aug.	—	—
—	Dickkopf	—	—	—
—	1. März	—	—	—
—	2. April *(s. o.)*	— *(s. o.)*	—	—
—	21. Juni	23. Juli	—	—
—	9. Juli	30. Juli	—	—
—	25. Aug.	12. Aug.	—	—
in der Marsch / auf der Geest	Badberger	—	Petkuser	Petkuser und Badberger
— / —	23. März	—	—	April
ab 22. März / 5./25. April	3. April *(s. o.)*	— *(s. o.)*	—	Juni
— / —	2. Juli	19. Juli	—	Juni
— / —	20. Juli	25. Juli	—	Mitte Aug.
10./30. Aug. / 15. Aug. bis 5. Sept.	8. Aug.	9. Aug.	27. Aug.	

„atlantischen" Stechpalme (Ilex aquifolium) — ungefähr gleich einer Linie von der Peenemündung zum

Beobachtungsort und Beobachter	Dorotheenhof auf Fehmarn R. Hagen	Kiel Finken	Bad Oldesloe Ldw. Schule
Meereshöhe in Metern .	8		
Kartoffel			
Sorte	—	—	—
Aussaat	7. Mai	1. Mai	20. April
Austrieb	—	—	—
Beginn der Blüte . . .	17. Juli	25. Juni	10. Juli
Ende der Blüte	—	20. Juli	20. Aug.
Beginn der Ernte . . .	25. Sept.	1. Oft.	1. Oft
Rübe			
Sorte	—	—	—
Aussaat	—	—	13. April
Austrieb	—	—	—
Beginn der Ernte . . .	—	—	1. Oft.
Lupine			
Sorte	—	—	—
Aussaat	—	—	—
Beginn der Blüte . . .	—	—	—
Ende der Blüte	—	—	—
Beginn der Ernte . . .	—	—	—
Raps			
Sorte	—	—	—
Beginn der Blüte . . .	—	—	—
Ende der Blüte	—	—	—
Beginn der Ernte . . .	—	—	—
Erbse			
Sorte	—	—	—
Aussaat	9. April	—	14. April
Austrieb	—	—	—
Beginn der Blüte . . .	5. Juli	—	—
Ende der Blüte	—	—	—
Beginn der Ernte . . .	13. Aug.	—	—
Ackerbohne (Vicia faba)			
Sorte	—	—	—
Aussaat	—	—	13. April
Austrieb	—	—	—
Beginn der Blüte . . .	—	—	—
Ende der Blüte	—	—	—
Beginn der Ernte . . .	—	—	15. Sept.

Itzehoe Ldw. Winterschule	Ringel b. Rattenvenne Finkener	Soest i. W. Ldw. Schule	Münster Ldw. Kammer	Westercappeln i. W Ldw Schule
	75	103		
Frühe — — — 20./30. Aug.	(leichter Sandb.) Rosen= 3. April 6. Mai 6. Juli 15. Juli 2. Sept.	(sandiger Lehm) Kaiserkrone — — 30. Juni 15. Juli 1. Aug.	(troken. Sandb.) Industrie 21. April — 28. Juli — 19. Okt.	Ebstorfer Mai — Juni/Juli Juli/Aug. Ende Sept.
— — — —	(f. o.) Gelbe runde R. 3. April 17. April —	— — — —	— — — —	Eckendorfer Mai — Anfg. Okt.
— 20./25. Mai — — —	(f. o.) Gelbe — 20. Juli 1. Aug. 11. Sept.	(f. o.) Blaue — 9. Juli — 26. Sept.	— — — — —	— — — — —
— 27. April — 25. Juli/5. Aug.	(f. o.) — 26. Mai 5. Juni 4. Aug.	(f. o.) Lemkes 12. April — 7. Juli	— — — —	— — — —
— — — — —	(f. o.) Felderbse 25. März 13. April 1. Juni 25. Juni 30. Juli	(f. o.) Gr. Viktoria — — 21. Juni 14. Juli 7. Aug.	(sand. Lehmbod.) Gelbe Viktoria 17. April — 20. Juni 15. Juli 25. Juli	— — — — —
20. März — — — 28. Aug.	— 20. März 9. April 4. Juni 1. Juli 5. Aug.	Eckendorfer — — 21. Juni 14. Juli 30. Aug.	— — — — —	— — — — —

Phänologische Beobachtungen an Obstgewächsen in

Beobachtungsort und Beobachter	Dorotheenhof auf Fehmarn R. Hagen	Kiel Finken und Dr. Schellenberg	Bad Oldesloe Ldw. Schule	Hamburg W. Köhler
Meereshöhe in Metern .	8	am Meere		
Apfel				
Sorte	—	—	—	Gravensteiner
Austrieb	—	—	—	—
Beginn der Blüte . .	15. Mai	10. Mai	3. Mai	—
Ende der Blüte. . .	2. Juni	—	22. Mai	10./14. Mai
Beginn der Ernte . .	—	—	—	1./15. Sept.
Birne				
Sorte	—	—	—	Dopp. Philippsbirne
Austrieb	—	—	—	—
Beginn der Blüte . .	5. Mai	20. April	30. April	—
Ende der Blüte. . .	25. Mai	—	17. Mai	6. Mai
Beginn der Ernte . .	—	—	—	1./15. Aug.
Süß= und Sauerkirsche				
Sorte	—	—	—	Vogelkirsche
Austrieb	—	—	—	—
Beginn der Blüte . .	—	25. Apr. u. 1. Mai	10. Mai	—
Ende der Blüte. . .	—	—	22. Mai	28. April
Beginn der Ernte . .	—	—	—	
Pflaume und Zwetsche				
Sorte	—	—	—	—
Austrieb	—	—	—	—
Beginn der Blüte . .	11. Mai	20. April	23. April	—
Ende der Blüte. . .	1. Juni	—	10. Mai	26. April
Beginn der Ernte . .	—	30. Sept.	—	1. Okt.
Pfirsich				
Sorte	—	—	—	—
Austrieb	—	—	—	—
Beginn der Blüte . .	—	15. April	—	—
Ende der Blüte. . .	—	—	—	18. April
Beginn der Ernte . .	—	—	—	
Stachelbeere				
Sorte	—	—	—	—
Austrieb	—	25. März	—	—
Beginn der Blüte . .	—	1. Mai	12. April	—
Ende der Blüte. . .	9. Mai	—	30. April	23. April
Beginn der Ernte . .	—	10. Aug.	—	
Johannisbeere				
Sorte	—	—	—	Rote Holländer
Austrieb	—	—	—	—
Beginn der Blüte . .	26. April	1. Mai	15. April	—
Ende der Blüte. . .	—	—	27. April	26. April
Beginn der Ernte . .	12. Juli	10. Aug.	—	
Erdbeere				
Sorte	—	—	—	Schwarze König Albert
Austrieb	—	—	—	—
Beginn der Blüte . .	25. Mai	10. Mai	15. Mai	3. Mai
Ende der Blüte. . .	2. Juli	—	—	20. Mai
Beginn der Ernte . .	4. Juli	30. Juni	—	—

[1] Zum Nordatlantischen Klimabezirk gehörend, welcher im Osten mit der Arealgrenze der Mittelharz — abschließt. [2] Nachtfröste am 30. März, 11., 15., 18., 19., 20., 21., 22., 24. u. 27. April

Schleswig-Holstein, Hamburg und Westfalen 1923.[1])   Tabelle 9.

Eckartsheim b. Bielefeld Kormann	*(leichter Sandb.)*	Ringel b. Kattenvenne Finkener[2])	*(sandiger Lehm)*	Soest i. W. Ldw. Schule	*(sandiger Lehm)*	Münster i. W. Ldw. Kammer[3])	*(leichter, durchlässiger Boden)*	Elspe i. W. Kr. Olpe —[4])
				103				
		Klarapfel		Kaiser Wilhelm		Gravensteiner		—
—	leichter Sandb.	27. März	sandiger Lehm	—	sandiger Lehm	—	leichter, durchlässiger Boden	—
—		30. März		24. April		20. April		Anfang Mai
—		16. April[2])		3. Mai		9. Mai[3])		Ende Mai[4])
—		3. Aug.		15. Okt.		15. Sept.		—
Gute Luise		Honigbirne		Winterforelle		Gute Luise		—
20. April		30. März		—		—		—
18. April	f. o.	30. März	f. o.	12. April	f. o.	10. April	f. o.	Ende April
—		4. Mai		30. April		25. April[3])		Mitte Mai[4])
—		5. Aug.		3. Okt.		2. Okt.		—
Knorpelkirsche		—		Schattenmorelle		Zuckerkirsche		—
20. April		5. April		—		—		—
12. Apr., a. 15. Apr. Sauerkirsche	f. o.	18. April	f. o.	18. April	f. o.	Anfang April	f. o.	Ende April
—		1. Mai[2])		30. April		20. April[3])		Anfang Mai[4])
—		5. Juli		7. Aug.		20. Juli		—
Pyramidenpfl.		—		Hauszwetsche		St. Anna		—
18./20. März		25. März		—		—		—
10. April	f. o.	29. März	f. o.	11. April	f. o.	Anfg. April		—
—		1. Mai[2])		20. April		18. April[3])		—
—		26. Aug.		20. Sept.		12. Juli		—
—		—		—		—		—
—		12. März		—		—		—
—	f. o.	23. März	f. o.	5. April		—		—
—		4. Mai[2])		20. April		—		—
—		Kein Ertrag (Blattrollkrankheit)		4 Aug.		—		—
Wich. Industrie		Rote		—		—		—
—		25. März		—		—		—
8. April	f. o.	5. April	f. o.	5. April		—	f. o.	Mitte April
—		20 April[2])		—		—		Ende April[4])
—		20. Juli (Blattwespe)		20. Juli		—		—
Rote Holländer		Rote		Rote Holländer		—		—
—		28 März		—		—		—
16. April	f. o.	3. April	f. o.	3. April		—	f. o.	Mitte April
—		20. April[2])		—		—		Ende April[4])
—		4. Juli (Blattwespe)		15. Juli		—		—
—		Ananas		Deutsch Evern		—		—
—		20. März		—		—		—
—	f. o.	4. Mai	f. o.	3. Mai	f. o.	30. April		—
—		29. Mai[2])		—		5. Juni[3])		—
—		15. Juli		19. Juni		26. Juni		—

„atlantischen" Stechpalme (Ilex aquifolium) — ungefähr gleich einer Linie von der Peenemündung zum
und 24. Mai 23.   [3]) Nachtfröste am 8., 18. und 24. April 23.   [4]) Nachtfrost am 25. April 23.

Phänologische Beobachtungen an Obstgewächsen

Beobachtungsort und Beobachter	Kettwig Magny	Lindlar (Kr. Wipperfürth) —	Ratingen (Bez. Düsseldf.) —	Köln Eßer
Apfel				
Sorte	Charlamowski	—	—	Boskoop
Austrieb	—	Ende März	Mitt./EndeApr.	—
Beginn der Blüte . . .	10. April	Ende April	Ende April	25. April
Nachtfröste während d. Blüte	9. u. 24. April	23. u. 27. April		25. April
Ende der Blüte	1. Mai	Mitte Mai	Anfang Mai	20. Mai
Beginn der Ernte . . .	Anfang Okt.	Ende Aug	—	—
Birne				
Sorte	Amanlis	—	—	B. v. Tonger
Austrieb	—	Ende März	Ende März	—
Beginn der Blüte . . .	26. März	Mitte April	Ende April	20. April
Nachtfröste während d. Blüte	31. März u. 2. April	23. u. 27. April		25. April
Ende der Blüte	13. April	Mitte Mai	Anfang Mai	17. Mai
Beginn der Ernte . . .	15 Sept.	Anfang Sept.	—	—
Süß- und Sauerkirsche				
Sorte	—	—	—	Luzienkirsche
Austrieb	—	Ende März	Ende März	—
Beginn der Blüte . . .	10. April	Mitte April	Mitte April	12. April
Nachtfröste während d. Blüte	24. April	23. u. 27. April	—	25. April
Ende der Blüte	8. Mai	Ende April	Anfang Mai	15. Mai
Beginn der Ernte . . .	15. Aug.	Ende Juli	—	25. Juni
Pflaume und Zwetsche				
Sorte	—	— -	—	Wangenheim
Austrieb	—	Ende März	Ende März	—
Beginn der Blüte . . .	25. März	Mitte April	bis Ende April	10. April
Nachtfröste während d. Blüte	31. März u. 2. April	23. u. 27. April	—	25. April
Ende der Blüte		Mitte Mai	—	16. April
Beginn der Ernte . . .	—.	Ende Aug.	—	8. Aug.
Pfirsich				
Sorte	—	—	—	Silber-Pfirsich
Austrieb	—	—	Ende März	—
Beginn der Blüte . . .	27. März	—	April	8. April
Nachtfröste während d. Blüte	31. März, 2. u. 9. April	—	—	25. April
Ende der Blüte	16. April	—	—	12. Mai
Beginn der Ernte . . .	—	—	—	8. Sept.
Stachelbeere				
Sorte	—	—	—	Grüne v. Neuwied
Austrieb	—	Mitte März	Ende März	—
Beginn der Blüte . . .	Ende März	Anfang April	April	8 April
Nachtfröste während d. Blüte	31. März u. 2. April	—	—	25. April
Ende der Blüte	8. April	Mitte April	—	18. Mai
Beginn der Ernte . . .		Mitte Juli	—	24. Juni
Johannisbeere				
Sorte	—	—	—	Rote Kirsch-
Austrieb	—	Mitte März	Ende März	—
Beginn der Blüte . . .	Ende März	Anfang April	April	10. April
Nachtfröste während d. Blüte	31. März u. 2. April	—	—	25. April
Ende der Blüte	8. April	Mitte April	—	16. Mai
Beginn der Ernte . . .		Mitte Juli	—	26. Juni
Erdbeere				
Sorte	—	—	—	—
Austrieb	—	—	April	—
Beginn der Blüte . . .	—	Ende April	Mai	15. Mai
Nachtfröste während d. Blüte	—	—	—	—
Ende der Blüte	—	Ende Juni	—	—
Beginn der Ernte . . .	—	Anfang Juli	—	10. Juni

[1]) Zu einem großen Teil dem Rheinischen Klimabezirk, mit warmen Wintern und warmen

in der Rheinprovinz und Hessen 1923.[1)] Tabelle 10.

Grünberg (Oberhess.) Landwirtschaftsamt	Friedberg (Hess.) Dr. Heßler	Reichelsheim —	Offenbach a. M. —	Sprendlingen (Rhh.) Landw. Amt
—	Hohenheimer Rießling	—	Goldparmäne	Cellini
—	16. April	3. April	—	—
—	24. April	24. April	21. April	21. April
—	25. April	—	—	24./25. April
—	6. Mai	4. Mai	—	5. Mai
—	15. Sept.	—	15. Sept.	—
Glockenbirne	Nina	—	Mollebusch	—
—	10. April	26. März	—	—
14. April	20. April	20. April	10. April	6. April
24./25. April	25. April	—	13. April	9., 10. u. 18. April
25. April	27. April	..	—	24. April
12. Sept.	keine Früchte	—	August	1. August
Frühe	—	—	—	Sauerkirsche
—	3. April	21. März	—	—
10. April	12. April	7. April	1. April	17. April
24./25. April	19. April	10. April	7. u. 13. April	18. u. 24. April
25. April	23. April	—	20. April	5. Mai
12. Juli	21. Juli	—	—	—
—	—	—	—	Frühzwetschen
—	9. April	—	—	5. April
9. April	14. April	15. April	12. April	9, 10. u. 18. April
9./10., 24./25. April	19. u. 25. April	—	13. April	19 April
28 April	26. April	—	—	8. Aug.
25. Sept.	11. Sept.	—	—	—
—	Amsden	—	Weinberg	—
—	14. April	—	—	—
12. April	11. April	—	Ende März	27. März
—	11. u. 19. April	—	7. u. 13. April	31. März, 1., 2. u. 3. April
—	19. April	—	Ende April	6 April
—	30. Juli	—	August	—
—	Frühe, gelbe	—	—	—
—	24. März	15. März	—	—
10 April	26. März	—	—	31 März
9./10. u. 24./25. April	—	—	—	31.März, 1.,2.,3.,9. u.18.Apr.
27. April	9. April	5. April	—	21. April
25. Juli	10. Juli	—	—	18. Juni
—	—	—	—	—
—	17. März	20. März	—	—
—	24. März	—	—	31. März
24./25. April	—	—	—	31.März, 1.,2.,3.,9. u.18.Apr.
27. April	14. April	—	—	21. April
20. Juli	12. Juli	—	—	—
—	Teutsch Evern	—	—	—
—	12. April	—	—	—
—	29. April	—	—	4. April
—	—	—	—	9. u. 18. April
—	12. Juni	—	—	—
—	19. Juni	—	—	12. Juni

Sommern, angehörend.

Phänologische Beobachtungen an landwirtschaftlichen Kultur=

Beobachtungsort und Beobachter	Kettwig Magny	Lindlar (Kr. Wipperfürth) —	Ratingen (Bez. Düsseldorf) —	Lauffen (Wttbg.) v. Ditterich
Winterroggen	Lehmboden	Lehm u. fdg. Lehm		lehmiger Sand
Sorte	Petkuser	Petkuser	Petkuser	Champagner
Aussaat	28. Sept.	Anfg. Okt.	Sept./Okt.	10. Sept.
Austrieb	—	—	—	—
Beginn der Blüte	2. Juni	Mitte Juni	Anfg. Juni	24. Mai
Nachtfröste während der Blüte	-	—	—	—
Ende der Blüte	25. Juni	Anfg. Juli	20. Juni	12. Juni
Beginn der Blüte	28. Juli	Anfg. Aug.	25. Juli	25. Juli
Wintergerste	s. o.	s. o.		
Sorte	Mammut	Mammut	—	—
Aussaat	3. Okt.	Ende Sept.	Sept.	—
Austrieb	—	—	—	—
Beginn der Blüte	30. Mai	Anfg. Juni	Ende Mai	—
Ende der Blüte	18. Juni	Ende Juni	ca. 28. Juni	—
Beginn der Ernte	14. Juli	Mitte Juli	15. Juli	—
Sommergerste				
Sorte	—	—	—	—
Aussaat	—	—	—	—
Austrieb	—	—	—	—
Beginn der Blüte	—	—	Anfg. Juni	—
Nachtfröste während der Blüte	—	—	—	—
Ende der Blüte	—	—	ca. 28. Juni	—
Beginn der Ernte	—	—	1. Aug.	—
Winterweizen	s. o.	s. o.		s. o.
Sorte	Bullendorfer	Siegerländer	—	—
Aussaat	10. Nov.	Nov./Dez.	Okt./Nov.	1. Okt.
Austrieb	—	—	—	—
Beginn der Blüte	4. Juli	Anfg. Juli	Mitte Juni	10. Juni
Ende der Blüte	16. Juli	Juli	ca. 28. Juni	22. Juni
Beginn der Ernte	11. Aug.	Mitte Aug.	1. Aug.	4. Aug.
Sommerweizen	s. o.	s. o.		s. o.
Sorte	—	—	—	—
Aussaat	—	—	—	15. März
Austrieb	—	—	—	—
Beginn der Blüte	—	—	—	—
Ende der Blüte	—	—	—	—
Beginn der Ernte	—	—	—	—
Hafer	s. o.	s. o.		s. o.
Sorte	Petkuser	Petkuser	—	Beseler II
Aussaat	24. März	Ende März	15. März	18. März
Austrieb	—	—	—	—
Beginn der Blüte	8. Juli	—	Anfg. Juli	3. Juli
Ende der Blüte	20. Juli	—	—	16. Juli
Beginn der Ernte	8. Aug.	—	—	12. Aug.

¹) Zu einem großen Teil dem Rheinischen Klimabezirk, mit warmen Wintern und warmen

pflanzen in der Rheinprovinz und Württemberg 1923.¹) Tabelle **11.**

Ensingen b. Vaihingen Th. Schneider	Sulz v. a. Nagold —	Hohenheim b. Stuttgart Dr. Gaul	Aalen Ldw. Schule	Unterhaugstett v. a. Calw —	Weinsberg Weinbauschule
—	Petkuser	Petkuser	Petkuser	Petkuser	—
Anfg. Okt.	2. Okt.	4. Okt.	Anfg. Sept.	—	—
—	—	18. Okt.	—	24. März	—
2. Juni	20. Mai	1. Juni	5. Juni	8. Juni	1. Juni
8. Juni	—	—	Anfg. Juni	7./8. Juni	—
12. Juni	8. Juni	26. Juni	12. Juni	26. Juni	6. Juni
2. Aug.	5. Aug.	30. Juli	28. Juli	7. Aug.	29. Juli
—	—	Mammut	—	—	—
—	—	4. Okt.	—	—	—
—	—	25. Okt.	—	—	—
—	—	22. Mai	—	—	31. Mai
—	—	3. Juni	—	—	10. Juni
—	—	13. Juli	—	—	24. Juli
Landgerste	Zeiners Fr. Gerste	Ackermanns Bavaria	Bavaria	Landgerste	—
20. März	25. März	7. April	24 April	23. März	22. März
—	—	21. April	13. Mai	—	—
10. Juli	—	3. Juli	8. Juli	26. Juni	20. Juni
—	—	—	—	26.u.28. Juni	—
15. Juli	—	13. Juli	—	—	28. Juni
11. Aug.	5. Aug.	7. Aug.	13. Aug	6. Aug.	1. Aug.
Hohenheimer	Strubes Dickkopf	Strubes Dickkopf	Bastard	Dickkopf	—
—	5. Okt.	20. Okt.	Mitte Okt.	27. März	—
—	—	9. Dez.	—	—	—
27. Juni	—	25. Juni	Mitte Juli	3. Juli	1. Juli
3. Juli	—	12. Juli	—	—	5. Juli
6. Aug.	10. Aug.	4. Aug	15. Aug	15. Aug.	6. Aug.
—	—	Strub. Rot. Ahlenst.	Landsorte	—	—
—	—	20. März	Mitte März	—	14. März
—	—	3. April	—	—	—
—	—	7. Juli	Mitte Juli	—	3. Juli
—	—	16. Juli	Ende Juli	—	15. Juli
—	—	14. Aug.	Anfg. Sept.	—	12. Aug.
Beseler II	Petkuser Gelbhafer	Petkuser Gelbhafer	Gelbhafer	Petkuser	—
20. März	20. März	21. März	15. März	22. März	19. März
—	—	5. April	—	—	—
7. Juli	—	4. Juli	Mitte Juli	—	5. Juli
11. Juli	—	14. Juli	—	—	15. Juli
13. Aug.	19. Aug.	21. Aug.	Mitte Sept.	11. Aug.	9. Aug.

Sommern, angehörend.

Noch: Phänologische Beobachtungen an landwirtschaftlichen Kultur=

Beobachtungsort und Beobachter	Kettwig Magny	Lindlar (Kr. Wipperfürth) —	Ratingen (Bez. Düsseldorf) —	Lauffen (Wttbg.) v. Ditterich
Kartoffel	_(Lehmboden)_	_(Lehm u. fdg. Lehm)_		
Sorte	Industrie	Industrie	—	—
Aussaat	1./15. Mai	Anfg. Mai	10. April	2. Mai
Austrieb	—	—	—	—
Beginn der Blüte	29. Juni	Ende Juli	—	30. Juni
Ende der Blüte	15. Juli	—	—	—
Beginn der Ernte	16. Okt.	Anfg. Okt.	—	10. Aug.
Rübe				
Sorte	—	—	—	—
Aussaat	—	—	—	—
Beginn der Ernte	—	—	—	—
Raps				
Sorte	—	—	—	—
Aussaat	—	—	Juli/Aug.	—
Beginn der Blüte	—	—	Mitte Mai	—
Nachtfröste während der Blüte	—	—	—	—
Ende der Blüte	—	—	—	—
Beginn der Ernte	—	—	—	—
Klee	_(j. o.)_	_(j. o.)_		
Sorte	Rotklee	Rotklee	—	—
Aussaat	4. April	Anfg. März	März	—
Beginn der Blüte	31. Mai	—	Anfg. Juni	—
Ende der Blüte	10. Juni	—	ca. 28. Juni	—
Beginn der Ernte	20. Juni	—	—	—
Erbse	_(j. o.)_	_(j. o.)_		
Sorte	—	—	—	—
Aussaat	—	Ende März	März/April	—
Austrieb	—	—	—	—
Beginn der Blüte	23. Mai	—	Anfg. Juni	—
Ende der Blüte	—	—	Mitte Juni	—
Beginn der Ernte	—	—	—	—
Ackerbohne	_(j. o.)_	_(j. o.)_		
Sorte	—	—	—	—
Aussaat	Anfg. April	Ende März	März	—
Austrieb	—	—	—	—
Beginn der Blüte	18. Mai	—	Mitte Mai	—
Ende der Blüte	3. Juli	—	Ende Mai	—
Beginn der Ernte	—	—	—	—

pflanzen in der Rheinprovinz und Württemberg 1923.

Enfingen b. Vaihingen Th. Schneider	Sulz o. a. Nagold —	Hohenheim b. Stuttgart Dr. Gaul	Aalen Ldw. Schule	Unterhaugstett o. a. Calw —	Weinsberg Weinbauschule
Industrie	Landsorte	Industrie	Prof. Gerlach	Weiß-Bl.	—
11. April	15. April	9. Mai	10. April	—	16. April
—	—	4. Juni	18. Mai	—	—
8. Juli	15. Juli	6. Aug.	—	16. Juli	1. Juli
—	30. Juli	—	—	—	19. Juli
20. Sept.	22. Sept.	27. Sept.	20. Sept.	19. Sept.	20. Aug. (Frühe)
Eckendorfer	Eckendorfer (gelbe)	—	—	—	—
13. April	17. April	—	10. Mai	24. März	14. April
17. Okt.	—	—	15. Okt.	—	—
—	—	Hohenh.Winterraps	—	—	—
Ende Aug.	—	30. Aug.	Anfg. Aug.	—	—
21. April	—	25. April	—	—	—
25. April	—	—	—	—	—
8. Mai	—	7. Juni	—	—	—
5. Juli	—	9. Juli	Ende Juli	—	20. Juli
Rotklee	Rotklee	Landsorte	Rotklee	Rotklee	—
2. Mai	21. April	31. Mai	Ende April	25. März	—
1. Juni	7. Juni	12. Juli	—	—	—
—	21. Juni	4. Aug.	—	—	—
22. Mai (1. Schnitt grün)	—	25. Aug.	—	—	—
Viktoria	—	Strubes gelbe Vikt.	Viktoria	—	—
10. April	—	4 April	23. März	—	26. März
—	—	23. April	—	—	—
21. Juni	—	11. Juni	—	—	—
9. Juli	—	13. Juli	—	—	15. Juli
16. Aug.	—	1. Aug.	30. Juli	—	2. Aug.
—	—	Ochsenhausener	—	—	—
—	8. April	5. April	—	10. April	20. März
—	—	27. April	—	—	—
—	—	15. Juni	—	—	—
—	—	20. Juli	—	—	10 Juli
—	—	17. Aug.	—	—	10. Sept.

Beobachtungsort und Beobachter	Wolfsanger Dir. Scheer	Harleshausen (Kr. Caffel) —	Biedenkopf Dr. Tornede		Fulda Dir. Tremmel	Hersfeld Dir. Fürst	Limburg a. d. Lahn Dr. Lutte
Winterroggen							
Sorte	—	Petkuser	—	Lehmig. Sand	Petkuser	Petkuser	—
Aussaat	23. Sept.	Mitte Okt. (Austr.)	3. Okt.		10. Okt.	Okt.	—
Beginn der Blüte .	10. Juni	Mai	—		7. Juni	Anfg. Juni	14. Juni
Ende der Blüte .	—	Juni	—		29. Juni	Ende Juni	30 Juni
Beginn der Ernte .	6. Aug.	20. Aug.	August		4. Aug.	Anfg Aug.	30. Juli
Wintergerste							
Sorte	—	Berggerste	—	f. o	Mammut	Friedrichswerter	—
Aussaat	—	August	Sept.		5. Okt.	Ende Sept.	—
Beginn der Blüte .	—	Mai	—		1. Juni	—	10. Juni
Ende der Blüte .	—	Mai	—		12. Juni	—	27. Juni
Beginn der Ernte .	20. Juli	Anfg. Aug.	15. Juli		20. Juli	20. Aug.	20. Juli
Sommergerste							
Sorte	—	—	—	Lehmboden	Franken	—	—
Aussaat	—	—	—		25. März	—	—
Beginn der Blüte .	25. Juni	—	—		12. Juli	—	—
Ende der Blüte .	—	—	—		20. Juli	—	—
Beginn der Ernte .	—	—	—		15. Aug.	—	10. Aug.
Winterweizen							
Sorte	—	Criewener	—	f. o.	Strubes W.	Criewener 104	—
Aussaat	—	Sept.	18. Okt.		21. Okt.	Mitte/Ende Okt.	—
Beginn der Blüte .	10. Juli	Mai	—		10. Juli	Ende Juni	30. Juni
Ende der Blüte .	—	Juni	—		24. Juli	Juli	—
Beginn der Ernte .	—	Ende Aug.[2]	—		25. Aug.	15. Aug.	16. Aug.
Sommerweizen							
Sorte	—	—	—	f. o.	Preußstedt	—	—
Aussaat	—	—	—		22. März	—	—
Beginn der Blüte .	—	—	10. Juli		20. Juli	—	10. Juli
Ende der Blüte .	—	—	20. Juli		28. Juli	—	30. Juli
Beginn der Ernte .	—	—	—		1 Sept.	—	19. Aug.
Hafer							
Sorte	—	—	—	f. o.	Gelbhafer	Petkuf. Gelbhaf.	—
Aussaat	20./28. Mz.	Ende März	—		20. März	Ende März	12. April
Beginn der Blüte .	—	Mai	12. Juli		20. Juli	—	5 Juli
Ende der Blüte .	—	Mai	20. Juli		28. Juli	—	20. Juli
Beginn der Ernte .	—	Anfg. Aug.	—		10. Sept.	20. Aug.	9. Aug.

[1]) Zu einem großen Teil dem Rheinischen Klimabezirk, mit warmen Wintern und warmen

Kulturpflanzen in Hessen-Nassau und Hessen 1923.[1] Tabelle 12.

Geisenheim a. Rh.	Homburg v. d. H.	(Bodenart)	Grünberg (Oberhessen)	Friedberg	Reichelsheim	(Bodenart)	Offenbach a. M.	(Bodenart)	Kettenheim (Rheinhessen)
Dr. Lüstner	Hotop, Obstbauinsp.		Dir. Trautmann	Dr. Heßler	—		—		Müller, Gutsbes.
—	—	Humoser Ton	Petkuser	Petkuser	Petkuser	Sand	Petkuser	Lehmboden	Schickert verb.
—	—		2. Okt.	4. Okt.	2. Okt.		20. Nov.		4./6. Okt.
29. Mai	—		8. Juni	3. Juni	19. Juni		20. Juni		—
20. Juni	—		2. Juli	10. Juni	—		1. Juli		—
27. Juli	10. Aug.		7. Aug.	31. Juli	2. Aug.		15. Juli		1./5. Aug.
—	—		—	Friedrichswerter	—		—		—
—	—		—	28. Sept.	—		—		—
28. Mai	—		—	—	—		—		—
9. Juni	—		—	—	—		—		—
14. Juli	—		—	17. Juli	—		—		—
—	—	f. o.	—	Fuchs verb. Pfälzer	—		—	f. o.	Pfälzer
23. März	—		18. März	21. März	27. März		—		28. März
—	—		—	—	27. Juni		—		—
—	—		—	—	—		—		—
30. Juli	16. Aug.		4. Aug.	24. Juli	5. Aug.		—		7./9. Aug.
—	—	f. o.	Sibirischer W.	Strubes Sq. head	Strubes Sq. head	f. o.	—	f. o.	Strubes Sq. head
—	—		20./25. Nov.	3./24. Nov.	30. Okt.		—		5. Dez.
14. Juni	—		—	21. Juni	2. Juli		—		—
1. Juli	—		—	27. Juni	—		—		—
9. Aug.	13. Aug.		20. Aug.	10. Aug.	17. Aug.		—		17./22. Aug.
—	—		—	Bethges	—		—		—
—	—		—	20. März	—		—		—
6. Juli	4. Juli		—	—	—		—		—
—	10. Juli		—	—	—		—		—
—	22. Aug.		—	24. Aug.	—		—		—
—	—	landf. Lehm	Fichtelgeb.-H.	Beseler II	Beseler II	f. o.	—	f. o.	Strubes Schlanstdt.
—	—		26./31. März	29. März	23. März		1./20. April		26. März
4. Juli	9. Juli		—	—	29. Juni		—		—
19. Juli	14. Juli		—	—	—		—		—
—	10. Aug.		13. Aug.	12. Aug.	17. Aug.		1. Aug.		8. Aug.

Sommern, angehörend.   [2]) 3—5 % fußkrank.

Beobachtungsort und Beobachter	Wolfs= anger Dir. Scheer	Harleshausen (Kr. Cassel) —	Biedenkopf Dr. Tornede	Fulda Dir. Tremmel	Hersfeld Dir. Fürst	Limburg a. d. Lahn Dr. Lutte
Kartoffel						
Sorte	—	Industrie	—	Industrie (leicht Tonb.)	Industrie	—
Aussaat	15. April	Anfg. April	—	18. April	Ende April	—
Beginn der Blüte .	15. Juli	Juni	—	20. Juli	—	—
Ende der Blüte .	—	Juli	—	15. Aug.	—	—
Beginn der Ernte .	—	Mitte Sept.	25. Sept.	15. Okt.	Ende Sept.	5. Aug.
Rübe						
Sorte	—	—	—	Eckendorfer (f. o.)	Eckendorfer	—
Aussaat	17. April	Ende April	10./30. Mai	15. Mai	—	—
Beginn der Ernte .	—	Ende Okt.	20. Okt.	25. Okt.	Ende Okt.	—
Raps						
Sorte	—	—	—	—	Lembkes Raps	—
Aussaat	—	Mitte Aug.	Sept.	—	Sept.	—
Beginn der Blüte .	25. April	—	Anf. Mai	22. April	April	8. Mai
Ende der Blüte .	10. Mai	—	—	—	Anfg. Mai	15. Juni
Beginn der Ernte .	15. Juli	Juli	15. Juli	—	Ende Juli	10. Juli
Klee						
Sorte	—	—	—	Thür. Rotklee (Lehmboden)	—	—
Aussaat	1. April	—	—	14. April	—	—
Beginn der Blüte .	—	—	—	12. Juni	Ende Mai	—
Beginn der Ernte .	I. 15. Mai II. 1. Aug.	—	—	20. Aug.	—	—
Erbse						
Sorte	—	—	—	Viktoria (f. o.)	Viktoria	Maierbse
Aussaat	27. März	—	—	28. März	Ende April	—
Beginn der Blüte .	—	—	—	15. Juni	Mitte Juni	12. Mai
Ende der Blüte .	—	—	—	20. Juli	—	5. Juli
Beginn der Ernte .	—	—	—	15. Aug.	Anfg. Aug.	—
Ackerbohne						
Aussaat	1. April	Anfg. April	—	— (f. o.)	—	—
Beginn der Blüte .	—	Juni	—	15. Juni	—	10. Juni
Ende der Blüte .	—	Juli	—	10. Juli	—	—
Beginn der Ernte .	—	Ende Sept.	—	30. Sept.	—	—

Kulturpflanzen in Hessen-Nassau und Hessen 1923.

Geisenheim a. Rh. Dr. Lüstner	Homburg v. d. H. Hotop, Obstbauinsp.		Grünberg (Oberhessen) Dir. Trautmann	Friedberg Dr. Heßler	Reichelsheim —	Offenbach a. M. —		Kettenheim (Rheinhessen) Müller, Gutsbes.
—	Frühe Kaiserkrone	schwerer Ton	Hassia	Ella	Industrie	Früh. Kaiserkr.	Sand	Industrie (sp.)
12. April	—		25. April	18. April	23. April	10. April		25./27. April
—	—		—	6. Juli	—	—		—
—	—		—	25. Juli	—	—		—
—	17. Juli		23. Sept.	12. Sept.	25. Sept.	20. Juli		20. Okt.
—	—	f. d.	Gelbe, runde	Oberndorfer	—	Eckendorfer	lehm. Sand	Eckendorfer
—	8. Mai		9. Juni	13./19. April	—	6. Juni		20. April
—	—		15. Okt.	—	—	15. Okt.		1. Nov.
—	—		—	—	—	—		—
31. März	14. April		—	—	—	5./10. April		—
—	—		—	—	—	—		—
—	30. Juli		—	—	—	6. Juni		—
—	—	sandig. Lehm	Rotklee	Viktoria	—	—		Ewiger
2. Mai	—		26./31. März	26. März	—	—		—
—	—		7. April	—	26. März	—		—
—	—		22. Mai	—	—	—		15. Mai
—	—		—	Grünbleib. Folger	—	—		—
—	—		12. April	13. März	—	—		—
—	18. Mai		—	7. Juni	—	—		—
—	3. Juli		—	16. Juli	—	—		—
—	—		23. Aug.	6. Aug.	—	—		—
—	—		—	13. März	—	—		—
—	—		—	27. Mai	—	—		—
—	—		—	—	—	—		—
—	—		—	10./12. Aug.	—	—		—

Beobachtungsort und Beobachter	Geisenheim a. Rh. Dr. Lüstner	Bd. Homburg v. d. H. Hotop, Obstbauinsp.	Montabaur Mühlenhöver
Meereshöhe in Metern . . .	100		
Apfel			
Sorte	—	Roter Eiserapfel	Gravensteiner
Austrieb	10. April	—	—
Beginn der Blüte . . .	17. April	—	27. April
Ende der Blüte	—	17. Mai	5. Mai
Beginn der Ernte	—	3. Aug. (Weiß. Clarapfel)	—
Birne			
Sorte	—	—	Goldhusar
Austrieb	5. April	—	—
Beginn der Blüte	6. April	—	23. April
Ende der Blüte	—	21. April	28. April
Beginn der Ernte	—	2. August	—
Süß= und Sauerkirsche			
Sorte	—	—	Vogelkirsche
Austrieb	—	—	—
Beginn der Blüte	31. März	—	13. April
Nachtfröste während der Blüte	—	—	—
Ende der Blüte	—	18. April (Sauerk 23. April)	25. April
Beginn der Ernte	—	—	—
Pflaume und Zwetsche			
Sorte	—	Viktoriapfl.	—
Austrieb	—	—	—
Beginn der Blüte	30. März	—	13. April
Nachtfröste während der Blüte	—	—	—
Ende der Blüte	—	16. April	18. April
Beginn der Ernte	—	8. August	—
Pfirsich			
Sorte	—	Amsden	—
Austrieb	—	—	—
Beginn der Blüte . . .	27. März	—	—
Nachtfröste während der Blüte	—	—	—
Ende der Blüte	—	12. April	—
Beginn der Ernte	—	10. August	—
Stachelbeere			
Sorte	—	—	Zitronenbeere
Austrieb	14. März	26. März	20. März
Beginn der Blüte	26. März	—	15. April
Ende der Blüte	—	10. April	25. April
Beginn der Ernte	—	—	—
Johannisbeere			
Sorte	—	—	Holländ. Rote
Austrieb	—	—	—
Beginn der Blüte	27. März	—	15. April
Ende der Blüte	—	15. April	28. April
Beginn der Ernte	20. Juni	—	—
Erdbeere			
Sorte	Deutsch=Evern	Mackensen	Flandern
Austrieb	—	—	15. April
Beginn der Blüte	22. April	16. April	5. Mai
Ende der Blüte	—	—	—
Beginn der Ernte	—	—	—

[1]) Zu einem großen Teil dem Rheinischen Klimabezirk, mit warmen Wintern und warmen

gewächsen in Hessen=Nassau 1923.[1]) Tabelle **13.**

Limburg a. d. L. Dr. Lutte	Fulda Dir. Tremmel	Harleshausen (Kr. Cassel) —	Oberzwehren Obstbauanstalt	Wolfsanger Dir. Scheer Ldw. Schule
Schöner v. Boskoop	[Sandboden] Goldparmäne	—	Charlamowsky	—
—	Mitte Mai	April	9. Mai	25. April
24. April	Anfg. Mai	Mai	30. April	1. Mai
20. Mai	10. Mai	Mai	6. Mai	—
3. August (Clarapfel)	—	Mitte Sept.	15. Aug.	—
Diels Butterbirne	—	—	Williams Christ	—
—	—	April	10. Mai	25. April
29. April	—	Mai	28. April	5. Mai
18. Mai	—	Mai	5. Mai	—
10. August (Magdalene)	—	Mitte Sept.	—	—
Schwarze Herzkirsche	—	—	Frühe Spanische K.	—
—	—	März	5. Mai	10. April
15. April (Sauerk. 17. April)	—	April	14. April	15. April
—	—	—	25. April	—
4. Mai (Sauerk. 26. April)	—	Mai	28. April	1. Mai
24. Juni (Sauerk. 30. Juni)	—	Anfang Aug.	30. Juni	—
Bühlers Frühe	[f. o.] Hauszwetsche	—	Frühzwetsche	—
—	10. April	März	7. Mai	20. April
26. April	25. April	—	23. April	12. April
—	—	—.	25. April	—
6. Mai	Anfg. Mai	—	3. Mai	1. Mai
15. Juli	—	Ende Sept.	—	—
—	—	—	Frühe Alexander	—
—	—	—	22. April	10. April
10. April	—	—	4. April	28. März
—	—	—	—	1. April
2. Mai	—	—.	15. April	20. April
19. Aug.	—	—	15. Aug.	—
—	—	—	Minima	—
20. März	[f. o.] 10. April	April	25. April	1. April
—	25. April	—	10. April	12. April
2. Mai	Anfg. Mai	—	18. April	1. Mai
30. Juni	20. Juli	Anfg. Aug.	5. Juni	15. Juli
Holländische R.	—	—	Holländische Rote	—
—	[f. o.] 10. April	April	—	1. April
26. April	25. April	—	11. April	15. April
2. Mai	Anfg Mai	—	20. April	1. Mai
—	15. Juli	Anfg. Aug.	25. Juli	10. Juli
Laxtons Noble	—	—	Sieger	—
20. April	[f. o.] Ende April	März	12. April	—
30. April	15. Mai	—	9. Mai	5. Mai
30. Mai	Ende Mai/Mitte Juni	—	20. Mai	—
20. Juni	10. Juli	Anfg. Juli	20. Juni	15. Juni

Sommern, angehörend.

Beobachtungsort und Beobachter	Ensingen b. Vaihingen Th. Schneider	Schwäb. Gmünd Ldw. Lehrer Bader	Unterhangstett —
Apfel			
Sorte	—	—	Alexander
Austrieb	2. April		—
Beginn der Blüte	2. Mai	18. Mai	1. Mai
Ende der Blüte	9. Mai	—	17. Mai
Beginn der Ernte	2. Oktober	Ende August	15. Okt.
Birne			
Sorte	—	—	Gute Luise
Austrieb	26. März	—	28. März
Beginn der Blüte	12. April	15. Mai	6. April
Ende der Blüte	28. April	—	7. Mai
Beginn der Ernte	22. Oktober	15. August	—
Süß= und Sauerkirsche			
Austrieb	23. März	—	—
Beginn der Blüte	2. April	Anfang Mai	—
Ende der Blüte	17. April	—	—
Beginn der Ernte	10. Juni	Ende Mai	—
Pflaume und Zwetsche			
Sorte	—	—	—
Austrieb	27. März	—	20. März
Beginn der Blüte	3. April	14. Mai	15. April u. 2. Mai
Ende der Blüte	4. Mai	—	5 /7. Mai
Beginn der Ernte	10. Juni	25. August	14. August
Pfirsich			
Sorte	Amsden	—	—
Austrieb	26. März	—	—
Beginn der Blüte	1. April	Ende Mai	—
Ende der Blüte	11. April	—	—
Beginn der Ernte	— [2]	—	—
Stachelbeere			
Austrieb	16. März	—	20. März
Beginn der Blüte	30. März	—	27. März
Ende der Blüte	11. April	—	1. Mai
Beginn der Ernte	13. Juli	—	23. Juli
Johannisbeere			
Sorte	Rote Holländer	—	—
Austrieb	22. März	—	—
Beginn der Blüte	2. April	15. Mai	10. April
Ende der Blüte	12. April	15. August	5. Mai
Beginn der Ernte	15. Juli	—	16. Juli

[1] Zu einem großen Teil dem Rheinischen Klimabezirk, mit warmen Wintern und warmer

gewächsen in Württemberg 1923.¹) Tabelle **14.**

Hohenheim b. Stuttgart Dr. Th. Gaul	Aalen Körz, Ökonomierat	Ulm a. Donau Wenck	Weinsberg Weinbauschule
Goldparmäne	Charlamowsky	Min. v. Hammerstein	Gravensteiner
—	—	—	—
1. Mai	4. Mai	3. Mai	24. April
15. Mai	—	—	6. Mai
—	25. Okt.	—	5. Aug. (Jakobi)
Gute Luise	Gellerts	Diels Butter-Birne	Mostbirne
—	—	—	—
18. April	29. April	30. April (27. Apr. Präs.	8. April
10. Mai	6. Mai	— [Drouard]	27. April
—	12. Juli	—	10. Aug. (Muskateller)
			28. Sept. (Mostbirne)
—	—	—	—
12. April	15. Mai	21. Apr. Süßkirsche (23. Apr.	5. April (Sauerk. 20. April)
21. April	Ende Mai	— [Sauerk.]	15. April
—	—	—	21. Juni (Sauerk. 25. Juni)
—	Gute v. Bry	—	—
—	25. März	—	—
11. April	23. April³)	27. April	7. April
9. Mai	6. Mai	—	15. April
—	31. Juli	—	20. August (Reineklaude)
—	—	Amsden	Frühe
—	—	—	—
—	—	5. April	1. April
—	—	—	10. April
—	—	—	20. Aug.
—	25. März	—	17. März
9. April	12. April³)	14. April	30. März
—	8. Mai	—	10. April
—	22. Juli	—	—
—	—	Fays rote Kirsch=	—
—	—	—	—
10. April	18. April³)	14. Apr. (22. Apr. Rote Holl.)	2. April
3. Mai	6. Mai	—	4. April
1. Juli	18. Juli	—	5. Juli

Sommern, angehörend.   ²) Früchte erfroren.   ³) 24./25. April Nachtfrost.

Phänologische Beobachtungen über das erste Auftreten von Schädlingen

Beobachtungsort und Beobachter	Marggrabowa Ziehr	Fischhausen Kuhnke	Abl. Gründen bei Labiau Brinkmann
Unkräuter			
Rauhhaarige Wicke (Ervum hirsutum) in Frucht .	—	—	18. Juli
Viersamige Wicke (Ervum tetraspermum) in Frucht	1. Juni	—	—
Windhalm (Agrostis spica venti) in Blüte . . .	10. Juni	—	—
Hederich (Raphanus sativus) a. Keimpflänzchen . und Ackersenf (Sinapis ar- (Spritztermin) vensis)	1. Mai	—	10. Juni
b. in Frucht . . .	10. Mai	—	—
Roggen			
Mutterkorn (Claviceps a. Honigtaustadium . . purpurea) b. Sklerotium	10. Juli 20. Juli	— —	— —
Schwarzrost und Braunrost (Puccinia graminis und dispersa)	20. Juli	—	—
Berberitzenrost (Puccinia graminis) i. d. Nachbarsch.	20. Juli	—	—
Ochsenzunge (Anchusa officinalis u. arvensis) mit Rost	Mai	—	15. Juni
Roggenstengelbrand (Urocystis occulta).	10. Juli	—	—
Fritfliege (Oscinella frit), Larve (im Frühling) . .	Mai	—	—
Weizen			
Steinbrand (Tilletia tritici und laevis)	20. Juli	30. Juli	1. August
Flugbrand (Ustilago tritici)	10. Juli	14. Juli	—
Mehltau (Erysiphe graminis).	1. Juli	—	—
Fritfliege (Oscinella frit), Larve (im Frühling) . .	Mai	—	—
Gelbe Halmfliege (Chlorops taeniopus), Fraß a. Schaft	—	—	—
Gerste			
Flugbrand (Ustilago nuda)	15. Juni	—	9. Juli
Hartbrand (Ustilago hordei)	21. Juni	—	—
Streifenkrankheit (Helminthosporium gramineum) .	15. Juli	—	—
Mehltau (Erysiphe graminis).	15. Juli	—	—
Fritfliege (Oscinella frit), Larve (im Frühling) . .	Mai	—	—
Hafer			
Flugbrand (Ustilago avenae)	15. Juli	—	—
Fritfliege (Oscinella frit), Larve (im Frühling) . .	15. Mai	—	—
Kartoffel			
Krautfäule (Phytophthora infestans)	Juli (Ende)	—	—
Schwarzbeinigkeit (Bacillus phytophthorus u. a.) .	Juli (Anfg.)	Anfang Aug.	—
Erdraupe (Agrotis segetum), Larve an Frühkartoffeln	Mai (Ende)	—	—

[1] Im wesentlichen Baltischer Klimabezirk, umfassend den hinterpommerschen und preußischen

in Ostpreußen, Grenzmark und Pommern 1923.¹)   Tabelle 15.

Königsberg Dr. Lemcke	Bartenstein bei Friedland Ldw. Schule	Rastenburg Ldw.-Lehrer Flemming	Marienburg (Westpr.) Wittpahl	Wendisch-Tychow (Kr. Schlawe, Pomm.) v. Kleist
10. Juni	—	—	—	—
10. Juni	—	—	—	—
Mitte Juni	—	5. Juni	—	vorhanden
28. März	24. März	20. April	Ende April	vorhanden
Anfang Juli	5. Juli	Mitte Juli	—	—
—	—	—	—	—
6. Juli	Anfang Juli	—	—	Anfang Aug.
14. Juli	—	—	—	Juli/August
14. Juli	—	—	—	—
—	—	—	—	—
5. Juli	—	—	—	—
Mitte Mai	—	—	—	—
23. Juli	Ende Juli	Anfang Aug	20. Juli	Juli
19. Juli	Ende Juli	Ende Juli	18. Juli	Juli
—	—	—	—	—
—	—	—	—	—
27. Juli	Ende Juli	—	—	—
26. Juni	Mitte Juli	—	18. Juli	Juli
18. Juni	—	—	—	Juli
12. Juli	Anfang Juli	—	25. Juli	Juni
—	—	—	—	—
—	—	—	—	—
18. Juli	14. Juli	Ende Juli	3. August	Juli
20. Mai	—	—	—	—²)
1. Juli	15. Juni	—	—	—
10. Mai	15. Juni	Anfang Aug.	—	Juli, verstärkt August
—	—	—	—	—

Landrücken nebst der Küstenebene.   ²) Weißrippigkeit an Hafer: Juli.

Noch: Phänologische Beobachtungen über das erste Auftreten von Schädlingen

Beobachtungsort und Beobachter	Marggrabowa Ziehr	Fischhausen Kuhnke	Abl. Gründen bei Labiau Brinkmann
Zucker= und Runkelrübe			
Rost (Uromyces betae)	15. Juni	—	—[1]
Runkelfliege (Pegomyia hyoscyami), Larve . . .	—	—	—
Schwarze Blattlaus (Aphis papaveris = evonymi) .	—	—	10. Juni
Raps			
Rapsglanzkäfer (Meligethes aeneus u. a.), Larve .	—	—	—
Rapserdfloh (Psylliodes chrysocephala), Befall der Winterung durch den Käfer	—	—	8. Juni
Erbse			
Erbsenrost (Uromyces pisi)	1. Juli	—	—
Brennfleckenkrankheit (Ascochyta pisi)	20. Juli	—	—
Ackerbohne			
Schwarze Blattlaus (Aphis papaveris = evonymi) .	—	—	—
Klee			
Kleeseide (Cuscuta trifolii und epithymum) . . .	—	—	—
Kleekrebs (Sclerotinia trifoliorum)	1. Juli	—	30. Juni
Pflaume und Zwetsche			
Taschenkrankheit (Taphrina pruni)	—	—	—
Apfel			
Polsterschimmel (Monilia fructigena) an der Frucht .	—	—	—
Obstmade (Carpocapsa pomonella), wurmstich. Obst	—	Anfang August	—
Birne			
Polsterschimmel (Monilia fructigena) an der Frucht	—	—	—
Stachelbeere			
Amerikanischer Mehltau (Sphaerotheca mors uvae) .	—	Mitte Mai	25. April
Johannisbeere			
Blattflecken (Gloeosporium ribis)	21. Juli	—	—
Erdbeere			
Blattfleckenkrankheit (Ramularia Tulasnei)	1. Juli	—	—

---

[1] Erdfloh: 10. Mai.   [2] Mehltau am Apfel: 7. Mai.   [3] Zweigdürre an Süßkirsche viel.

Königsberg Dr. Lemcke	Bartenstein bei Friedland Ldw. Schule	Rastenburg Ldw.-Lehrer Flemming	Marienburg (Westpr.) Wittpahl	Wendisch-Tychow (Kr. Schlawe, Pomm.) v. Kleist
Mitte Juni	—	—	—	—
—	Anfg. Sept.	—	16. Mai	—
—	—	—	—	—
10. Mai	Mitte Mai	—	—	—
—	—	—	—	—
8. Juli	—	—	—	—
Mitte Juli	—	—	—	—
16. Juni	—	—	—	—
Anfang Aug.	8. August	—	—	—
—	—	—	25. März	—
15. Juni	27. Juni	—	7. Juni	—
—	Ende Sept.	—	—[2]	—[3]
—	Mitte Sept.	—	—	—
—	5. Juli	—	—	—
24. Mai	Anfang Juni	Ende Mai	13. Mai	vereinzelt, im Herbst stark[4]
—	—	—	—	—
—	—	—	—	—

[4] Stachelbeerspanner: an einem Strauch.

Phänologische Beobachtungen
über das erste Auftreten von Schädlingen in Schlesien, Brandenburg und Freistaat Sachsen 1923. [1]

Beobachtungsort und Beobachter	Namslau Odlitz	Neustadt (O.=Schl.) Ldw. Schule	Görlitz Ldw. Schule	Hirschberg	Leobschütz Ldw. Schule	Oranienburg (Brandenburg)	Luckau Ldw. Schule	Herrnhut i.Sa. Rademacher
Meereshöhe in Metern			220		278			
Unkräuter								
Rauhhaarige Wicke (Ervum hirsutum) in Frucht .	25. Juli	—	vereinzelt	—	9. Juli	—	—	—
Viersamige Wicke (Ervum tetraspermum) in Frucht	26. Juli	—	vereinzelt	15. Juni	9. Juli	—	—	—
Windhalm (Agrostis spica venti) in Blüte . . .	10. Juli	—	häufig	—	9. Juli	—	22. Juni	—
Hederich (Raphanus sativus } a. Keimpflänzchen (Spritztermin)	18. April	15. Mai	vereinzelt	20. Mai	24. April	19. April	5. Mai	—
und Ackersenf (Sinapis arvensis) } b. in Frucht . . .	Juli/Aug.	15. Mai	häufig	12. Juli	22. April	—	—	—
Roggen								
Mutterkorn (Claviceps } a. Horigtausstadium purpurea)		—	—	—	9. Juli	—	—	—
purpurea) } b. Sklerotium	18. Juli	zieml. stark	—	—	3. Juli	9. Juni	—	—
Schwarzrost und Braunrost (Puccinia graminis und dispersa) .	20. Juni	—	selten	—	—	— [3]	—	—
Berberitzenrost (Puccinia graminis) i. d. Nachbarsch.	—	20. Mai	selten	—	—	—	—	—
Getreideblumenfliege (Hylemyia coarctata), i. Frühl.	—	—	—	Ende April	—	—	2. Mai	—
Weizen								
Steinbrand (Tilletia tritici und laevis)	—	—	vereinzelt	24. Juli	9. Juli	—	—	—
Flugbrand (Ustilago tritici)	25. Juni	—	vereinzelt	—	17. Juni	—	30. Juni	—
Mehltau (Erysiphe graminis)	—	—	vereinzelt	—	9. Juli	—	—	—
Gelbe Halmfliege (Chlorops taeniopus), Fraß a. Schaft	—	—	—	Anfang Juni	6. Juli	—	11. Juli	—
Gerste								
Flugbrand (Ustilago nuda)	2. Juli	—	vereinzelt	—	17. Juni [2]	a) 30. Mai [4] b) 7. Juli [4]	a) 19. Mai [4] b) 24. Juni [4]	9. Juni
Streifenkrankheit (Helminthosporium gramineum) .	—	—	vereinzelt	Mitte Juni	9. Juli	a) 30. Mai [4] b) 7. Juli [4]	a) 18. Mai [4] b) 22. Mai [4]	
Hafer								
Flugbrand (Ustilago avenae)	30. Juni	—	vereinzelt	22. Juli	17. Juni	15. Juli	8. Juli	11. Juli
Fritfliege (Oscinella frit), Larve (im Frühling) . .	—	—	vereinzelt	—	—	—	—	
Weißrippigkeit (Physopoden, versch. Arten, Larven und Imagines)	—	—	—	—	20. Juni	—	—	

Kartoffel								
Krautfäule (Phytophthora infestans)	—	—	—	—	9. Juli	Ende Juni	—	—
Schwarzbeinigkeit (Bacillus phytophthorus u. a.)	5 Juli	—	vereinzelt	—	9. Juli	Mitte Juni	25. Juni	—
Erdraupe (Agrotis segetum), Larve an Frühkartoffeln	Juni/Juli	—	—	—	9. Juli	—	—	—
Raps								
Rapsglanzkäfer (Meligethes aeneus u. a.), Larve .	—	1. April	vereinzelt	—	27. April	—	31. März	—
Rapserdfloh (Psylliodes chrysocephala), Befall der Winterung durch den Käfer	—	1. Mai	vereinzelt	—	5. April	—	25. Mai	—
Brennfleckenkrankheit (Ascochyta pisi)	—	—	—	—	3. Aug.	—	—	—
Ackerbohne (Vicia Faba)								
Schwarze Blattlaus (Aphis papaveris = evonymi) .	—	—	vereinzelt	—	10. Juli	—	—	10. Juli
Klee (Sorte)								
Kleekrebs (Sclerotinia trifoliorum)	—	—	vereinzelt	—	—	—	5. Mai	—
Apfel								
Schorf (Fusicladium dendriticum) an Blatt oder Frucht	—	25. Mai	—	19 Mai	10. Juni	—	—	18. Mai
Polsterschimmel (Monilia fructigena) an der Frucht	—	—	—	—	20. Sept.	—	—	—[5]
Birne								
Schorf (Fusicladium pirinum) an Blüte, Frucht, Blatt und Zweig	—	—	—	19. Mai	10. Juni	—	—	—
Polsterschimmel (Monilia fructigena) an der Frucht	—	—	—	—	20 Sept.	—	—	—
Obstmade (Carpocapsa pomonella), wurmst. Obst .	—	—	—	—	August	—	—	—
Süß- und Sauerkirsche								
Zweigdürre (Monilia cinerea)	13. Juni	1. Mai	—	—	—	—	10. Mai	11. Mai
Pflaume und Zwetsche								
Pflaumensägewespe (Hoplocampa fulvicornis) . . .	—	—	—	—	—	—	—	11. Juni
Taschenkrankheit (Taphrina pruni)	—	—	—	—	1. Juni	—	12. Juni	—
Pfirsich								
Kräuselkrankheit (Taphrina deformans — nicht Blattlaus)	15. Juni	—	—	23. April	—	—	—	6. Juni
Stachelbeere								
Amerikanischer Mehltau (Sphaerotheca mors uvae) .	—	—	—	—	1. Juni	—	—	—
Stachelbeerblattwespe (Nematus ventricosus u. a) . Erste erwachsene Larve.	—	—	—	—	1. Juni	—	23. Mai	3. Juli

[1] Fällt in den Subsarmatischen Klimabezirk, d. i. der südliche, wärmere und trockenere Teil Ostelbiens, im Süden bis an die Vorberge der mitteldeutschen Gebirgsschwelle, im Westen bis an diejenigen des Harzes reichend. [2] Hartbrand an Gerste: 17. Juni. [3] 11. Juli: Roggenstengelbrand (im vorgeschrittenen Stadium). [4] a) Wintergerste, b) Sommergerste. [5] Mehltau an Apfel: 28. April.

Phänologische Beobachtungen
über das erste Auftreten von Schädlingen in Schleswig-Holstein und Westfalen 1923.[1]

Beobachtungsort und Beobachter	Kiel Finten	Bad Oldesloe Lbw. Schule	Ringel b. Kattenvenne Finkener	Elspe (Kr. Olpe)	Soest Lbw. Schule	Lüdinghausen Cloer	Westercappeln Lbw. Schule	Münster Lbw. Kammer
Meereshöhe in Metern			75		103	40		
Unkräuter								
Rauhhaarige Wicke (Ervum hirsutum) in Frucht .	—	—	—	—	—	Juli	sehr stark	—
Viersamige Wicke (Ervum tetraspermum) in Frucht	—	—	—	16. Aug.	—	Juli	äußerst stark	—
Windhalm (Agrostis spica venti) in Blüte . . .	—	—	—	22. Juli	—	Juli	vereinzelt	—
Hederich (Raphanus sativus) a. Keimpflänzchen (Spritztermin)	10. Juni	—	—	—	1. Mai	Juni	stark	3. Mai
und Ackersenf (Sinapis ar- vensis) b. in Frucht . . .	20. Aug.	—	—	2. März	—	Juni	vereinzelt	—
Roggen								
Mutterkorn (Claviceps purpurea) a. Honigtaustadium . .	10. Juli	—	—	—	—	—	mäßig	—
b. Sklerotium	1 Aug.	4. Juli	30. Juni	—	18. Juli Petk.	—	mäßig	—
Schwarzrost und Braunrost (Puccinia graminis und dispersa)	—	—	—	12. Juli	—	5. Juni	—	—
Berberitzenrost (Puccinia graminis) i. d. Nachbarsch.	—	—	—	—	—	Juli	—	—
Ochsenzunge (Anchusa officinalis u. arvensis) mit Rost	—	2. Juni	—	—	—	Juni/Juli	—	—
Roggenstengelbrand (Urocystis occulta)	20. Juli	—	—	—	—	—	vereinzelt	—
Fritfliege (Oscinella frit), Larve (im Frühling) . .	—	—	—	—	—	März	stark	—
Weizen								
Steinbrand (Tilletia tritici und laevis)	10. Aug	—	—	27. Juli	20. Juli Strubes Dickkopf	Juli	wenig	—
Flugbrand (Ustilago tritici)	10. Aug	12. Juni	—	—	13.JuliRümk.Dickf.	Juli	—	—
Mehltau (Erysiphe graminis)	—	—	—	—	—	Juni	mäßig	—
Fritfliege (Oscinella frit), Larve (im Frühling) . .	—	—	—	—	—	März	mäßig	—
Gelbe Halmfliege (Chlorops taeniopus), Fraß a. Schaft	—	—	—	—	—	—	vereinzelt	—
Gerste								
Flugbrand (Ustilago nuda)	10. Aug.	—	—	—	14. Mai	Juni	stark	3. Juni
Hartbrand (Ustilago hordei)	—	—	—	18. Juli	—	—	vereinzelt	3. Juni
Streifenkrankheit (Helminthosporium gramineum) .	20. Aug.	—	—	18. Juli	23. Mai	Juni/Juli	—	—
Mehltau (Erysiphe graminis)	—	—	—	—	—	Juni	—	—
Fritfliege (Oscinella frit), Larve (im Frühling) . .	—	—	—	—	—	März	stark	—

Hafer								
Flugbrand (Ustilago avenae)	10. Aug	--	25. Juli	18. Juli	—	Juni	vereinzelt	10. Juli
Fritfliege (Oscinella frit), Larve (im Frühling)	—	—	—	18. März	—	März,	mittel	30. April
Kartoffel								
Krautfäule (Phytophthora infestans)	30. Aug.	2. Sept.	—	—	2. Aug.	August	stark	—
Schwarzbeinigkeit (Bacillus phytophthorus u. a.)	—	15. Aug.	—	26. Juli	30. Juni	Juni	sehr häufig	25. Juni
Erdraupe (Agrotis segetum), Larve an Frühkartoffeln	—	—	—	12. Aug.	—	—	vereinz. f. stark	—
Raps								
Rapsglanzkäfer (Meligethes aeneus u. a.), Larve	—	—	—	—	3 April	—	—	—
Ackerbohne								
Schwarze Blattlaus (Aphis papaveris = evonymi)	—	21. Juni	3. Juni	—	26.Juni Eckernborfer	Juni/Juli	sehr stark	—
Klee								
Kleeseide (Cuscuta trifolii und epithimum)	—	—	15. Juli	26. Aug.	—	Mai	—	—
Kleekrebs (Sclerotinia trifoliorum)	—	—	—	13. April	—	—	—	—
Pfirsich								
Kräuselkrankheit (Taphrina deform. — nicht Blattlaus)	—	—	27. April	—	—	Mai	—	—
Apfel								
Schorf (Fusicladium dendriticum) an Blatt od. Frucht	—	—	3. Juni	—	Anfg. August	Mai	stark	—
Mehltau (Podosphaera leucotricha)	—	—	—	—	Anfg. Juli	Mai	ziemlich stark	15. Juni
Polsterschimmel (Monilia fructigena) an der Frucht	—	20. Juni	—	—	—	Juni	—	—
Obstmade (Carpocapsa pomonella), wurmstich. Obst	—	15. Aug.	5. Aug.	12. Aug	7. Juli	Juli	mittelstark	2. Sept.
Süß- und Sauerkirsche								
Zweigdürre (Monilia cinerea)	—	18. Mai	—	—	—	—	—	26. Mai
Johannisbeere								
Blattflecken (Gloeosporium ribis)	—	—	—	—	Anfg. Juni	Juli	—	—
Erdbeere								
Blattfleckenkrankheit (Ramularia Tulasnei)	—	—	—	—	Anfg. Juni	Mai	—	—
Pflaume und Zwetsche								
Taschenkrankheit (Taphrina pruni)	—	—	—	—	Anfg. August	—	—	—
Birne								
Polsterschimmel (Monilia fructigena) an der Frucht	—	—	—	—	—	Juni	—	—
Stachelbeere								
Amerikanischer Mehltau (Sphaerotheca mors uvae)	10. Aug.	31. Mai	—	—	—	—	ziemlich stark	—
Rost (Puccinea Pringsheimiana)	—	28. Mai	—	—	—	—	—	—
Stachelbeerblattwespe (Nematus ventricosus u. a.)	—	—	21. April und 7. Juni	—	—	Mai	—	9. Mai und 5. Juli

¹) Zum Nordatlantischen Klimabezirk gehörend, welcher im Osten mit der Arealgrenze der „atlantischen" Stechpalme (Ilex aquifolium) — ungefähr gleich einer Linie von der Peenemündung zum Mittelharz — abschließt.

Phänologische Beobachtungen über das erste Auftreten von Schädlingen in der

Beobachtungsort und Beobachter	Kettwig (Magny)	Lindlar (Kr. Wipperfürth)	Ratingen (Bez. Düsseldf.)
Meereshöhe in Metern			
Unkräuter			
Rauhhaarige Wicke (Ervum hirsutum) in Frucht .	—	Anfang Juli	—
Viersamige Wicke (Ervum tetraspermum) in Frucht	—	Anfang Juni	—
Windhalm (Agrostis spica venti) in Blüte . . .	—	Mitte Juni	--
Hederich (Raphanus sativus) } a. Keimpflänzchen . (Spritztermin)	2. Mai (wenig)	2. Mai	Mitte Mai
und Ackersenf (Sinapis arvensis) } b. in Frucht . . .	18. Mai (stark)	2. Mai	Mitte Mai
Roggen			
Mutterkorn (Claviceps } a. Honigtaustadium . .	—	12. Juli	—
purpurea) } b. Sklerotium	—	17. Aug.	—
Schwarzrost und Braunrost (Puccinia graminis und dispersa)	--	7. Juni	—
Berberitzenrost (Puccinia graminis) i. d. Nachbarschaft	—	—	—
Ochsenzunge (Anchusa officinalis u. arvensis) mit Rost	—	—	—
Roggenstengelbrand (Urocystis occulta)	—	—	—
Schneeschimmel (Fusarium nivale)	—	—	—
Fritfliege (Oscinella frit), Larve (im Frühling) . .	—	17. April	—
Getreideblumenfliege (Hylemyia coarctata) (i. Frühl.)			
Weizen			
Steinbrand (Tilletia tritici und laevis)	—	18. Juli	—
Flugbrand (Ustilago tritici)	4. Juli (wenig)	Mitte Juli	—
Mehltau (Erysiphe graminis)	—	Anfang Juli	—
Schneeschimmel (Fusarium nivale)	—	—	—
Fritfliege (Oscinella frit), Larve (im Frühling) . .	—	17. April	2. Mai
Getreideblumenfliege (Hylemyia coarctata), Larve (im Frühling)	—	—	—
Gelbe Halmfliege (Chlorops taeniopus), Fraß a. Schaft	—	Ende Juli	—
Gerste			
Flugbrand (Ustilago nuda)	19. Mai (wenig)	Anfang Juni	31. Mai
Streifenkrankheit (Helminthosporium gramineum) .	—	24. Mai	—
Mehltau (Erysiphe graminis)	—	Ende Juni	—
Fritfliege (Oscinella frit), Larve (im Frühling) . .	—	25. April	—
Hafer			
Flugbrand (Ustilago avenae)	25. Juli	27. Juli	—
Fritfliege (Oscinella frit), Larve (im Frühling) . .	—	10. Mai	Mitte April
Weißrippigkeit (Physopoden, versch. Arten, Larven u. Imagines)	—	—	—
Kartoffel			
Krautfäule (Phytophthora infestans)	—	Ende August	—
Schwarzbeinigkeit (Bacillus phytophthorus u. a.) .	21. Juni	Anfang Juli	Ende Juni
Erdraupe (Agrotis segetum), Larve an Frühkartoffeln	—	September	
Zucker- und Runkelrübe .			
Rost (Uromyces betae)	—	—	—
Runkelfliege (Pegonyia hyoscyami), Larve . . .	—	—	—
Schwarze Blattlaus (Aphis papaveris = evonymi) .	—	—	—
Raps			
Rapsglanzkäfer (Meligethes aeneus u. a.), Larve .	—	12. Mai	15. Mai
Rapserdfloh (Psylliodes chrysocephala), Befall der Winterung durch den Käfer	—	Anfang April	—
Erbse			
Erbsenrost (Uromyces pisi)	—	Juli	—
Wolfsmilch (Euphorbia cyparissias, esula) mit Rost	—	15. Mai	—
Brennfleckenkrankheit (Ascochyta pisi)	—	12. Juli	—

[1]) Zu einem großen Teil dem **Rheinischen Klimabezirk**, mit warmen Wintern und warmen

Rheinprovinz, Hessen=Nassau, Hessen und Württemberg 1923.[1]   Tabelle 18.

Trier Dr. Zillig	Wolfsanger b. Cassel Dir. Scheer	Oberzwehren Obstbauanstalt	Harleshausen (Kr. Cassel) —
145			
—	—	2. Juni	August
—	—	—	August
28. Juni	—	—	Juli
—	15. Mai	—	Anf. April
—	—	—	Juli
—	1. Aug.	—	Juli
—	—	—	August
—	15. Juli	—	Juli
—	—	—	Juli
—	—	—	—
—	—	—	Juni
—	—	—	Juli
—	10. Mai	—	April
—	—	—	Mai
22. Juni	—	—	Juni
12. Juni	—	—	Juli
6. Mai	—	—	Juli
—	—	—	Juli
—	—	—	April
—	—	—	April
—	—	—	Juni
26. Mai	15. Juni	—	Juni/Juli
—	10. Mai	—	Juli
—	—	—	Juli
—	—	—	April
16. Juni	21. Juli	—	Juli
—	—	—	April
—	—	—	Mai
13. Aug.	18. Juli	—	Juli
—	—	—	Juli
—	—	—	Mai
—	—	—	Juni
—	—	—	Mai
—	—	—	Juni
24. März	1. Mai	—	Juni
—	—	—	Mai
—	—	—	Juni
7. April	—	—	—
—	—	—	Juni

Sommern, angehörend.

Noch: Phänologische Beobachtungen über das erste Auftreten von Schädlingen in der

Beobachtungsort und Beobachter	Kettwig Magny	Lindlar (Kr. Wipperfürth) —	Ratingen (Bez. Düsseldf.) ~
Meereshöhe in Metern			
Ackerbohne (Vicia faba)			
Rost (Uromyces fabae)	—	12. Juni	—
Schwarze Blattlaus (Aphis papaveris = evonymi) .	2. Juni	8. Juni	15. Juni
Klee			
Kleeteufel (Orobanche minor)	16. Juli	—	Anfang Juli
Kleeseide (Cuscuta trifolii und epithymum) . . .	—	—	—
Kleekrebs (Sclerotinia trifoliorum)	—	5. April	—
Weinrebe			
Falscher Mehltau (Peronospora viticola)	—	—	—
Echter Mehltau (Oidium Tuckeri)	—	—	—
Einbindiger Heu= und Sauerwurm (Conchylis ambiguella), Larve	—	—	—
Bekreuzter Heu= u. Sauerwurm (Polychrosis botrana), Larve	—	—	—
Rebstichler (Rynchites betuleti), erste Blattwickel .	—	—	—
Apfel			
Schorf (Fusicladium dendriticum) an Blatt od. Frucht	—	16. Mai	—
Polsterschimmel (Monilia fructigena) an der Frucht	—	6. Sept.	—
Mehltau (Podosphaera leucotricha)	20. April	14. Juni	Anfang Juli
Obstmade (Carpocapsa pomonella), wurmstich. Obst	—	10. Juli	
Birne			
Gitterrost (Gymnosperangium sabinae)	—	—	—
Derselbe auf Juniperus sabina	—	—	—
Schorf (Fusicladium pirinum) an Blüte, Frucht, Blatt und Zweig	20. Juli	—	—
Polsterschimmel (Monilia fructigena) an der Frucht	—	—	—
Obstmade (Carpocapsa pomonella), wurmstich. Obst	Ende Aug.	Anfang Aug.	—
Süß= und Sauerkirsche			
Zweigdürre (Monilia cinerea)	3. Mai (schwach)	6. Juni	—
Pflaume und Zwetsche			
Polsterschimmel (Monilia cinerea) an der Frucht .	—	12. Sept.	—
Taschenkrankheit (Taphrina pruni)	—	—	—
Pflaumensägewespe (Hoplocampa fulvicornis), Larve (Made)	—	—	—
Pflaumenwickler (Carpocapsa funebrana), Larve (Made)	—	2. Sept.	
Pfirsich			
Kräuselkrankheit (Taphr. deformans — nicht Blattlaus)	—	—	
Stachelbeere			
Amerikanischer Mehltau (Sphaerotheca mors uvae) .	—	10. Juni	—
Rost (Puccinea Pringsheimiana) an der Frucht . .	—	—	—
Stachelbeerblattwespe (Nematus ventricosus u. a.) . Erste erwachsene Larve.	—	9. Juli	Anfang Juli
Stachelbeerspanner (Abraxas grossulariata), Falter .	—	—	—
Johannisbeere			
Blattflecken (Gloeosporium ribis)	—	10. Juni	—
Erdbeere			
Blattfleckenkrankheit (Ramularia Tulasnei)	—	—	—

---

[1]) Auch auf Johannisbeeren Kahlfraß.

Trier Dr. Zillig	Wolfsanger b. Cassel Dir. Scheer	Oberzwehren Obstbauanstalt	Harleshausen (Kr. Cassel) —
145			
—	1. Juni	—	Juni
14. Juni	27. Mai	—	Mai
16. Juli	—	—	—
—	—	—	Mai/Juni
4. April	15. März	—	—
8. Juni	—	—	Juni
2. Juni	—	—	—
27. Juni	—	—	—
28. Juni	—	—	—
4. Mai	—	—	—
8. Juli	15. Juli	6. Juni	Juni
19 Aug.	—	15. Juni	Juli
2. Mai	1. Juli	26. April (Charlamowsky)	Juni
15. Aug.	—	25. Juli	Juni
29. Juni	—	—	Juni
—	—	—	—
—	15. Juli	14. Juni	—
—	—	20. Juni	Juni
—	—	27. Juli	Juni
—	5. Mai	—	—
—	—	10. Juli	Juli
10. Juni	—	6. Juli	Juli
—	—	—	—
—	—	—	Juni
6. Mai	—	12. Mai	Juli
30. April	—	—	—
—	—	—	Juli
30. April	—	20. Mai	Juni
—	5. Mai[1)	—	Juni
10. Juni	—	23. Mai	Juni
28. Juni	—	5. Mai	Juni

Noch: Phänologische Beobachtungen über das erste Auftreten von Schädlingen in der

Beobachtungsort und Beobachter	Bebra Ldw. Schule	Hersfeld Dir. Fürst und Schäfer, Lehrer
Meereshöhe in Metern	280	209.5
Unkräuter		
Rauhhaarige Wicke (Ervum hirsutum) in Frucht .	wenig	ziemlich stark
Viersamige Wicke (Ervum tetraspermum) in Frucht	wenig	—
Windhalm (Agrostis spica venti) in Blüte . . .	—	wenig
Hederich (Raphanus sativus) } a. Keimpflänzchen . (Spritztermin)	20. März u. 20. Aug.	15. April
und Ackersenf (Sinapis arvensis) } b. in Frucht . . .	26. März u. 15. Aug.	20. Aug.
Roggen		
Mutterkorn (Claviceps } a. Honigtaustadium . . purpurea) } b. Sklerotium	— 28. Juli	— —
Schwarzrost und Braunrost (Puccinia graminis und dispersa)	—	—
Berberitzenrost (Puccinia graminis) i. d. Nachbarschaft	—	wenig
Ochsenzunge (Anchusa officinalis u. arvensis) mit Rost	—	—
Roggenstengelbrand (Urocystis occulta)	—	—
Schneeschimmel (Fusarium nivale)	—	—
Fritfliege (Oscinella frit), Larve (im Frühling) . .	—	—
Getreideblumenfliege (Hylemyia coarctata) (i. Frühl.)	—	ziemlich stark
Weizen		
Steinbrand (Tilletia tritici und laevis).	10. Aug.	wenig
Flugbrand (Ustilago tritici)	—	wenig
Mehltau (Erysiphe graminis).	—	—
Schneeschimmel (Fusarium nivale)	—	—
Fritfliege (Oscinella frit), Larve (im Frühling) . .	—	wenig
Getreideblumenfliege (Hylemyia coarctata), Larve (im Frühling)	—	—
Gelbe Halmfliege (Chlorops taeniopus), Fraß a. Schaft	—	—
Gerste		
Flugbrand (Ustilago nuda)	sporadisch	—
Streifenkrankheit (Helminthosporium gramineum) .	häufig	—
Mehltau (Erysiphe graminis).	—	—
Fritfliege (Oscinella frit), Larve (im Frühling) . .	—	—
Hafer		
Flugbrand (Ustilago avenae)	23. Mai häufig	wenig
Fritfliege (Oscinella frit), Larve (im Frühling) . .	10. Mai	ziemlich stark
Weißrippigkeit (Physopoden, versch. Arten, Larven u. Imagines)	—	—
Kartoffel		
Krautfäule (Phytophthora infestans)	—	wenig
Schwarzbeinigkeit (Bacillus phytophthorus) . . .	wenig	teilweise
Erdraupe (Agrotis segetum), Larve an Frühkartoffeln	—	stark
Zucker= und Runkelrübe		
Rost (Uromyces betae)	wenig	—
Runkelfliege (Pegonyia hyoscyami), Larve . . .	Juli häufig	—
Schwarze Blattlaus (Aphis papaveris = evonymi) .	—	—
Raps		
Rapsglanzkäfer (Meligethes aeneus u. a.), Larve .	24. April	wenig (Ende April)
Rapserdfloh (Psylliodes chrysocephala), Befall der Winterung durch den Käfer	—	wenig
Erbse		
Erbsenrost (Uromyces pisi)	kaum	wenig
Wolfsmilch (Euphorbia cyparissias, esula) mit Rost	—	—
Brennfleckenkrankheit (Ascochyta pisi)	—	wenig

¹) 9. Juli: Hartbrand an Gerste.

Reichelsheim (Oberhessen) Ldw. Amt	Geisenheim a. Rh. Dr. Lüstner	Friedberg Dr. Heßler	Ensingen a. d. Enz (Württbg.) Th. Schneider	Weinsberg Weinbauschule
	100			
—	—	—	—	—
—	—	—	—	31. Juli
—	—	—	11. Juli	20. Juni
4. Mai	—	—	16. Mai	13. April
—	—	—	1. Aug.	2. Juni
3. Juli	—	selten	12. Juli	—
14. Juli	—	selten	20. Juli	—
23. Juni	2. Juni	—	—	—
—	4. Mai	—	27. Mai	—
—	—	—	—	—
—	—	—	—	—
—	—	—	—	—
—	—	—	—	—
kaum aufgetreten	24. Juli	—	26. Juli	20. Juli
30. Juni	—	—	25. Juni	5. Juli
—	—	—	—	—
—	—	—	—	—
—	—	—	—	—
4. Juli	—	—	15. Juli	—
29. Juni	27. Juni	—	19. Juni	5. Juli
—	—	—	19. Juni[1])	30. Juni
—	28. Juni	—	—	—
—	—	—	—	—
—	26. Juni	—	8. Juli	—
—	—	—	—	—
—	—	—	10. Juni	—
—	—	—	—	—
2. Juli	—	—	20. Juni	—
—	—	—	—	—
—	—	3. Novemb. gering	—	—
—	8. Juni	3. Juni	—	5. Juni
—	—	—	20. Juni	10. Juni
—	28. März	—	16. April	—
—	—	—	—	—
—	21. März	—	30. März	20. Mai
—	—	—	—	—

Noch: Phänologische Beobachtungen über das erste Auftreten von Schädlingen in der

Beobachtungsort und Beobachter	Bebra Ldw. Schule	Hersfeld Dir. Fürst und Schäfer, Lehrer
Meereshöhe in Metern	280	209.5
Ackerbohne (Vicia faba)		
Rost (Uromyces fabae)	—	—
Schwarze Blattlaus (Aphis papaveris = evonymi) .	—	wenig
Klee		
Kleeteufel (Orobanche minor)	—	—
Kleeseide (Cuscuta trifolii und epithymum) . . .	häufig	teilweise
Kleekrebs (Sclerotinia trifoliorum)		
Weinrebe		
Falscher Mehltau (Peronospora viticola)	—	teilweise
Echter Mehltau (Oidium Tuckeri)	—	—
Einbindiger Heu= und Sauerwurm (Conchylis am- biguella), Larve	—	—
Bekreuzter Heu= u. Sauerwurm (Polychrosis botrana), Larve . .	—	—
Rebstichler (Rynchites betuleti), erste Blattwickel .	—	—
Apfel		
Schorf (Fusicladium dendriticum) an Blatt od. Frucht	Anfang Juni	Anfang Juni/August
Polsterschimmel (Monilia fructigena) an der Frucht	Anfang Sept. stark	Anfang Sept. sehr stark
Mehltau (Podosphaera leucotricha)	August sehr stark	August sehr stark
Obstmade (Carpocapsa pomonella), wurmstich. Obst	Anfang Sept. stark	Mitte August sehr stark
Birne		
Gitterrost (Gymnosporangium sabinae)	Juni	Anfang Juni
Derselbe auf Juniperus sabina	Juni/August	Juni/August
Schorf (Fusicladium pirinum) an Blüte, Frucht, Blatt und Zweig	August sehr stark	August sehr stark
Polsterschimmel (Monilia fructigena) an der Frucht	Anfang Sept.	Anfang Sept. sehr stark
Obstmade (Carpocapsa pomonella), wurmstich. Obst	Anfang Sept.	Anfang Sept.
Süß= und Sauerkirsche		
Zweigdürre (Monilia cinerea)	Anfang Juli sehr stark	Anfang Juli
Pflaume und Zwetsche		
Polsterschimmel (Monilia cinerea) an der Frucht .	Mitte Sept. sehr stark	Mitte Sept. sehr stark
Taschenkrankheit (Taphrina pruni)	—	Anfang Sept.
Pflaumensägewespe (Hoplocampa fulvicornis), Larve (Made)	—	Ende August
Pflaumenwickler (Carpocapsa funebrana), Larve (Made)	Anfang August	Anfang August
Pfirsich		
Kräuselkrankheit (Taphr. deformans — nicht Blattlaus)	April	Anfang April
Stachelbeere		
Amerikanischer Mehltau (Sphaerotheca mors uvae)	Anfang Mai stark	Anfang Mai sehr stark
Rost (Puccinia Pringsheimiana) an der Frucht . .	Juli/August stark	Juli/August sehr stark
Stachelbeerblattwespe (Nematus ventricosus u. a.) . Erste erwachsene Larve.	Anfang Mai stark	Anfang Mai sehr stark
Stachelbeerspanner (Abraxas grossulariata), Falter .	Anfang Mai	Ende Juni stark
Johannisbeere		
Blattflecken (Gloeosporium ribis)	Anfang Juli stark	Anfang Juli sehr stark
Erdbeere		
Blattfleckenkrankheit (Ramularia Tulasnei) . . .	Anfang Juli stark	Anfang Juli sehr stark

Rheinprovinz, Heſſen=Naſſau, Heſſen und Württemberg 1923.　　Noch: Tabelle **18**.

Reichelsheim (Oberheſſen) Ldw. Amt	Geiſenheim a. Rh. Dr. Lüſtner	Friedberg Dr. Heßler	Enſingen a. d. Enz (Württbg.) Th. Schneider	Weinsberg Weinbauſchule
	100			
—	31. Mai	26. Juni	10. Juli	—
—	—	—	20. Mai	—
—	—	—	5. Aug.	—
—	—	—	—	—
—	2. Juni	—	15. Juni	30. Juli
—	25. Juni	—	—	6. Aug.
—	—	—	—	20. Juni
—	3. Juni	10. Mai	—	15. Juni
—	6. Juni	12. Aug.	2. Juni	1. Juni
—	10. Juni	29. Juli	10. Sept.	25. Aug.
—	26. Juli	12. April	3. Mai	5. Mai
18. Juli	16. Juni	2. Auguſt (gering)	27. Juli	—
—	8. Juli	4. Sept.	—	24. Mai
—	22. Mai	8. Juli	1. Juni	5. Juni
—	—	23. Juli	15. Sept.	ſelten
—	—	21. Juli	10. Aug.	—
—	9. Mai	—	—	20 Mai
30. Juli	—	8. Aug.	12. Sept.	—
12. Aug.	—	—	22. Mai	—
—	30. Mai	—	—	—
—	15. Juni	14. Sept.	2. Aug.	—
—	5. April	6. Juni	7. Mai	27. April
—	1. Juli	—	22. Mai	—
—	1. Mai	6. Mai	—	—
—	—	—	—	—
—	29. Juni	—	2. Juli	30. Juni
—	—	—	—	—

Beobachtungsort und Beobachter	Jonikaten (Memelland) Dr. Nagel	Abl. Gründen b. Labiau cand. agr. E. Brinkmann	Marggrabowa Ziehr	Königsberg Dr. Lemcke Hauptstelle f. Pfl.=Schutz
Vorfrühling				
Anfang der Aufblühzeit von:				
Schneeglöckchen (Galanthus nivalis oder Leucojum vernum)	—	10. April	15. April	3. März
Huflattich (Tussilago farfara)	6. Mai	15. April	20. April	7. März
Anemone (Anemone nemorosa)	27. April	1. Mai	20. April	24. März
Kornelkirsche (Cornus mas)	—	—	—	31. März
Salweide (Salix caprea)	27. April	—	25. April	10. April
Anfang der Laubentfaltung (erste normale Blattoberflächen sichtbar) bei:				
Stachelbeere (Ribes grossularia)	—	—	20. April	30. April
Erstfrühling				
Anfang der Aufblühzeit von:				
Dotterblume (Caltha palustris)	7. Mai	6. Mai	10. Mai	6. Mai
Johannisbeere (Ribes rubrum)	7. Mai	9. Mai	—	10. Mai
Süßkirsche (Prunus avium)	20. Mai	18. Mai	—	9. Mai
Schlehe (Prunus spinosa)	—	26. Mai	—	6. Mai
Traubenkirsche (Prunus padus)	20. Mai	21. Mai	—	17. Mai
Birne (Pyrus communis, Sorte!)	23. Mai	21. Mai	—	14. Mai
Apfel (Pyrus malus, Sorte!)	27. Mai	22. Mai	—	12. Mai
Anfang der Laubentfaltung bei:				
Roßkastanie (Aesculus hippocastanum) . .	6. Mai	1. Mai	15. Mai	11. Mai
Linde (Tilia grandifolia, Sommerlinde) . .	16. Mai	3. Mai	1. Juni	16. Mai
Tilia parvifolia, Winterlinde	—	—	—	—
Buche (Fagus silvatica)	—	—	—	—
Vollfrühling				
Anfang der Aufblühzeit von:				
Roßkastanie	1. Juni	28 Mai	20. Juni	22. Mai
Flieder (Hügelchen, Syringa vulgaris) . . .	27. Mai	27. Mai	25. Juni	25. Mai
Goldregen (Cytisus laburnum)	—	3. Juni	20. Juni	2. Juni
Eberesche (Sorbus aucuparia)	1. Juni	26. Mai	20. Juni	28. Mai
Allgememeine Belaubung:				
Buchenhochwald grün, d. h. über 50% sämtlicher Blätter an der Station entfaltet .	—	—	—	20. Mai
Eichenhochwald grün	25. Mai	25. Mai	1. Juli	29. Mai
Frühsommer				
Anfang der Aufblühzeit von:				
Holunder (Sambucus nigra)	7. Juni	12. Juni	10. Juli	27. Mai
Schneebeere (Symphoricarpus-racemosa) . .	—	—	—	16. Juni
Falscher Jasmin (Philadelphus coronarius) .	—	—	—	—
Winterroggen (Sorte!)	23. Juni	—	—	—
Winterweizen (Sorte!)	—	—	—	—
Erste Entwicklung von Johannistrieben bei:				
Eiche	—	15. Juni	—	—
Spitzahorn	—	14. Juni	—	—
Eberesche usw.	—	17. Juni	—	—

[1]) Im wesentlichen Baltischer Klimabezirk, umfassend den hinterpommerschen und preußischen gehört, 6. Mai grauer Fliegenschnäpper am Nest, 18. März Gänseblümchen.

Oftpreußen, Grenzmark und Pommern 1923.¹) Tabelle 19.

Fischhausen Kuhnke	Aweyden (Kr. Sensburg) Sadlowski	Bombitten b. Zieten Scholl, Gnas, Schwarzenberger, Koll, Wolter	Bellschwitz (Westpr.) Engel²)	Köslin i. Pommern O Walter
20. März	10. März	—	bis 11. März	14. März
—	—	—	—	20. März
22. April	—	—	—	29. März
—	—	—	—	6. April
—	21. März	—	—	8. April
Anfg. Mai	28. April	—	20. April	15. April
—	26. April	—	1. Mai	16. April
12. Mai	6. Mai	—	3. Mai	5. Mai
20. Mai	13. Mai	—	5. Mai	7. Mai
—	13. Mai	—	10. Mai	8. Ma
—	—	—	—	11. Mai
16. Mai	12. Mai	—	Zuckerbirne 12. Mai	
16. Mai	26. u. 27. Mai	—	Sommerapfel 19. Mai	—
—	8. Mai	—	—	5. Mai
—	16. Mai	—	—	8. Mai
—	—	—	14. Mai	11. Mai
—	—	—	13. Mai	12. Mai
—	23. Mai	—	21 Mai	19. Mai
—	25. Mai	—	24. Mai	27. Mai
—	—	—	—	4. Juni
—	—	—	—	6. Juni
—	20. Mai	—	13. Mai	22. Mai
—	—	—	—	3. Juni
—	13. Juni	2. Juli	ca. 6. Juli	2. Juli
—	—	1. Juli	—	—
—	25. Juni	27. Juni	—	—
—	10. Juni	20. Juni	—	22. Juni
—	30. Juni	12. Juli	—	—
—	—	—	—	—
—	—	—	—	1. Juli
—	—	—	—	—

Landrücken nebft der Küftenebene. ²) Crocus blühte 22. März, Gänseblümchen 18. März, 4 Mai Kuckuck

Beobachtungsort und Beobachter	Jonikaten (Memelland) Dr. Nagel	Abl. Gründen b. Labiau cand. agr. E. Brinkmann	Marggrabowa Ziehr	Königsberg Dr. Lemcke Hauptstelle f. Pfl.-Schutz
Hochsommer				
Anfang der Aufblühzeit von:				
Sommer- und Winterlinde	—	15. Juli	14. Juli	—
Heide (Calluna vulgaris)	24. Aug.	—	20. Juli	—
Weiße Lilie (Lilium candidum)	—	9. Juli	—	—
Anfang der Fruchtreife von:				
Johannisbeere	1. Aug.	29. Mai	—	24. Juli
Eberesche	15. Aug.	12. Juni	—	—
Schneebeere	—	—	—	—
Holunder	—	18. Juli	1. Aug.	28. Juli
Erntebeginn, d. h. Anfang des Schnittes auf mehreren Feldern von:				
Winterroggen	6. Aug.	—	—	—
Winterweizen	30. Aug.	—	—	—
Grummetreife	—	—	1. Sept.	—
Frühherbst (Spätsommer)				
Anfang der Aufblühzeit von:				
Efeu (Hedera helix)	—	—	1. Sept.	—
Anfang der Fruchtreife von:				
Roßkastanie	—	13. Sept.	1. Sept.	Anfg. Sept.
Herbst				
Allgemeine Laubverfärbung u. a. bei:				
Roßkastanie	—	3. Okt.	17. Sept.	—
Buche	—	—	—	—
Eiche	—	—	—	—
Dazu einige Beobachtungen aus der **Tierwelt:**				
1. Grasfrosch (Rana temporaria) zuerst gesehen oder gehört	—	2. Juni	—	—
Wasserfrosch (Rana esculenta)	21. Mai	21. April	1. Mai	—
2. Erste Falter der Kohlweißlinge (Pieris brassicae u. Pieris rapae)	7. Mai	18. Mai	1. Juni	22. Mai
Erste Maikäfer (Melolontha melolontha u. Melolontha hippocastani)	—	27. Mai	1. Juni	—
3. Erste schwarze Blattläuse an Saubohnen (Aphis evonymi, Aphis papaveris, Aphis rumicis).	— [1]	15. Juni	20. Juni	16. Juni

---

[1] Tagpfauenauge, 6. Mai.

Fiſchhauſen Kuhnke	Aweyden (Kr. Sensburg) Sablowski	Bombitten b. Zieten Scholl, Gnas, Schwarzenberger, Koll, Wolter	Bellſchwitz (Weſtpr.) Engel	Köslin i. Pommern O. Walter
—	20. Juli	17. Juli	—	6. Juli
—	—	18. Juli	—	28. Juli
—	—	—	--	—
Ende Juli	21. Juli	15. Juli	13. Juli	15. Juli
--	—	5. Aug.	—	—
—	—	26. Aug.	—	—
—	25. Sept.	8. Aug. u. 19. Sept.	—	—
10. Aug.	1. Aug.	7. Aug.	28. Juli	31. Juli
Mitte Aug.	15. Aug.	24. Aug.	18. Aug. Buhlsdorfer	27. Aug.
—	—	3. Sept.	Dickkopf	—
—	—	—	—	—
—	23. Sept.	10. Sept.	28. Sept.	2. Okt.
—	10. Okt.	10. Okt.	25. Sept.	5. Okt.
—	15. Okt.	12. Okt.	—	12. Okt.
—	—	11. Okt.	—	21. Okt.
—	--	—	—	10. April
—	10. April	—	—	15. April
—	26. Mai	—	17. Juli	5. Mai
--	6. Mai	—	5. Mai	—
—	—	27. Juni	9. Juli	—

Beobachter und Beobachtungsort	Beginn der Blüte von				
	Huflattich	Busch= wind= röschen	Salweide	Aprikose	Pfirsich
L. v. Bordelius, Königsberg (Neumark) .	30. März	28. März	25. März	—	—
Schorf, Freienwalde	18. März	—	23. März	27. März	28. März
v. Stoltzer, Dahme (Mark)	15. März	28. März	29. März	—	—
Schlenz, Luckau	20. März	—	28 März	—	—
F. Thiede, Nennhausen	—	—	—	24. März	24. März
Ldw. Schule, Königsberg (N.=M.) . . .	25. März	—	27. März	—	—
Ldw. Schule, Friedberg (N.=M.)	19. März	21. März	24. März	—	—
Körner, Driesen (N.=M.)	27. März	—	24 März	—	—
de la Barre, Reppen	23. März	20. März	22. März	5. April	6. April
Dr. Tannert, Schwiebus	12. April	12. April	12. April	13. April	11. April
H. Pietsch, Schanze	17. März	—	—	8. April	12. April
Ldw. Schule, Seelow	15. März	18. März	1. April	—	—
Ldw. Schule, Crossen	—	—	—	—	—
Ldw. Schule, Guben	—	—	12. April	14. April	7. April
Ldw. Schule, Sorau (N.=L.)	—	—	25. März	—	—
Verein der Gärtner, Spremberg (N.=L.) .	—	—	17. Februar	6. April	—
Walther, Kottbus	—	30. März	5. April	22. April	20. April
M. Reuter, Luckau (N.=L.)	25. März	25. März	25. März	—	12. April
Berg, Luckau	—	—	—	—	—
Ldw. Schule, Jüterbog	—	27. März	27. März	—	—
Buwert, Luckenwalde	—	22. März	22. März	—	—
F. Schwericke, Caputh	4. März	—	—	—	—
Ldw. Schule, Beeskow	18. März	—	23 März	—	—
Kunert, Sanssouci b. Potsdam	22. März	20. März	18. März	30. März	—
Beuß, Zossen	—	—	—	—	—
Korn, Großbeeren	15. März	30. März	28. März	—	—
Ldw. Schule, Trebbin	10. März	—	30. März	—	—
P. Böhmer, Bln.=Karlshorst	—	—	6. März	—	12. April
G. Bartz, Brandenburg	15. März	—	17 März	29. März	8. April
Flemming, Lobetal b. Rudnitz	5. März	—	—	—	—
Lemm, Prenzlau	1. April	1. April	20. März	12. April	10. April
Schuldt, Angermünde	3. März	—	10. März	—	7. April
G. Braatz, Gransee	17. März	23. März	—	—	—
Waader, Kyritz	25. März	25. März	26. März	—	—
W. Pfeil, Wittstock	—	28. März	23. März	—	—
Jost, Victorshöhe b. Talmin	18. März	31. März	24. März	—	—
Soldin i. Nm.	20. März	18. März	—	—	—

---

¹) Fällt in den Subsarmatischen Klimabezirk, d. i. der südliche, wärmere und trockenere Teil des Harzes reichend.

| Erste Feststellung von | | | | | | Beginn des Austreibens der Stachelbeere |
Blutlaus	Apfelblüten-stecher	Birnknospen-stecher	Kohl-weißling	Frost-spanner-raupe	Grasfrosch	
—	—	—	—	—	23. März	26. März
16. März	—	—	26. März	—	22. März	13. März
10. März	—	26. März	—	—	19. März	20. März
—	27. März	19. März	—	—	22. März	18. März Rote Triumpfbeere
26. März	26. März	—	—	—	—	22. März
—	—	—	—	—	24. März	25. März
—	—	—	19. März	—	18. März	26. März
8. März	—	—	—	—	—	6. März
—	—	—	—	—	24. März	18. März
18. April	15. April	15. April	15. April	15. April	15. April	—
24. März	16. März	—	2. März	—	27. März	18. März
1. April	—	—	—	—	—	20. März
—	—	—	—	—	29. März	20. März
—	15. März	20. März	3. April	1. Mai	15. April	4. April
10. März	—	—	18. März	—	—	23. März
28. März	—	—	—	—	—	3. März
—	—	—	—	—	—	8. April
—	—	—	12. April	—	18. März	15. März
12. März	—	—	—	—	25. März	15. März
—	—	—	20. März	—	—	25. März
12. März	—	—	—	—	16. März	24. März
8. März	14. März	—	—	—	17. März	8. März
—	—	—	—	—	—	19. März
—	—	24. März	24. März	—	21. März	10 März
4. April	—	—	26. April	—	12. März	20. März
—	—	—	—	—	30. März	25. März
—	20. März	20. März	19. März	—	—	10. März
28. Febr.	15. April	—	11. April	6. April	—	11. März
—	—	—	3. April	—	20. März	7. März
—	20. März	—	—	—	11. März	15. März
—	—	—	10. April	—	20. März	24. März
29. März	—	—	—	—	—	15. März
—	2. April	—	3. März	—	—	20. März
Ende Jan.	—	—	—	—	21. März	17. März
15. März	—	—	23. März	—	—	18. März
—	4. April	—	—	20. April	—	19. März
2. März	—	—	—	—	—	18. März

Ostelbiens, im Süden bis an die Vorberge der mitteldeutschen Gebirgsschwelle, im Westen bis an diejenigen

Beobachter und Beobachtungsort	Beginn der			
	Stachelbeere	Johannisbeere	Erdbeere	Pfirsich
Ldw. Schule, Jüterbog . . .	13. April	20. April	8. Mai	14. April
Berg, Luckau (N.=L.)	11. April Werdersche Beste	13. April Rote Kirsch	4. Mai Sieger	12. April Prosk. Sending
Ldw. Schule, Beeskow . . .	12. April	14. April	30. April	20. April
Giebelhausen, Beeskow	14. April Grüne Riesen	20. April Rote Holländer	8. Mai Rotkäppchen	10. April Alexander
Ldw. Schule, Treuenbriehen . .	12. April	12. April	4. Mai	—
P. Küther, Beelih i. M. . . .	1. Mai Hönigs Früheste	26. April Erstling v. Vierl.	8. Mai Jucunda	10. April Amsden
Heinecke, Werder a. H.. . . .	16. April	18. April	—	10 April
J. Schwericke, Caputh . . .	7. April Gr. braune	10. April Rote Kirsch	7. Mai Laxtons Noble	9. April Sämling
Kunert, Sanssouci, Potsdam .	3. April Hönigs Früheste	3. April Rote Kirsch	27. April Deutsch Evern	2. April Amsden, Alexand.
Beuß, Zossen	21. April	28. April	6. Mai	10. April
Korn, Großbeeren	11. April	13. April Rote Kirsch	28. April	15. April
Ldw. Schule, Trebbin	15. April	15. April	6. Mai	14. April
Hempel, Bln.=Blankenburg . .	13. April	23 April Rote Holländer	7. Mai Deutsch Evern	9. April Frühe Alexander
P. Böhmer, Bln.=Karlshorst. .	12. April Frühe gelbe	12. April Erstl v. Vierland.	28. April Deutsch Evern	12. April Amsden
Krüger, Nauen	10. April	25. April	20. Mai	12. April
J. Thiede, Rennhausen . . .	8. April Frühe v. Neuwied	6. April Weiße Werdersche	6. Mai Deutsch Evern	8. April Frühe Alexander
W. Flemming, Lobetal . . .	16. April Frühe Gelbe	16. April Rote Versailler	30. April Deutsch Evern	18. April
Lemm, Prenzlau	13. April	27. April	20. Mai	10. April
Tismer, Neuruppin	7. April Rote Triumphbeere	13. April Rote Holländer	7. Mai Ananas	—
G. Braatz, Gransee	14. April Frühe Gelbe	22. April Rote Kirsch	13. Mai Deutsch Evern	—

---

[1]) Fällt in den Subsarmatischen Klimabezirk, d. i. der südliche, wärmere und trockenere Teil des Harzes reichend.

| Blüte von | | | | Laubentfaltung der Roßkastanie | Erstes Auftreten der Frostspannerraupe |
Süßkirsche	Hauszwetsche	Birne	Apfel (Goldparmäne)		
24. April	—	—	—	19. April	—
18. April Früheste der Mark	22. April	24. April Gute Luise	5. Mai	31. März	14. April
15. April	16. April	17. April	3. Mai	14. April	—
16 April Gr. schw. Knorpel	25. April	23. April Gute Luise 26. April Williams	8. Mai	1. Mai	20. Mai
—	—	16. April	30. April	25. April	29. April
23. April Früheste der Mark	3. Mai	26. April	6. Mai	2. April	4. Mai
12. April Früheste der Mark	—	—	—	16. April	—
12. April Kasins Frühe	2. Mai	28. April Williams	11. Mai	10. April	8. April
14. April Werdersche Frühe	12. April	16. April	—	18. April	21. April
18. April	1. Mai	20. April Gute Luise	1. Mai	22. April	—
19. April	4. Mai	26. April Gute Luise	6. Mai	12. April	—
19. April	26. April	14. April	18. April	13. April	—
14. April Schwarze Knorpel	29. April Hauszwetsche	14. April Gute Luise	18. April	13. April	—
14. April	22. April	16. April	22. April	—	—
28. April	1. Mai	3. Mai	12. Mai	28. April	30. Mai
8. April Frühe der Mark	1. Mai	20. April	28. April	10. April	—
25. April Frühe der Mark	2. Mai	—	12. Mai	14. April	29. April
2. Mai	14. Mai	5. Mai	20. Mai	8. Mai	—
15. April Herzkirsche	3. Mai	—	10. Mai	11. April	—
—	—	12. Mai Williams	15. Mai	—	13. Mai

Ostelbiens, im Süden bis an die Vorberge der mitteldeutschen Gebirgsschwelle, im Westen bis an diejenigen

Beobachter und Beobachtungsort	Beginn der			
	Stachelbeere	Johannisbeere	Erdbeere	Pfirsich
Baader, Kyritz	16. April	17. April	6. Mai	16. April
Pfeil, Wittstock	12. April	10. April Rote Kirsch 12. April Rote Holländische	8. Mai Kaisers Sämling	15. April Amsden
G. Jost, Victorshöhe	19. April W. Industrie	22. April Rote Holländische	—	12. April Proskauer
Schlenz, Luckau	9. April Rot.Triumphbeere	15. April Rote Holländische	6. Mai Sieger	14. April Proskauer
Noetzel, Calau	12. April	13. April weiße und rote Versailler	4. Mai Evern und Noble	14. April Amsden
Walther, Cottbus	8. April	8. April	—	20. April
M. Reuter, Luckau (N.-L.) . .	15. März	—	—	—
Pilz, Lübbenau	6. April	15. April Rote Holländische	2. Mai Deutsch Evern	10. April Amsden
Verein der Gärtner, Spremberg .	17. April	28. April Rote Kirsch	4. Mai Laxtons Noble	7. April Alexander
Ldw. Schule, Sorau (N.-L.). .	6. April Früheste v. Neuwied	15. April	12. Mai Laxtons Noble	10. April
Ldw. Schule, Guben	9. April	10. April	—	7. April
Neumann, Crossen a. O. . . .	11. April	15. April	—	17. April
Ldw. Schule, Seelow	12. April	17. April Rote Holländische	—	15. April
G. Pietsch, Schanze	15. April Früheste v. Neuwied	24. April	22. April Kaisersämling	—
Dr. Tannert, Schwiebus . . .	Anfang April	Anfang April	Anfang Juni	Mitte April
de la Barre, Reppen	18. April	18. April	7. Mai	23. März
Haas, Soldin	23. April	23. April	8. Mai	26. April Amsden
Gartenbauschule Driesen (N.-L.)	14. April	16. April	8. Mai	17. April

in Brandenburg 1923.

Blüte von				Laub-entfaltung der Roß-kastanie	Erstes Auftreten der Frostspanner-raupe
Süßkirsche	Hauszwetsche	Birne	Apfel (Goldparmäne)		
14. April Vogelkirsche 24. April Glaskirsche	2. Mai	—	5. Mai	11. April	—
24. April Frühe Mai	27. April	28. April	6. Mai	14. April	30. April
20. April Frühe Werdersche	—	1. Mai Gute Luise 3. Mai Williams	8. Mai	24. April	—
9. April	1. Mai	26. April Gute Luise	6. Mai	8. April	11. April
14. April Früheste der Mark	30. April	27. April Williams	5. Mai	15. April	6. Mai
20. April	—	20. April Gute Luise	28. April	20. April	—
—	—	—	—	9. April	14. April
15. April Früheste der Mark	1. Mai	23. April	3. Mai	12. April	3. Mai
16. April Frühe Werdersche	—	21. April Gute Luise	5. Mai	—	—
8. Mai	10. Mai	10. Mai	10. Mai	—	5. Mai
8. April	14. April	—	—	9. April	1. Mai
—	1. Mai	25. April	5. Mai	30. April	—
24. April	19. April	3. Mai Gute Luise u. Williams	6. Mai	19. April	—
14. April Früheste der Mark	30. April	28. April	1. April	30. April	24. April
Ende April	Anf. Juni	—	—	—	—
18. April	25. April	26. April	29. April	20. April	—
26. April Bernstein	6. Mai	1. Mai Williams	5. Mai	15. April	25. April
30. April	29. April	4. Mai	9. Mai	15. April	—

Beobachtungsort und Beobachter	Namslau Oklitz	Zehnebeck bei Gramzow, Um. Lehrer P. Both	Freyenstein (Ostpriegnitz) Lehrer E. Liedow
Vorfrühling			
Anfang der Aufblühzeit von:			
Schneeglöckchen (Galanthus nivalis) oder Leucojum vernum)	—	4. Febr.	—
Huflattich (Tussilago farfara).	1. April	15. März	27. März
Anemone (Anemone nemorosa)	—	31. März	30. März
Kornelkirsche (Cornus mas)	—	—	—
Salweide (Salix caprea)	9. April	1. April	—
Anfang der Laubentfaltung (erste normale Blattoberfläche sichtbar) bei:			
Stachelbeere (Ribes grossularia)	12. April	5. April	—
Erstfrühling			
Anfang der Aufblühzeit von:			
Dotterblume (Caltha palustris)	14. April	15. April	30. März
Johannisbeere (Ribes rubrum)	7. Mai	12. April	14. April
Süßkirsche (Prunus avium)	25. April	26. April	28 April
Schlehe (Prunus spinosa).	24. April	28. April	18. April
Traubenkirsche (Prunus padus)	—	—	3. Mai
Birne (Pyrus communis, Sorte!) . . .	26. April	27. April Bergamotte	30. April Gute Luise
Apfel (Pyrus malus, Sorte!)	6. Mai	6. Mai Gravensteiner	4. Mai August=Apfel
Anfang der Laubentfaltung bei:			
Roßkastanie (Aesculus hippocastanum) . .	15. April	2. Mai	14. April
Linde (Tilia grandifolia, Sommerlinde) . .	5. Mai	—	25. April
Tilia parvifolia, Winterlinde	—	20. April	—
Buche (Fagus silvatica)	20. Mai	3. April	23. April
Vollfrühling			
Anfang der Aufblühzeit von:			
Roßkastanie	6. Mai	13. Mai	6. Mai
Flieder (Hügelchen, Syringa vulgaris) . .	6. Mai	15. Mai	9. Mai
Goldregen (Cytisus laburnum)	25. Mai	28. Mai	27. Mai
Eberesche (Sorbus aucuparia).	—	20. Mai	21. Mai
Allgemeine Belaubung:			
Buchenhochwald grün, d. h. über 50% sämtlicher Blätter an der Station entfaltet . .	20. Mai	7. Mai	—
Eichenhochwald grün	20. Mai	15. Mai	—
Frühsommer			
Anfang der Aufblühzeit von:			
Holunder (Sambucus nigra)	15. Mai	20. Juni	12. Juni
Schneebeere (Symphoricarpus-racemosa) . .	—	18. Juni	14. Juni
Falscher Jasmin (Philadelphus coronarius) .	26. Mai	—	24. Juni
Gartensalbei (Salvia officinalis)	5. Juni	—	—
Winterroggen (Sorte!)	21. Mai	25. Juni	18. Juni Petkuser
Winterweizen (Sorte!)	23. Juni	—	—
Erste Entwicklung von Johannistrieben bei:			
Eiche	12. Juli	—	—
Spitzahorn	—	—	—
Eberesche usw.	—	—	—

---

¹) Fällt in den Subsarmatischen Klimabezirk, d. i. der südliche, wärmere und trockenere Tei des Harzes reichend. ²) Löwenzahn, Beginn der Blüte 20. April.

Brandenburg und Freistaat Sachsen 1923.[1]) Tabelle 22.

Deibow Post Lenzen a. Elbe Lehrer Jancke	Berlin-Dahlem Senta Lindau	Obergebelzig (O.-L.) W. Schulze	Wusterwitz (Prov. Brandenburg) Splittgerber[2])
18. Febr.	28. Jan.	4. u. 28. Febr.	2. März
—	15. März	22. März	20. April
—	—	30. März	10. März
—	24. Febr.	—	—
—	27. März	—	20. März
—	26. März	10. April	13. April
—	31. März	10. April	8. April
—	11. April	14. April	24. April
—	12. April	21. April	1. Mai
—	10. April	—	1. Mai
—	20. April	29. April	5. Mai
—	14. April Olivier de Serre	2. Mai Gute Luise	10. Mai
—	24 April Geisenh. Aug.-Apfel	6. Mai Gravensteiner	19. Mai
—	9. April	—	28. April
—	—	—	—
—	20. April	—	10. Mai
—	4. Mai	—	7. Mai
—	6. Mai	6. Mai	25. Mai
—	5. Mai	7. Mai	23. Mai
—	8. Mai	—	30. Mai
—	12. Mai	—	28. Mai
—	6. Mai	—	29. Mai
—	5. Mai	—	5. Juni
11. Juni	1. Juni	—	26. Juni
24. Juni	6. Juni	—	5. Juli
—	10. Juni	—	25. Juni
—	5. Juni	—	—
10. Juni	10. Juni	—	10. Juni
9. Juli	Anfg. Juli	—	8. Juli
—	—	—	11. Juni
—	—	—	15. Juni
—	—	—	10. Juni

Ostelbiens, im Süden bis an die Vorberge der mitteldeutschen Gebirgsschwelle, im Westen bis an diejenigen

Beobachtungsort und Beobachter	Namslau Oklitz	Zehnebeck bei Gramzow, Um. Lehrer P. Both	Freyenstein (Ostpriegnitz) Lehrer E. Lindow
Hochsommer			
Anfang der Aufblühzeit von:			
Sommer= und Winterlinde	15. Juli	15. Juli	11. Juli
Heide (Calluna vulgaris)	1. Juli	—	11. Juli
Weiße Lilie (Lilium candidum)	—	17. Juli	17. Juni
Anfang der Fruchtreife von:			
Johannisbeere	16. Juli	20. Juli	8. Juli
Eberesche	17. Juli	10. Sept.	11. Aug.
Schneebeere	—	15. Sept.	6. Aug.
Holunder	15. Aug.	18. Sept.	10. Sept.
Erntebeginn, d. h. Anfang des Schnittes auf mehreren Feldern von:			
Winterroggen	19. Juli	10. Aug.	3. Aug.
Winterweizen	5. Aug.	22. Aug.	1. Sept.
Grummetreife	2. Sept.	—	4. Sept.
Frühherbst (Spätsommer)			
Anfang der Aufblühzeit von:			
Herbstzeitlose (Colchicum autumnale) . . .	—	—	—
Efeu (Hedera helix)	10. Sept.	—	14. Sept.
Anfang der Fruchtreife von:			
Roßkastanie	15. Aug.	1. Okt.	1. Okt.
Liguster (Ligustrum vulgare)	—	—	—
Herbst			
Allgemeine Laubverfärbung u. a. bei:			
Roßkastanie	Ende Okt.	10. Okt.	11. Okt.
Buche	Ende Okt.	15. Okt.	—
Eiche	Ende Okt.	21. Okt.	—
Dazu einige Beobachtungen aus der **Tierwelt**:			
1. Grasfrosch (Rana temporaria) } zuerst gesehen oder gehört {	—	—	—
Wasserfrosch (Rana esculenta)	—	22. März	—
2. Erste Falter der Kohlweißlinge (Pieris brassicae u. Pieris rapae) . . .	3. Mai	5. März	—
Erste Maikäfer (Melolontha melolontha u. Melolontha hippocastani) . . .	30. April	12. Mai	—
3. Erste schwarze Blattläuse an Saubohnen (Aphis evonymi, Aphis papaveris, Aphis rumicis)	—	—	—

---

¹) Kuckuck 27. April.

Deibow Post Lenzen a. Elbe Lehrer Jancke	Berlin-Dahlem Senta Lindau	Obergebelzig (O.-L.) W. Schulze	Wusterwitz (Prov. Brandenburg) Splittgerber
10. Juli	S.-L.9.Juli W.-L.21.Juli	—	S.-L.18.Juli W.-L.25.Juli
—	Mitte Juli	—	5. Aug.
—	Anfg. Juli	10. Juli	—
29. Juni	10. Juli	20. Juli	20. Juli
22. Aug.	6. Aug.	—	26. Aug.
3. Aug.	20. Aug.	—	20. Sept.
4. Sept.	10. Sept.	—	—
1. Aug.	Ende Juli	23. Juli	6. Aug.
13. Aug.	Anfg. Aug.	6. Aug.	29. Aug.
26. Juli	Anfg Aug.	—	—
—	9. Sept.	—	—
—	21. Sept.	2. Sept.	—
—	15. Sept.	—	28. Sept.
—	Ende Sept.	—	—
—	22. Sept.	—	12. Okt.
—	3. Okt.	19. Okt.	20. Okt.
—	25. Sept.	25. Okt.	28. Okt.
17. März	20. März	—	—
19. März	—	—	—
—	Mitte April	13. April	—
—	5. Mai	13. April (häufig)	10. Mai
—	—	—[1]	—

Beobachtungsort und Beobachter	Frankfurt a. O. K. Hildebrandt	Oetzsch b. Leipzig F. Ziegler[1]	Borna Thümmel
Vorfrühling			
Anfang der Aufblühzeit von:			
Schneeglöckchen (Galanthus nivalis oder Leucojum vernum)	—	5./6. Jan.	7. Febr.
Huflattich (Tussilago farfara)	22. März	22./23. März	8. April
Anemone (Anemone nemorosa)	—	—	
Kornelkirsche (Cornus mas)	27. März	20. März	15. März
Salweide (Salix caprea)	—	24. März	—
Anfang der Laubentfaltung (erste normale Blattoberfläche sichtbar) bei:			
Stachelbeere (Ribes grossularia)	9. April	30. März	25. März
Erstfrühling			
Anfang der Aufblühzeit von:			
Dotterblume (Caltha palustris)	29. März	—	11. April
Johannisbeere (Ribes rubrum)	13. April	7./8. April	13. April
Süßkirsche (Prunus avium)	20. April	12. April	13. April
Schlehe (Prunus spinosa)	23. April	10. April	17. April
Traubenkirsche (Prunus padus)	—	—	—
Birne (Pyrus communis, Sorte!)	Pastorenbirne 28. April	15./16. April	26. April
Apfel (Pyrus malus, Sorte!)	5. Mai	2. Mai	1. Mai
Anfang der Laubentfaltung bei:			
Roßkastanie (Aesculus hippocastanum) .	24. April	20./21. April	10. April
Linde (Tilia grandifolia, Sommerlinde) . .	—	25. April	21. April
(Tilia parvifolia, Winterlinde)	ca. 25. April	2. Mai	
Buche (Fagus silvatica)	—	—	28. April
Vollfrühling			
Anfang der Aufblühzeit von:			
Roßkastanie	5. Mai	6. Mai	1. Mai
Flieder (Nägelchen, Syringa vulgaris) . . .	7. Mai	6. Mai	7. Mai
Goldregen (Cytisus laburnum)	9. Mai	6. Mai	8. Mai
Eberesche (Sorbus aucuparia)	7. Mai	—	10. Mai
Allgemeine Belaubung, d. h. über 50% sämtlicher Blätter an der Station entfaltet:			
Buchenhochwald grün	—	—	—
Eichenhochwald grün	5. Mai	4./5. Mai	—
Frühsommer			
Anfang der Aufblühzeit von:			
Holunder (Sambucus nigra)	8. Juni	2./3. Juni	26. Mai
Schneebeere (Symphoricarpus racemosus) .	—	—	4. Juni
Falscher Jasmin (Philadelphus coronarius) .	—	—	
Gartensalbei (Salvia officinalis)	—	—	
Winterroggen (Sorte!)	—	Petkuser 8./9. Juni	13. Juni
Winterweizen (Sorte!)	2. Juli	Kirsch's Dick. 29. Juni	30. Juni
Erste Entwicklung von Johannistrieben bei:			
Eiche	—	—	—
Spitzahorn	—	—	—
Eberesche usw.	—	—	—

[1] Haselnuß, Beginn der Blüte 5./6. Febr.

Brandenburg und Freistaat Sachsen 1923.

Hubertusburg Häber	Rochlitz Dr. Wolf	Rochlitz Ldw. Schule	Oberstrahwalde E. Jurk
2. Febr.	7. Febr.	—	12. März
—	16. März	—	25. März
18. März	21. März	—	—
3. April	16. März	—	1. April
1. April	12. März	—	—
20. April	7. April	—	11. April
22. April	22. März	—	18. April
18. April	10. April	—	25. April
25. April	15. April	—	28. April
15. April	11. April	—	—
10. April	1. Mai	—	—
26. April	Diels Butterbirne 21. April	—	1. Mai
29. April	Charlamowski 2. Mai	—	4. Mai
30. April	11. April	—	—
23. April	11. April	—	6. Mai
28. April	2. Mai	—	9. Mai
5. Mai	1. Mai	—	10. Mai
19. Mai	3. Mai	—	16. Mai
18. Mai	7. Mai	—	13. Mai
21. Mai	10. Mai	—	15. Mai
22. Mai	9. Mai	—	—
8. Mai	6. Mai	—	12. Mai
10. Mai	5. Mai	—	—
24. Mai	3. Juni	4. Juni	11. Juni
26. Mai	9. Juni	3. Juni	—
—	12. Juni	29. Mai	—
—	—	—	18. Juni
15. Juni	24. Mai	1. Juni	1. Juli
17. Juni	—	26. Juni	15. Juli
30. Juni	—	—	—
28. Juni	—	—	—
—	—	—	—

Beobachtungsort und Beobachter	Frankfurt a. O. K. Hildebrandt	Oetzsch b. Leipzig F. Ziegler	Borna Thümmel
Hochsommer			
Anfang der Aufblühzeit von:			
Sommer- und Winterlinde	10. Juli	8./10. Juli	—
Heide (Calluna vulgaris)	16. Aug.	—	—
Weiße Lilie (Lilium candidum).	—	—	15. Juli
Anfang der Fruchtreife von:			
Johannisbeere	7. Juli	14 /15. Juli	18. Juli
Eberesche	—	—	9. Aug.
Schneebeere	—	20. Aug.	5. Aug.
Holunder	—	—	—
Erntebeginn, d. h. Anfang des Schnittes auf mehreren Feldern von:			
Winterroggen	24. Juli	30./31. Juli	30. Juli
Winterweizen	19. Aug.	—	10. Juli
Grummetreife	5./10. Sept.	11. Aug.	2. Sept.
Frühherbst (Spätsommer)			
Anfang der Aufblühzeit von:			
Herbstzeitlose (Colchicum autumnale) . . .	—	21. Sept.	—
Efeu (Hedera helix)	—	—	—
Anfang der Fruchtreife von:			
Roßkastanie	20. Sept.	—	10. Sept.
Liguster (Ligustrum vulgare)	—	—	—
Herbst			
Allgemeine Laubverfärbung u. a. bei:			
Roßkastanie	—	—	11. Sept.
Buche	—	—	—
Eiche	—	—	17. Sept.
Dazu einige Beobachtungen aus der **Tierwelt:**			
1. Grasfrosch (Rana temporaria) } zuerst gesehen oder gehört {	15. März	—	—
Wasserfrosch (Rana esculenta) }	30. April	21. März	12. April
2. Erste Falter der Kohlweißlinge (Pieris brassicae u. Pieris rapae)	—	2. Mai	20. März (Zitronenfalter)
Erste Maikäfer (Melolontha melolontha u. Melolontha hippocastani)	4. Mai	1. Mai	—
3. Erste schwarze Blattläuse an Saubohnen (Aphis evonymi, Aphis papaveris, Aphis rumicis)	—	—	—

Hubertusburg Häber	Rochlitz Dr. Wolf	Rochlitz Lbw. Schule	Oberstrahwalde E. Jurk
—	S.-L.4.Juli W.-L.8.Juli	S.-L.11.Juni W.-L.27.Juni	15. Juli
25. Juli	30. Juli	30. Juli	—
2. Aug.	9. Juli	18. Juli	15. Juli
30. Juli	3. Juli	14. Juli	25. Juli
1. Sept.	29. Juli	24. Juli	—
2. Sept.	3. Aug.	—	—
20. Sept.	24. Sept.	18. Sept.	5. Okt.
3. Aug.	30. Juli	2. Aug.	28. Juli
5. Aug.	14. Aug.	10. Aug.	30. Juli
2. Sept.	—	21. Aug.	10. Sept.
20. Sept.	—	—	—
—	—	—	—
24. Sept.	26. Sept.	—	1. Okt.
—	26. Sept.	—	—
4. Okt.	28. Sept.	—	1. Okt.
1. Okt.	6. Okt.	—	15. Okt.
28. Sept.	8. Okt.	—	20. Okt.
—	—	—	—
—	—	—	—
—	—	—	—
18. April	2. Mai	—	—
—	—	1. Juni	—

Beobachtungsort und Beobachter	Chemnitz Illing	Wilsdruff Zimmermann	Freiberg Gelbke
Vorfrühling			
Anfang der Aufblühzeit von:			
Schneeglöckchen (Galanthus nivalis oder Leucojum vernum)	27. Febr.	5. Febr.	15. März
Huflattich (Tussilago farfara)	5. März	—	—
Anemone (Anemone nemorosa)	26. März	24. März	12. April
Kornelkirsche (Cornus mas)	—	24. März	—
Salweide (Salix caprea)	20. März	24. März	—
Anfang der Laubentfaltung (erste normale Blattoberfläche sichtbar) bei:			
Stachelbeere (Ribes grossularia)	9. April	1. April	16. April
Erstfrühling			
Anfang der Aufblühzeit von:			
Dotterblume (Caltha palustris)	14. April	13. April	—
Johannisbeere (Ribes rubrum)	19. April	22. April	12. Mai
Süßkirsche (Prunus avium)	26. April	23. April	10. Mai
Schlehe (Prunus spinosa)	22. April	24. April	—
Traubenkirsche (Prunus padus)	—	1. Mai	—
Birne (Pyrus communis, Sorte!)	28. April	30. April	12. Mai
Apfel (Pyrus malus, Sorte!)	5. Mai Klarapfel	6. Mai	13. Mai
Anfang der Laubentfaltung bei:			
Roßkastanie (Aesculus hippocastanum) . .	26. April	19. April	—
Linde (Tilia grandifolia, Sommerlinde) . .	28. April	27. April	14. Mai
(Tilia parvifolia, Winterlinde)	6. Mai	6. Mai	—
Buche (Fagus silvatica)	—	30. April	10. Mai
Vollfrühling			
Anfang der Aufblühzeit von:			
Roßkastanie	—	10. Mai	—
Flieder (Nägelchen, Syringa vulgaris) . . .	20. Mai	10. Mai	25. Mai
Goldregen (Cytisus laburnum)	—	—	29. Mai
Eberesche (Sorbus aucuparia)	26. Mai	—	—
Allgemeine Belaubung, d.h. über 50 % sämtlicher Blätter an der Station entfaltet:			
Buchenhochwald grün	—	—	—
Eichenhochwald grün	—	—	31. Mai
Frühsommer			
Anfang der Aufblühzeit von:			
Holunder (Sambucus nigra)	18. Juni	—	10. Juni
Schneebeere (Symphoricarpus racemosus) .	22. Juni	—	14. Aug.
Falscher Jasmin (Philadelphus coronarius) .	20. Juni	5. Juni	—
Gartensalbei (Salvia officinalis)	22. Juni	—	—
Winterroggen (Sorte!)	29. Juni Petkuser	—	—
Winterweizen (Sorte!)	12. Juli General Stock	—	—
Erste Entwicklung von Johannistrieben bei:			
Eiche	1. Juli	—	—
Spitzahorn	—	—	10. Juni
Eberesche usw.	—	—	—

---

¹) Fällt in den Subsarmatischen Klimabezirk, d. i. der südliche, wärmere und trockenere Teil des Harzes reichend.　²) Robinie, Beginn der Blüte 8. Juni.

im Freistaat Sachsen und Anhalt 1923.[1] Tabelle 23.

Dresden Richter	Dresden-Neust. Wetzold	Wahnsdorf b. Dresden Stark	Pillnitz a. d. Elbe Kammeyer	Zwickau Dr. Büttner
—	15. Febr.	25. Febr.	18. März	—
—	—	—	23. März	9. April
—	25. März	27. März	20. März	20. März
—	1. März	26. März	10. März	—
—	27. März	—	20. März	—
—	28. März	27. März	24. März	—
—	26. März	—	—	12. April
—	16. April	14. April	13. April	14. April
—	23. April	15. April	12. April	25. April
—	26. März	—	15. April	28. April
—	24. April	19. April	20. April	1. Mai
—	24. April	26. April G. Luise	13. April	15. April
—	23. April	2. Mai Frühe	28. April	—
—	12. April	12. April	27. März	—
—	15. April	—	11. April	—
—	20. April	—	—	—
—	5. Mai	—	29. April	25. April
—	6. Mai	16. April	4. Mai	7. Mai
—	2. Mai	5. Mai	5. Mai	8. Mai
—	7. Mai	—	4. Mai	8. Mai
—	—	—	6. Mai	14. Mai
—	—	—	8. Mai	—
—	—	—	9. Mai	—
6. Juni	30. Mai	29. Mai	25 Mai	6. Juni
10. Juni	15. Juni	8. Juni	2. Juni	—[2]
10. Juni	4. Juni	—	2. Juni	—
—	2. Juni	—	—	—
—	2. Juni	10. Juni	26. Mai	—
—	—	—	—	—
30. Juni	—	—	—	—
—	—	—	—	—
—	—	—	—	—

Ostelbiens, im Süden bis an die Vorberge der mitteldeutschen Gebirgsschwelle, im Westen bis an diejenigen

Beobachtungsort und Beobachter	Chemnitz Jlling	Wilsdruff Zimmermann	Freiberg Gelbke
Hochsommer			
Anfang der Aufblühzeit von:			
Sommer- und Winterlinde	12. Juli	8. Juli	S.-L. 20. Juli
Heide (Calluna vulgaris)	—	—	—
Weiße Lilie (Lilium candidum)	15. Juli	—	—
Anfang der Fruchtreife von:			
Johannisbeere	—	15. Juli	30. Juni
Eberesche	—	—	—
Schneebeere	—	—	1. Sept.
Holunder	—	—	1. Sept.
Erntebeginn, d. h. Anfang des Schnittes auf mehreren Feldern von:			
Winterroggen	—	1. Aug.	—
Winterweizen	—	15. Aug.	—
Grummetreife	—	—	31. Aug.
Frühherbst (Spätsommer)			
Anfang der Aufblühzeit von:			
Herbstzeitlose (Colchicum autumnale) . . .	—	—	—
Efeu (Hedera helix)	—	—	—
Anfang der Fruchtreife von:			
Roßkastanie	—	—	—
Liguster (Ligustrum vulgare)	—	—	—
Herbst			
Allgemeine Laubverfärbung u. a. bei:			
Roßkastanie	—	—	—
Buche	—	—	5. Sept.
Eiche	—	—	20. Sept.
Dazu einige Beobachtungen aus der **Tierwelt**:			
1. Grasfrosch (Rana temporaria) zuerst gesehen oder gehört	—	27. März	—
Wasserfrosch (Rana esculenta)	—	—	—
2. Erste Falter der Kohlweißlinge (Pieris brassicae u. Pieris rapae)	—	2. Mai	18. Mai
Erste Maikäfer (Melolontha melolontha u. Melolontha hippocastani)	—	29. April	—
3. Erste schwarze Blattläuse an Saubohnen (Aphis evonymi, Aphis papaveris, Aphis rumicis)	—	—	—

____

¹) 1 Maikäfer in der Erde 7. März.

Dresden Richter	Dresden=Neust. Wetzold	Wahnsdorf b. Dresden Stark	Pillnitz a. d. Elbe Kammeyer	Zwickau Dr. Büttner
30. Juni	20. Juni	10. Juli	24. Juni	—
14. August	—	5. August	—	—
—	—	—	10. Juli	—
26. Juni	18. Juli	15. Juli	6. Juli	—
—	—	—	10. Juli	—
20. August	—	15. Sept.	15. Juli	—
26. August	28. August	25. Sept.	20. Juli	—
2. August	—	23. Juli	16. Juli	—
15. August	—	21. August	—	—
28. August	—	31. August	25. August	—
8. Sept.	—	—	—	—
—	—	—	—	—
22. Sept.	5. Sept.	30. Sept.	20. August	—
20. Sept.	—	—	21. August	—
—	18. Sept.	26. Sept.	20. Sept.	—
—	20. Okt.	—	28. Sept.	—
—	12. Okt.	—	30. Sept.	—
—	—	27. März	—	—
—	—	—	21. März	—
3. Mai	—	2. Mai	2. Mai[1])	—
—	—	1. Mai	1. Juni	—
—	—	—	—	—

Beobachtungsort und Beobachter	Niederplanitz b. Zwickau Reinhold	Sayda Reh
Vorfrühling		
Anfang der Aufblühzeit von:		
Schneeglöckchen (Galanthus nivalis oder Leucojum vernum)	4. Febr.	15. März
Huflattich (Tussilago farfara)	26. März	12. April
Anemone (Anemone nemorosa)	24. März	12. April
Kornelkirsche (Cornus mas)	22. März	—
Salweide (Salix caprea)	27. März	24. April
Anfang der Laubentfaltung (erste normale Blattoberfläche sichtbar) bei:		
Stachelbeere (Ribes grossularia)	1./7. April	4. Mai
Erstfrühling		
Anfang der Aufblühzeit von:		
Dotterblume (Caltha palustris)	31. März	18. April
Johannisbeere (Ribes rubrum)	16. April	10. Mai
Süßkirsche (Prunus avium)	15. April	18. April
Schlehe (Prunus spinosa)	14. April	—
Traubenkirsche (Prunus padus)	3. April	—
Birne (Pyrus communis, Sorte!) . . .	17. April Weizenbirne	20. Mai
Apfel (Pyrus malus, Sorte!)	3. Mai Charlamowsky	26. Mai
Anfang der Laubentfaltung bei:		
Roßkastanie (Aesculus hippocastanum) . .	30. April/5. Mai	12. Mai
Linde (Tilia grandifolia, Sommerlinde) . .	30. April/5. Mai	—
(Tilia parvifolia, Winterlinde)	—	—
Buche (Fagus silvatica)	30. April	15. Mai
Vollfrühling		
Anfang der Aufblühzeit von:		
Roßkastanie	5. Mai	20. Mai
Flieder (Nägelchen, Syringa vulgaris) . . .	5. Mai	15. Mai
Goldregen (Cytisus laburnum)	8. Mai	26. Mai
Eberesche (Sorbus aucuparia)	9. Mai	—
Allgemeine Belaubung, d. h. über 50% sämtlicher Blätter an der Station entfaltet:		
Buchenhochwald grün	10. Mai	—
Eichenhochwald grün	—	—
Frühsommer		
Anfang der Aufblühzeit von:		
Holunder (Sambucus nigra)	2. Juni	10. Juni
Schneebeere (Symphoricarpus racemosus) . .	6. Juni	—
Falscher Jasmin (Philadelphus coronarius) .	6. Juni	—
Gartensalbei (Salvia officinalis)	—	—
Winterroggen (Sorte!)	7. Juni	10. Aug. Petkuser
Winterweizen (Sorte!)	3. Juli	18. Aug. Rippiener
Erste Entwicklung von Johannistrieben bei:		
Eiche	8. Juli	15. Juni
Spitzahorn	8. Juli	10. Juni
Eberesche	—	18. Juni

Sayda Ldw. Schule	Olbernhau Flößner	Hain b. Oybin Nowak	Zerbst Gorgaß	Zerbst Ballhorn sen.
12. März	7. März	25. März	—	5. März
9. April	16. März	—	15. März	18. März
23. März	1. April	30. März	30. März	22. März
—	27. März	—	20. März	23. März
11. April	1. April	28. März	25. März	24. März
19. April	14. April	5. April	6. März	Anf. April
10. April	16. März	1. April	30. März	28. März
25. April	26. April	30. April	11. April	15. April
10. Mai	3. Mai	5. Mai	15. April	18. April
—	6. Mai	—	17. April	19. April
—	4. Mai	—	20. April	—
16. Mai	3. Mai	19. Mai	1. Mai Prz. Marianne	19. April Kongreß
23. Mai	8. Mai	22. Mai	3. Mai Goldparmäne	4. Mai
—	2. Mai	5. Mai	29. April	1. Mai
—	3. Mai	5. Mai	30. April	5. Mai
—	6. Mai	—	—	13. Mai
2. Mai	2. Mai	4. Mai	28. April	—
—	20. Mai	10. Mai	—	8. Mai
24. Mai	20. Mai	25. Mai	10. Mai	8. Mai
—	27. Mai	—	22. Mai	11. Mai
2. Juni	27. Mai	—	—	12. Mai
—	5. Mai	10. Mai	—	20. Mai
—	20. Mai	20. Mai	—	20. Mai
3. Juni	24. Juni	30. Juni	25. Juni	10. Juni
—	2. Juli	6. Juli	—	—
—	8. Juli	9. Juli	—	—
—	—	9. Juli	1. Juli	—
3./7. Aug. Petkuf. u. Erzgeb.	7. Juli	9. Juli	10. Juni Petkuser	10. Juni Petkuser
12./20. Aug. Rippiener	—	—	7. Juli	8. Juli Weißer
} 28. Mai	—	2. Juli	—	16. Juli
bis	—	5. Juli	—	—
16. Juni	—	5. Juli	—	—

Beobachtungsort und Beobachter	Niederplanitz b. Zwickau Reinhold	Sayda Reh
Hochsommer		
Anfang der Aufblühzeit von:		
Sommer= und Winterlinde	8. Juli	—
Heide (Calluna vulgaris)	6. August	25. Juni
Weiße Lilie (Lilium candidum).	11. Juli	—
Anfang der Fruchtreife von:		
Johannisbeere	Anfang Juli	19. Juli
Eberesche	Mitte August	18. Sept.
Schneebeere	Mitte August	—
Holunder	Anfang Sept.	21. Sept.
Erntebeginn, d. h. Anfang des Schnittes auf mehreren Feldern von:		
Winterroggen	1. August	8./10. Aug.
Winterweizen	13. August	10./15. Aug.
Grummetreife	Ende August	21. Sept.
Frühherbst (Spätsommer)		
Anfang der Aufblühzeit von:		
Herbstzeitlose (Colchicum autumnale) . . .	Ende August	29. Aug.
Efeu (Hedera helix)	28. Sept.	—
Anfang der Fruchtreife von:		
Roßkastanie	12. Sept.	25. Sept.
Liguster (Ligustrum vulgare)	26. Sept.	—
Herbst		
Allgemeine Laubverfärbung u. a. bei:		
Roßkastanie	Mitte August	29. Sept.
Buche	—	5. Okt.
Eiche	Ende Sept.	15. Okt.
Dazu einige Beobachtungen aus der **Tierwelt**:		
1. Grasfrosch (Rana temporaria) zuerst gesehen oder gehört	28. März	19. Mai
Wasserfrosch (Rana esculenta)	—	1. Mai
2. Erste Falter der Kohlweißlinge (Pieris brassicae u. Pieris rapae)	2. April	1. Mai
Erste Maikäfer (Melolontha melolontha u. Melolontha hippocastani)	—	—
3. Erste schwarze Blattläuse an Saubohnen (Aphis evonymi, Aphis papaveris, Aphis rumicis)	30. Juni	—

im Freistaat Sachsen und Anhalt 1923.

Sayda Ldw. Schule	Olbernhau Flößner	Hain b. Oybin Nowak	Zerbst Gorgaß	Zerbst Ballhorn sen.
—	S. 12. Juli W. 2. Aug.	20. Juli	S. 7. Juli W. 19 Juli	7. Juli
20. Juni	18. Aug.	15. Juli	8. Aug.	—
—	—	20. Juli	—	—
22. Juli	16. Juli	20. Juli	20. Juli	—
10. Sept.	7. Aug.	20. Aug.	—	—
—	—	25. Mai	20. Sept.	—
Südwand: 18. Juli	15. Sept.	—	10. Sept.	—
14. Aug.	13. Aug.	20. Aug.	25. Juli	20. Juli
20. Aug.	—	—	10. Aug.	13. Aug.
—	—	30. Aug.	—	15. Sept.
2. Sept.	12. Sept.	—	17. Sept.	—
—	—	—	1. Okt.	—
—	24. Sept.	20. Sept.	20. Sept.	—
—	—	—	—	—
—	8. Okt.	20. Okt.	23. Sept.	1. Okt.
8. Sept.	5. Okt.	22. Okt.	19. Sept.	15. Okt.
25. Sept.	10. Okt.	21. Okt.	5. Okt.	15. Okt.
3. Mai	—	—	—	16. März
4. Mai	—	—	—	18. März
29. April	—	13. Juli	1. Mai	20. März
—	—	—	30. April	3. Mai
—	—	—	—	8. Juli

Beobachtungsort und Beobachter	Gardelegen Brecht	Gommern Heicke	Althaldensleben Sayle
Vorfrühling			
Anfang der Aufblühzeit von:			
Schneeglöckchen (Galanthus nivalis oder Leucojum vernum)	Mitte März	—	—
Huflattich (Tussilago farfara)	Mitte März	—	28. März
Anemone (Anemone nemorosa)	—	—	3. April
Kornelkirsche (Cornus mas)	Mitte März	—	—
Salweide (Salix caprea)	Mitte März	—	—
Anfang der Laubentfaltung (erste normale Blattoberfläche sichtbar) bei:			
Stachelbeere (Ribes grossularia)	Ende April	30. März	30. März
Erstfrühling			
Anfang der Aufblühzeit von:			
Dotterblume (Caltha palustris)	Mitte April	29. März	15. April
Johannisbeere (Ribes rubrum)	Ende April	20. April	13. April
Süßkirsche (Prunus avium)	—	18. April	14. April
Schlehe (Prunus spinosa)	—	—	13. April
Traubenkirsche (Prunus padus)	1. Mai	—	—
Birne (Pyrus communis, Sorte!)	1. Mai	—	12. April
Apfel (Pyrus malus, Sorte!)	1. Mai	—	10/25. April
Anfang der Laubentfaltung bei:			
Roßkastanie (Aesculus hippocastanum)	Mitte April	—	15. April
Linde (Tilia grandifolia, Sommerlinde)	Ende April	—	15. April
(Tilia parvifolia, Winterlinde)	—	—	5. Mai
Buche (Fagus silvatica)	Ende April	—	29. April
Vollfrühling			
Anfang der Aufblühzeit von:			
Roßkastanie	6. Mai	7. Mai	6. Mai
Flieder (Nägelchen, Syringa vulgaris)	10. Mai	8. Mai	7. Mai
Goldregen (Cytisus laburnum)	15. Mai	—	2. Mai
Eberesche (Sorbus aucuparia)	15. Mai	—	—
Allgemeine Belaubung, d. h. über 50 % sämtlicher Blätter an der Station entfaltet:			
Buchenhochwald grün	Anfg. Mai	—	29. April
Eichenhochwald grün	—	—	—
Frühsommer			
Anfang von Aufblühzeit von:			
Holunder (Sambucus nigra)	12. Juni	31. Mai	10. Juni
Schneebeere (Symphoricarpus racemosus)	15. Juni	—	—
Falscher Jasmin (Philadelphus coronarius)	12. Juni	—	27. Juni
Gartensalbei (Salvia officinalis)	—	—	—
Winterroggen (Sorte!)	12. Juni	10. Juni	20. Juni
Winterweizen (Sorte!)	—	—	—
Erste Entwicklung von Johannistrieben bei:			
Eiche	—	—	—
Spitzahorn	—	—	—
Eberesche usw.	—	—	—

[1]) Fällt in den Subsarmatischen Klimabezirk, d. i. der südliche, wärmere und trocknere Te[il]
des Harzes reichend.   [2]) Raps: Anfang der Blüte 7. Mai, Ernte 13. Juli.   Ernte: Wintergers[t]

in der Provinz Sachsen 1923.[1]   Tabelle 24.

Schönebeck a. E. Fritz Müller	Quedlinburg Huhn	Quedlinburg Blaß[2]	Bad Suderode Ehrke
24. Febr.	16. Febr.	3. Febr.	—
16 März	11. April	—	10. April
30 März	20. März	—	12. April
16. März	24. März	29. März	—
25. März	25. März	—	—
30. März	31. März	—	—
11. April	28. April	—	—
11. April	2. Mai	21. April	—
12. April	22. April	14. April	—
8. April	26. April	—	—
28. April	14 Mai	—	—
Muskateller 14. April	20. April	14. April	—
Ribstar Poping 1. Mai	24. April	—	—
26. April	1. Mai	14. April	—
5. Mai	24. April	—	—
10. Mai	8. Mai	5. Mai	—
—	8. Mai	5. Mai	—
3. Mai	6. Mai	12. Mai	9. Mai
5. Mai	7. Mai	—	8. Mai
4 Mai	15. Mai	12. Mai	20. Mai
1. Mai	22. Mai	—	23. Mai
—	6. Mai	5. Mai	—
29. April	18. Mai	—	25. Mai
2. Juni	14. Juni	16. Mai	9. Juni
2. Juni	12. Juni	—	15. Juni
2. Juni	12. Juni	—	28. Juni
10. Juni	—	—	—
5. Juni	18. Juni	7. Juni	20. Juni
20. Juni	26. Juni	Rimpaus Bastard 5. Juli	—
—	11. Juli	—	—
—	8. Juli	—	—
—	8. Juli	—	—

Ostelbiens, im Süden bis an die Vorberge der mitteldeutschen Gebirgsschwelle, im Westen bis an diejenigen
26. Juli, Sommergerste 9. August.

Beobachtungsort und Beobachter	Gardelegen Brecht	Gommern Heicke	Althaldensleben Saule
Hochsommer			
Anfang der Aufblühzeit von:			
Sommer= und Winterlinde	9. Juli	16. Juli	8. Juli
Heide (Calluna vulgaris)	Mitte Aug.	—	26. Aug.
Weiße Lilie (Lilium candidum).	Anfg. Juli	—	11. Juli
Anfang der Fruchtreife von:			
Johannisbeere	Anfg. Juli	—	—
Eberesche	—	—	—
Schneebeere	Anfg. Sept.	—	—
Holunder	Mitte Sept.	—	—
Erntebeginn, d. h. Anfang des Schnittes auf mehreren Feldern von:			
Winterroggen	Mitte Aug.	—	—
Winterweizen	Ende Aug.	--	—
Grummetreife	Anfg. Sept.	—	—
Frühherbst (Spätsommer)			
Anfang der Aufblühzeit von:			
Herbstzeitlose (Colchicum autumnale) . . .	—	—	—
Efeu (Hedera helix)	Ende Sept.	—	—
Anfang der Fruchtreife von:			
Roßkastanie	Anfg. Okt.	8. Okt.	—
Liguster (Ligustrum vulgare)	—	—	—
Herbst			
Allgemeine Laubverfärbung u.a. bei:			
Roßkastanie	Anfg. Okt.	15. Okt.	—
Buche	Anfg. Okt.	—	—
Eiche	—	—	—
Dazu einige Beobachtungen aus der **Tierwelt**:			
1. Grasfrosch (Rana temporaria) }zuerst ge=	Ende März	26. März	10. April
Wasserfrosch (Rana esculenta) }sehen oder gehört	—	—	26. März
2. Erste Falter der Kohlweißlinge (Pieris brassicae u. Pieris rapae).	26 April	21. März	2. Mai
Erste Maikäfer (Melolontha melolontha u. Melolontha hippocastani)	6. Mai	5. Mai	3. Mai
3. Erste schwarze Blattläuse an Saubohnen (Aphis evonymi, Aphis papaveris, Aphis rumicis)	—	—[1]	—
4. Erste Frostspanner an Probeleimringen (Cheimatobia brumata u. Hibernia defoliaria)	Ende Okt.	—	—

[1] Schwalbe: Ankunft 15. April 1923.

Schönebeck a. E. Fritz Müller	Quedlinburg Huhn	Quedlinburg Blaß	Bad Suderode Ehrke
S. 5. Juli W. 25. Juli	6. Juli	—	13. Juli
—	10. Aug.	—	—
1. Juni	4. Juli	—	16. Juli
7. Juli	10. Juli	—	17. Juli
—	15. Sept.	—	20. Sept.
10. Aug.	10. Sept.	—	20. Sept.
17. Sept.	26. Sept.	—	28. Sept.
26. Juli	26. Juli	3. Aug.	15. Aug.
8. Aug.	12. Aug.	14. Aug.	14. Aug
—	29. Aug.	9. Sept.	—
29. Sept.	20. Sept.	—	20. Sept.
29. Sept.	—	—	—
15. Sept.	28. Sept.	—	—
—	26. Sept.	—	—
12. Sept.	20. Okt.	—	—
20. Okt.	25. Okt.	—	—
20. Okt.	25. Okt.	—	—
25. März	—	—	—
25. März	30. Mai	10. Mai	—
11. April	28. April	—	—
1. Mai	26. April	15. Mai	—
—	10. Juli	18. Juli	—
—	—	—	—

Beobachtungsort und Beobachter	Kloster=mansfeld Franz	Röscherode Hirschelmann	Bischofrode Götze
Vorfrühling			
Anfang der Aufblühzeit von:			
Schneeglöckchen (Galanthus nivalis oder Leu-cojum vernum)	25. Jan.	8. Febr.	1. März
Huflattich (Tussilago farfara)	—	3. März	29. April
Anemone (Anemone nemorosa)	10. April	20. April	18. März
Kornelkirsche (Cornus mas)	—	5. März	—
Salweide (Salix caprea)	28. März	12. März	1. März
Anfang der Laubentfaltung (erste normale Blattoberfläche sichtbar) bei:			
Stachelbeere (Ribes grossularia)	11. April	19. April	10. April
Erstfrühling			
Anfang der Aufblühzeit von:			
Dotterblume (Caltha palustris)	—	—	18. März
Johannisbeere (Ribes rubrum)	25 April	20. April	24. März
Süßkirsche (Prunus avium)	28 April	3. Mai	1. Mai
Schlehe (Prunus spinosa)	4. Mai	5. Mai	4. Mai
Traubenkirsche (Prunus padus)	25. April	5. Mai	—
Birne (Pyrus communis. Sorte!)	25. April	4. Mai Köstliche v. Ch.	1. Mai
Apfel (Pyrus malus. Sorte!)	6. Mai	3. Mai Gravensteiner	3. Mai
Anfang der Laubentfaltung bei:			
Roßkastanie (Aesculus hippocastanum)	22. April	—	4. Mai
Linde (Tilia grandifolia, Sommerlinde)	24. April	30. April	4. Mai
(Tilia parvifolia, Winterlinde)	—	2. Mai	—
Buche (Fagus silvatica)	30. April	2. Mai	2. Mai
Vollfrühling			
Anfang der Aufblühzeit von:			
Roßkastanie	9. Mai	17. Mai	15. Mai
Flieder (Nägelchen, Syringa vulgaris)	9. Mai	20. Mai	20. Mai
Goldregen (Cytisus laburnum)	25. Mai	30. Mai	26. Mai
Eberesche (Sorbus aucuparia)	—	17. Juni	28 Mai
Allgemeine Belaubung, d. h. über 50% sämtlicher Blätter an der Station entfaltet:			
Buchenhochwald grün	6. Mai	7. Mai	15. Mai
Eichenhochwald grün	29. Mai	12. Mai	25. Mai
Frühsommer			
Anfang der Aufblühzeit von:			
Holunder (Sambucus nigra)	5. Juli	10. Juni	—
Schneebeere (Symphoricarpus racemosa)	—	22. Mai	—
Falscher Jasmin (Philadelphus coronarius)	18. Juni	21. Juni	—
Gartensalbei (Salvia officinalis)	—	—	—
Winterroggen (Sorte!)	21. Juni	—	—
Winterweizen (Sorte!)	—	—	—
Erste Entwicklung von Johannistrieben bei:			
Eiche	—	—	—
Spitzahorn	—	—	—
Eberesche usw.	—	—	—

in der Provinz Sachsen 1923. | Noch: Tabelle 24.

Eisleben Prof. Otto	Düben a. Mulde Huhn	Kötschau Weilepp	Weißenfels Beuthan	Heuckewalde Biehler
—	Anf. Febr.	2. Febr.	2. Febr.	18. Febr.
—	22. März	—	18. März	—
25. März	3. April	—	28. März	12. März
20. März	—	—	28. März	—
—	30. März	—	24. März	16. März
26. März	1. April	—	—	16. März
—	13. April	—	14. April	8. April
13. April	13. April	12. April	20. April	12. April
14. April	29. April	—	18. April	25. April
—	13 /15. April	—	14. April	—
29. April	26. April	—	—	—
18. April Forellenb.	18. April	24. April	25. April	30. April
3. Mai	3. Mai	18. April	3. Mai	—
17. April	12./13. April	—	25. April	12. April
12. April	19. April	—	28. April	18. April
25 April	3. Mai	—	—	—
—	2./4. Mai	27. April	6. Mai	—
6. Mai	6. Mai	—	4. Mai	—
7. Mai	6. Mai	—	5. Mai	8 Juni
7. Mai	7. Mai	—	12. Mai	—
—	9. Mai	—	—	—
—	4. Mai	—	—	2. Juni
—	7. Mai	—	—	6. Juni
—	4. Juni	4. Juni	2. Juni	8. Juni
—	10. Juni	—	4. Juni	5. Juni
—	2. Juni	—	29. Mai	—
—	—	—	—	—
12. Juni	10. Juni Inländ. märk.	3. Juni	4. Juni	7. Juni
—	29. Juni Inländ. märk.	--	—	15. Juni
—	—	—	—	25. Juni
—	} 23./26. Juni	—	—	—
—	—	—	—	—

Beobachtungsort und Beobachter	Kloster= mansfeld Franz	Röscherode Hirschelmann	Bischofrode Götze
Hochsommer			
Anfang der Aufblühzeit von:			
Sommer= und Winterlinde	10. Juli	14. Juli	—
Heide (Calluna vulgaris)	—	—	—
Weiße Lilie (Lilium candidum).	—	—	—
Anfang der Fruchtreife von:			
Johannisbeere	10. Juli	22. Juli	25. Juli
Eberesche	—	—	—
Schneebeere	—	—	—
Holunder	5. Juli	—	—
Erntebeginn, d. h. Anfang des Schnittes auf mehreren Feldern von:			
Winterroggen	10. Aug.	28. Aug.	10 Aug.
Winterweizen	—	4. Sept.	17. Aug.
Grummetreife	—	—	—
Frühherbst (Spätsommer)			
Anfang der Aufblühzeit von:			
Herbstzeitlose (Colchicum autumnale) . . .	15. Sept.	—	—
Efeu (Hedera helix)	—	—	—
Anfang der Fruchtreife von:			
Roßkastanie	1. Okt.	—	—
Liguster (Ligustrum vulgare)	—	—	—
Herbst			
Allgemeine Laubverfärbung u. a. bei:			
Roßkastanie	15. Okt.	—	15. Okt.
Buche	—	—	—
Eiche	—	—	13. Okt.
Dazu einige Beobachtungen aus der **Tierwelt:**			
1. Grasfrosch (Rana temporaria) ⎰zuerst ge=⎱	—	—	1. April
Wasserfrosch (Rana esculenta) ⎱sehen oder⎰ gehört	—	—	12. April
2. Erste Falter der Kohlweißlinge (Pieris brassicae u. Pieris rapae).	6. Mai	—	16. März
Erste Maikäfer (Melolontha melolontha u. Melolontha hippocastani)	7. Mai	5. Mai	10. April
3. Erste schwarze Blattläuse an Saubohnen (Aphis evonymi, Aphis papaveris, Aphis rumicis).	10. Juli	—	—
4. Erste Frostspanner an Probeleimringen (Cheimatobia brumata u. Hibernia defoliaria)	—	—	—

in der Provinz Sachsen 1923.   Noch: Tabelle **24**.

Eisleben Prof. Otto	Düben a. Mulde Huhn	Kötschau Weilepp	Weißenfels Beuthan	Heuckewalde Biehler
S. 11. Juli W. 13. Juli	S. 3. Juli W. 19. Juli	6. Juli	S. 1. Juli W. 12. Juli	1. Juli
—	15. Aug.	—	—	—
10. Juli	7. Juli	—	10. Juli	—
—	18. Juli	4. Juli	6. Juli	8. Juli
—	5. Aug.	—	—	—
—	15. Aug.	—	18. Aug.	—
—	30./31. Aug.	—	26. Aug.	—
—	29./31. Juli	—	30. Juli	19. Juli
—	13. Aug.	—	8. Aug.	19. Juli
—	—	—	29. Aug.	26. Aug.
—	18. Sept.	12. Sept.	8. Sept.	3. Sept.
—	22. Sept.	—	12. Sept.	—
23. Sept.	18. Sept.	16. Sept.	18. Sept.	25. Sept.
—	—	—	—	—
24. Sept	2. Okt.	4. Okt.	5. Okt.	3. Nov.
—	3. Okt.	—	—	—
—	10./12. Okt.	—	—	10. Nov.
—	30. März	—	—	—
—	12. April	—	29. April	—
—	26. April	—	14. April	—
—	26. April	—	29. April	—
—	22. Juni	—	—	—
—	—	—	7. Nov.	—

Allgemeine phänologische Beobachtungen in Thüringen 1923.[1]

Beobachtungsort und Beobachter	Forsthaus Eigenrieder Warte bei Mühlhausen Keuthahn, Hegemstr.	Schnepfenthal bei Waltershausen Baarmann	Schwarzbach b. Ottendorf (S.=A.) Jahn, Lehrer	Coburg Schumann	Gera=R. Loniß
Vorfrühling					
Anfang der Aufblühzeit von:					
Schneeglöckchen (Galanthus nivalis) oder Leucojum vernum	12. März	—	—	28. Febr.	10. Febr.
Huflattich (Tussilago farfara)	—	—	—	22. März	15. März
Anemone (Anemone nemorosa)	—	24. März	8. März	23. März	11. März
Kornelkirsche (Cornus mas)	—	20. März	—	17. März	—
Salweide (Salix caprea)	1. April	—	24. März	23. März	22. März
Anfang der Laubentfaltung (erste normale Blattoberfläche sichtbar) bei:					
Stachelbeere (Ribes grossularia)	20. April	1. April	3. April	25. März	2. April
Erstfrühling					
Anfang der Aufblühzeit von:					
Dotterblume (Caltha palustris)	—	10. April	12. April	23. März	—
Johannisbeere (Ribes rubrum)	4. Mai	25. April	13. April	10. April	10. April
Süßkirsche (Prunus avium)	4. Mai	27. April	15. April	23. April	—
Schlehe (Prunus spinosa)	3. Mai	2. Mai	16. April	11. April	15. April
Traubenkirsche (Prunus padus)	—	5. Mai	—	27. April	—

Birne Pyrus communis, Sorte!)	9. Mai	6. Mai	12. April	26. April	12. April
Apfel (Pyrus malus, Sorte!)	—	6. Mai	4. Mai Sommerstettiner	4. Mai	1. Mai Kornapfel
Anfang der Laubentfaltung bei:					
Roßkastanie (Aesculus hippocastanum)	20. April	29. April	29. April	12. April	10. April
Linde (Tilia grandifolia, Sommerlinde)	—	1. Mai	7. Mai	19. April	12. April
(Tilia parvifolia, Winterlinde).	—	12. Mai	—	24. April	26. April
Buche (Fagus silvatica)	30. April	1. Mai	26. April	15. April	20. April

Vollfrühling

    Anfang der Aufblühzeit von:

Roßkastanie	22. Mai	8. Mai	10. Mai	6. Mai	6. Mai
Flieder (Nägelchen, Syringa vulgaris)	23. Mai	20. Mai	10. Mai	8. Mai	6. Mai
Goldregen (Cytisus laburnum)	12. Juni	21. Mai	20. Mai	15. Mai	—
Eberesche (Sorbus aucuparia).	24. Mai	30. April	11. Mai	—	23. Mai

    Allgemeine Belaubung, d. h. über 50%
    sämtlicher Blätter an der Station entfaltet:

Buchenhochwald grün	5. Mai	2. Mai	—	4. Mai	7. Mai
Eichenhochwald grün	25. Mai	18. Mai	—	8. Mai	10. Mai

Frühsommer

    Anfang von Aufblühzeit von:

Holunder (Sambucus nigra)	7. Juli	7. Juni	9. Juni	8. Juni	9. Juni
Schneebeere (Symphoricarpus racemosa)	10. Juli	—	29. Juni	21. Juni	15. Juni
Falscher Jasmin (Philadelphus coronarius) . . .	—	25. Mai	10. Juli	7. Juni	—
Gartensalbei (Salvia officinalis)	8. Juli	—	—	—	30. Juni
Winterroggen (Sorte!)	26. Juni	25. Juni	7. Juni	18. Juni	—
Winterweizen (Sorte!)	12. Juli	8. Juli	3. Juli	16. Juli	—

---

¹) Fällt in den Subsarmatischen Klimabezirk, d. i. der südliche, wärmere und trockenere Teil Ostelbiens, im Süden bis an die Vorberge der mitteldeutschen Gebirgsschwelle, im Westen bis an diejenigen des Harzes reichend.

Beobachtungsort und Beobachter	Forsthaus Eigenrieder Warte bei Mühlhausen Keuthahn, Hegemstr.	Schnepfenthal bei Waltershausen Baarmann	Schwarzbach b. Ottendorf (S.=A.) Jahn, Lehrer	Coburg Schumann	Gera=R. Lonitz
Erste Entwicklung von Johannistrieben bei:					
Eiche	25. Juli	—	21. Juli	22. Juni	2. Juli
Spitzahorn	25. Juli	—	—	22. Juni	—
Eberesche usw.	—	—	—	27. Juni	—
Hochsommer					
Anfang der Aufblühzeit von:					
Sommer= und Winterlinde	19. Juli	10. Juli	S.=L. 11. Juni W.=L. 21. Juli	22. Juli	S.=L 4. Juli W.=L. 6. Juli
Heide (Calluna vulgaris)	—	18. Aug.	21. Juli	13. Aug.	15. Juli
Weiße Lilie (Lilium candidum)	—	—	16. Juli	13. Juli	—
Anfang der Fruchtreife von:					
Johannisbeere	14. Juli	13. Juli	4. Juli	10. Juli	7. Juli
Eberesche	23. Aug.	—	23 Juli	28. Juli	—
Schneebeere	23. Aug.	—	21. Aug.	13. Aug.	21. Aug.
Holunder	--	26. Sept.	5. Sept.	3. Sept.	26. Aug.
Erntebeginn, d. h. Anfang des Schnittes auf mehreren Feldern von:					
Winterroggen	11. Aug.	13. Aug.	2. Aug.	6. Aug.	30. Juli

Winterweizen	4. Sept.	20. Aug.	20. Aug	13. Aug.	10. Aug.
Grummetreife	30. Aug.	30. Aug.	28. Aug.	15. Aug.	27. Aug.
Frühherbst (Spätsommer)					
Anfang der Aufblühzeit von:					
Herbstzeitlose (Colchicum autumnale)	30. Aug.	1. Sept.	—	23. Aug.	6. Sept.
Efeu (Hedera helix)	29. Okt.	—	—	—	12. Okt.
Anfang der Fruchtreife von:					
Roßkastanie	—	30. Sept.	—	24. Sept.	24. Sept.
Liguster (Ligustrum vulgare)	—	—	—	25. Sept.	27. Sept.
Herbst					
Allgemeine Laubverfärbung u. a. bei:					
Roßkastanie	—	10. Okt.	—	5. Okt.	4. Okt.
Buche	16. Okt.	—	—	6. Okt.	7. Okt.
Eiche	—	—	—	12. Okt.	14. Okt.
Dazu einige Beobachtungen aus der Tierwelt:					
1. Grasfrosch (Rana temporaria) } zuerst gesehen oder gehört	—	—	—	—	—
Wasserfrosch (Rana esculanta)	—	—	—	—	—
2. Erste Falter der Kohlweißlinge (Pieris brassicae u. Pieris rapae)	7. Aug.	—	11. April	—	P. brassicae 20. April P. rapae 11. April
Erste Maikäfer (Melolontha melolontha u. Melolontha hippocastani)	—	—	—	3. Mai	2. Mai
3. Erste schwarze Blattläuse an Saubohnen (Aphis evonymi, Aphis papaveris, Aphis rumicis)	—	—	—	—	—
4. Erste Frostspanner an Probeleimringen (Cheimatobia brumata u. Hibernia defoliaria)	—	—	—	26. Okt.	—

Allgemeine phänologische Beobachtungen in Mecklenburg,

Beobachtungsort und Beobachter	Schwerin i. Mecklbg. Evert	Schwerin i. Mecklbg. Bolland	Görries b. Schwerin Beese
Vorfrühling			
Anfang der Aufblühzeit von:			
Schneeglöckchen (Galanthus nivalis oder Leucojum vernum)	1. Febr.	28. Febr.	31. Jan.
Huflattich (Tussilago farfara)	23. März	15. März	1. April
Anemone (Anemone nemorosa)	25. März	28. März	28. März
Kornelkirsche (Cornus mas)	22. März	15. Febr.	15. Febr.
Salweide (Salix caprea)	—	25. März	29. März
Anfang der Laubentfaltung (erste normale Blattoberflächen sichtbar) bei:			
Stachelbeere (Ribes grossularia)	15. April	24. März	23. März
Erstfrühling			
Anfang der Aufblühzeit von:			
Dotterblume (Caltha palustris)	6. April	7. April	6. April
Johannisbeere (Ribes rubrum)	22. April	14. April	28. April
Süßkirsche (Prunus avium)	19. April	21. April	4. Mai
Schlehe (Prunus spinosa)	18. April	19. April	6. Mai
Traubenkirsche (Prunus padus)		1. Mai	1. Mai
Birne (Pyrus communis, Sorte!) . . .	4. Mai	3. Mai	28. April
Apfel (Pyrus malus, Sorte!)	6. Mai Gravensteiner	4. Mai	9. Mai Bellefleur
Anfang der Laubentfaltung bei:			
Roßkastanie (Aesculus hippocastanum) . .	18. April	12. April	15. April
Linde (Tilia grandifolia, Sommerlinde) . .	—	—	—
(Tilia parvifolia, Winterlinde)	3. Mai	2. Mai	2. Mai
Buche (Fagus silvatica)	23. April	20. April	2. Mai
Vollfrühling			
Anfang der Aufblühzeit von:			
Roßkastanie	9. Mai	8. Mai	9. Mai
Flieder (Nägelchen, Syringa vulgaris) . . .	19. Mai	15. Mai	13. Mai
Goldregen (Cytisus laburnum)	24. Mai	20. Mai	25. Mai
Eberesche (Sorbus aucuparia)	—	25. Mai	26. Mai
Allgemeine Belaubung, d. h. über 50 % sämtlicher Blätter an der Station entfaltet:			
Buchenhochwald grün	2. Mai	5. Mai	5. Mai
Eichenhochwald grün	6. Mai	15. Mai	20. Mai
Frühsommer			
Anfang der Aufblühzeit von:			
Holunder (Sambucus nigra)	—	23. Juni	—
Schneebeere (Symphoricarpus racemosa) . .	10. Juni	26. Juni	29. Juni
Falscher Jasmin (Philadelphus coronarius) .	—	21. Juni	24. Juni
Winterroggen (Sorte!)	18. Juni	19. Juni	17. Juni
Winterweizen (Sorte!)	7. Juli	—	—
Erste Entwicklung von Johannistrieben bei:			
Eiche	—	13. Juli	15. Juli
Spitzahorn	—	15. Juli	—
Eberesche usw.	—	—	—

---

 ¹) Zum Nordatlantischen Klimabezirk gehörend, welcher im Osten mit der Arealgrenze der Mittelharz — abschließt.

Schleswig-Holstein, Oldenburg und Westfalen 1923. [1)]   Tabelle 26.

Kiel Dr. Schellenberg	Dorotheenhof a. Fehmarn Hagen	Rüstringen i. Oldenburg Raaphe	Ringel b. Kattenvenne Finkener	Altastenberg i. W. Gerke
20. Jan.	—	—	—	23. März
—	—	—	—	28. Mai
29. März	—	—	—	—
20. März	—	—	—	—
20. März	—	—	—	—
25 März	—	—	25. März	22. April
30. März	—	11. April	28. März	20. April
—	26. April	13. April	3. April	4. Mai
25. April	—	10. April	18. April	9. Mai
—	—	17. April	—	—
—	—	—	—	—
5. Mai	5. Mai	18. April	30. März Honigbirne	—
8. Mai	15. Mai	27. April	30. März Goldparm.	8. Mai
18. April	—	17. April	20. April	21. April
—	29. April	22 April	18. April	—
28. April	—	12. Mai	—	—
6. Mai	—	14. April	20. April	22. April
23. Mai	—	5. Mai	4. Mai	6. Mai
23. Mai	28. Mai	8. Mai	5. Mai	—
30. Mai	—	11. Mai	—	—
24. Mai	—	—	5. Mai	12. Juni
10. Mai	—	—	23. April	5 Mai
18. Mai	—	—	1. Mai	—
25. Juni	2. Juli	15. Juni	6. Mai	2. Juni
27. Juni	—	—	4. Mai	—
23. Juni	—	—	4. Juni	—
--	24. Juni Petkufer	—	3. Juni Petkufer	19. Juni
—	9. Juli Königin Wilhelmina	—	15. Juni Dickkopf	—
—	—	—	1. Juli	—
—	—	—	—	—
—	—	—	10. Juli	—

„atlantischen" Stechpalme (Ilex aquifolium) — ungefähr gleich einer Linie von der Peenemündung zum

Beobachtungsort und Beobachter	Schwerin i. Mecklbg. Evert	Schwerin i. Mecklbg. Bolland	Görries b. Schwerin Beese
Hochsommer			
Anfang der Aufblühzeit von:			
Sommer- und Winterlinde	12. Juli	15. Juli	14. Juli
Heide (Calluna vulgaris)	—	6. Aug.	—
Weiße Lilie (Lilium candidum)	—	—	—
Anfang der Fruchtreife von:			
Johannisbeere	—	15. Juli	18. Juli
Eberesche	—	15. Aug.	—
Schneebeere	—	10. Aug.	—
Holunder	—	—	—
Erntebeginn, d. h. Anfang des Schnittes auf mehreren Feldern von:			
Winterroggen	4. Aug.	1. Aug.	—
Winterweizen	15. Aug.	—	—
Grummetreife	—	—	—
Frühherbst (Spätsommer)			
Anfang der Aufblühzeit von:			
Herbstzeitlose (Colchicum autumnale) . . .	—	—	—
Efeu (Hedera helix)	—	—	—
Herbst			
Allgemeine Laubverfärbung u. a. bei:			
Roßkastanie	6. Okt.	—	—
Buche	15. Okt.	—	—
Eiche	20. Okt.	—	—
Dazu einige Beobachtungen aus der **Tierwelt:**			
1. Grasfrosch (Rana temporaria) zuerst gesehen oder gehört	—	—	—
Wasserfrosch (Rana esculenta) zuerst gesehen oder gehört	—	4. April	23. März
2. Erste Falter der Kohlweißlinge (Pieris brassicae u. Pieris rapae)	—	29. März	1. Juni
Erste Maikäfer (Melolontha melolontha u. Melolontha hippocastani)	—	6. Mai	3. Mai
3. Erste schwarze Blattläuse an Saubohnen (Aphis evonymi, Aphis papaveris, Aphis rumicis).	—	—	—
4. Erste Frostspanner an Probeleimringen (Cheimatobia brumata und Hibernia defoliaria)	—	—	—

---

¹) 10. Mai: Storch.

Kiel Dr. Schellenberg	Dorotheenhof a. Fehmarn Hagen	Rüstringen i. Oldenburg Raaphe	Ringel b. Kattenvenne Finkener	Altastenberg i. W. Gerke
—	—	—	2. Juli	—
—	—	13. Aug	9. Juli	31. Juli
—	—	27. Juli	—	30. Mai
—	12. Juli	—	4. Juli	6. Aug.
—	—	—	15. Juli	—
—	—	—	9. Aug.	—
—	18. Sept.	—	23. Aug.	4. Aug..
—	10. Aug.	—	25. Juli	1. Okt.
—	23. Aug.	—	9. Aug.	—
—	—	—	8. Aug.	—
—	—	4. Sept.	—	28. Aug..
—	—	7. Sept.	1. Sept.	—
—	—	—	12. Okt.	25. Okt.
—	—	—	11. Okt.	20. Okt.
—	—	—	14. Okt.	—
—	—	—	25. März	—
—	3. Mai[1])	12. April	24. März	24. März
—	—	—	10. April	17. Juli
—	—	—	29. April	9. Mai
—	—	—	3. Juni	—
—	—	—	30. Okt.	—

Beobachtungsort und Beobachter	Warstade Wilshusen	Kloster a. H. Lau	Stade Dr. Braun
Vorfrühling			
Anfang der Aufblühzeit von:			
Schneeglöckchen (Galanthus nivalis) oder Leucojum vernum)	25. Febr.	27. Febr.	1. Febr.
Huflattichtig (Tussilago farfara)	21. März	—	7. April
Anemone (Anemone nemorosa)	23. März	—	30. März
Kornelkirsche (Cornus mas)	—	—	10. März
Salweide (Salix caprea)	26. März	—	—
Anfang der Laubentfaltung (erste normale Blattoberflächen sichtbar) bei:			
Stachelbeere (Ribes grossularia)	30. März	2. April	25. März
Erstfrühling			
Anfang der Aufblühzeit von:			
Dotterblume (Caltha palustris)	18. April	—	12 April
Johannisbeere (Ribis rubrum)	15 April	7. Mai	20. April
Süßkirsche (Prunus avium)	22. April	14. Mai	18. April
Schlehe (Prunus spinosa)	20. April	—	22. April
Traubenkirsche (Prunus padus)	4. Mai	9. Mai	—
Birne (Pyrus communis, Sorte!)	1. Mai Bergamotte	12. Mai	20. April
Apfel (Pyrus malus, Sorte!)	6. Mai Clarapfel	20. Mai	—
Anfang der Laubentfaltung bei:			
Roßkastanie (Aesculus hippocastanum)	10. April	—	22. April
Linde (Tilia grandifolia, Sommerlinde)	13. April	—	22. April
(Tilia parvifolia, Winterlinde)	6. Mai	—	26. April
Buche (Fagus silvatica)	1. Mai	7. Mai	—
Vollfrühling			
Anfang der Aufblühzeit von:			
Roßkastanie	18. Mai	—	28. April
Flieder (Nägelchen, Syringa vulgaris)	15. Mai	—	8. Mai
Goldregen (Cytisus laburnum)	20. Mai	—	—
Eberesche (Sorbus aucuparia)	25. Mai	—	—
Allgemeine Belaubung, d.h. über 50% sämtlicher Blätter an der Station entfaltet:			
Buchenhochwald grün	6. Mai	—	—
Eichenhochwald grün	28. Mai	—	—
Frühsommer			
Anfang der Aufblühzeit von:			
Holunder (Sambucus nigra)	19. Juni	3. Juli	22. Juni
Schneebeere (Symphoricarpus racemosa)	25. Juni	—	30. Juni
Falscher Jasmin (Philadelphus coronarius)	20. Juni	—	25. Juni
Winterroggen (Sorte!)	1. Juli	29. Juni	—
Winterweizen (Sorte!)	17. Juni	—	—
Erste Entwicklung von Johannistrieben bei:			
Eiche	9. Juli	—	—

---

[1]) Zum Nordatlantischen Klimabezirk gehörend, welcher im Osten mit der Arealgrenze der Mittelharz — abschließt.

in Hannover 1923.[1)] Tabelle 27.

Stade Schablowski	Sauensiek (Kr. Stade) Bosch	Neuhaus a. Oste Wittkopf	Bremerhaven Feustel	Lehe u. Umgegend Friese	Norden Veenema
2. Febr.	6. März	22. Febr.	—	—	Anfang Februar
20. März	18. März	18. März	25. März	—	10. April
—	21. März	24. März	—	—	—
5. März	—	—	—	—	8. April
—	19. März	1. April	—	—	18. April
25. März	31. März	8. April	—	—	24. April
—	19. April	24. April	—	—	21. April
30. März	14. April	—	20. April	—	13. Apr. Gr. Kirsch.
10. April Sauerkirsche	18. April	1. Mai	—	—	14. April
—	25. April	10. Mai	—	—	18. April
—	1. Mai	8. Mai	—	26. April	4. Mai
15. April Klapps Liebl.	8. Mai	14. Mai	—	24. April	16. Apr. Sommerb.
15. April	3. Mai	14. Mai Boiken, [Boskoop	6. Mai	30. April Bismarck	28. Apr. Bismarck
11. April	10. Mai	22. April	13. April	15. Mai	19. April
—	7. Mai	1. Mai	—	—	20. April
—	—	—	—	—	2. Mai
—	6. Mai	3. Mai	—	—	5. Mai
—	22. Mai	15. Mai	6. Mai	7. Mai	22. Mai
10. Mai	10. Mai	16. Mai	15. Mai	16. Mai	14. Mai
20. Mai	1. Juni	—	21. Mai	26. Mai	18. Mai
—	28. Mai	—	—	—	21. Mai
—	11. Mai	10. Mai	—	—	12. Mai
—	17. Mai	—	—	—	—
2. Juli	25. Juni	—	—	—	20. Juni
2. Juli	15. Juni	—	—	—	3. Juli
—	5. Juli	—	18. Juni	25. Juni	20. Juni
1. Juli	—	—	—	—	—
—	23. Juni	—	—	20. Juni	16. Juni/6. Juli
—	10. Juli	—	—	—	—

„atlantischen" Stechpalme (Ilex aquifolium) — ungefähr gleich einer Linie von der Peenemündung zum

Beobachtungsort und Beobachter	Warstade Wishusen	Kloster a. H. Lau	Stade Dr. Braun
Hochsommer			
Anfang der Aufblühzeit von:			
Sommer= und Winterlinde	17. Juli	—	11. Juli
Heide (Calluna vulgaris)	6. Aug.	—	12. Juli
Weiße Lilie (Lilium candidum).	20. Juli	—	—
Anfang der Fruchtreife von:			
Johannisbeere	9. Juli	15. Aug.	1. Juli
Eberesche	11. Aug.	—	18. Aug.
Schneebeere	1. Sept.	—	18. Juli
Holunder	10. Sept.	—	
Erntebeginn, d. h. Anfang des Schnittes auf mehreren Feldern von:			
Winterroggen	7. Aug.	4. Aug.	15. Juli
Winterweizen	26. Aug.	—	—
Grummetreife	4. Sept.	—	12. Sept.
Frühherbst (Spätsommer)			
Anfang der Aufblühzeit von:			
Efeu (Hedera helix)	—	—	—
Anfang der Fruchtreife von:			
Roßkastanie	1. Okt.	—	—
Herbst			
Allgemeine Laubverfärbung u. a. bei:			
Roßkastanie	10. Okt.	—	—
Buche	15. Okt.	—	—
Eiche	20. Okt.	—	—
Dazu einige Beobachtungen aus der Tierwelt:			
1. Grasfrosch (Rana temporaria) } zuerst gesehen oder gehört	13. April	—	14. April
Wasserfrosch (Rana esculenta)	—	10. April	—
2. Erste Falter der Kohlweißlinge (Pieris brassicae u. Pieris rapae)	4. Mai	6. Mai	3. Juli
Erste Maikäfer (Melolontha melolontha u. Melolontha hippocastani)	25. Mai	—	—
3. Erste schwarze Blattläuse an Saubohnen (**Aphis** evonymi, Aphis papaveris, Aphis rumicis)	7. Aug.	—	—

Stade Schablowski	Sauensiek (Kr. Stade) Bosch	Neuhaus a. Oste Wittkopf	Bremerhaven Feustel	Lehe u. Umgegend Friese	Norden Veenema
—	—	—	—	W.-L. 22. Juli	—
—	22. Aug.	20. Aug.	—	—	—
—	—	—	—	—	—
10. Juli	12. Juli	2. Aug.	18. Juli	20. Juli	28. Juni
—	—	—	—	—	Ende Sept.
—	5. Sept.	—	—	—	Mitte Sept.
—	8. Sept.	—	—	18. Sept.	5. Okt.
—	6. Aug.	—	—	5./8. Juli	6. Aug.
—	27. Aug.	3. Aug.	—	—	—
—	6. Sept.	—	—	—	Anfang Sept.
—	—	—	—	—	18. Okt.
—	29. Sept.	—	—	—	Ende Sept.
—	10. Okt.	—	—	—	Mitte Okt.
—	5. Okt.	—	—	—	Mitte Okt.
—	15. Okt.	—	—	—	Mitte Okt.
—	—	—	—	—	Anfang Febr.
—	28. März	—	—	—	5. April
25. März	25. März	—	—	—	21. April
—	—	29. Mai	—	—	—
8. Juli	—	—	—	—	—

Beobachtungsort und Beobachter	Göttingen Dr. Voß u. Depp	Gitter (Kr. Goslar) Ruprecht	Munster (Lager) Alvermann
Vorfrühling			
Anfang der Aufblühzeit von:			
Schneeglöckchen (Galanthus nivalis oder Leucojum vernum)	1. Febr.	6. Febr.	15. März
Huflattich (Tussilago farfara)	18. Febr.	15. Febr.	24. März
Anemone (Anemone nemorosa).	21. März	25. März	6. April
Kornelkirsche (Cornus mas)	27. Febr.	24. März	—
Salweide (Salix caprea)	25. März	26. März	30. März
Anfang der Laubentfaltung (erste normale Blattoberfläche sichtbar) bei:			
Stachelbeere (Ribes grossularia)	—	24. März	11. April
Erstfrühling			
Anfang der Aufblühzeit von:			
Dotterblume (Caltha palustris)	11. April	8. April	10. April
Johannisbeere (Ribes rubrum)	28. März	14. April	22. April
Süßkirsche (Prunus avium)	13. April	13. April	14. April
Schlehe (Prunus spinosa)	13. April	14. April	—
Traubenkirsche (Prunus padus)	26. April	30. April	20. April
Birne (Pyrus communis, Sorte!)	12. April	17. April	1. Mai
Apfel (Pyrus malus, Sorte!)	30. April	2. Mai	4. Mai
Anfang der Laubentfaltung bei:			
Roßkastanie (Aesculus hippocastanum) . .	3. April	2. Mai	23. April
Linde (Tilia grandifolia, Sommerlinde) . .	4. April	1. Mai	30. April
(Tilia parvifolia, Winterlinde)	17. April	8. Mai	5. Mai
Buche (Fagus silvatica)	18. April	4. Mai	1. Mai
Vollfrühling			
Anfang der Aufblühzeit von:			
Roßkastanie	2. Mai	11. Mai	20. Mai
Flieder (Nägelchen, Syringa vulgaris) . . .	4. Mai	8. Mai	18. Mai
Goldregen (Cytisus laburnum)	6. Mai	11. Mai	21. Mai
Eberesche (Sorbus aucuparia)	6. Mai	11. Mai	14. Mai
Allgemeine Belaubung, d. h. über 50 % sämtlicher Blätter an der Station entfaltet:			
Buchenhochwald grün	2. Mai	7. Mai	6. Mai
Eichenhochwald grün	—	9. Mai	24. Mai
Frühsommer			
Anfang der Aufblühzeit von:			
Holunder (Sambucus nigra)	31. Mai	27. Mai	21. Juni
Schneebeere (Symphoricarpus racemosa) .	12. Juni	8. Juni	11. Juni
Falscher Jasmin (Philadelphus coronarius) .	5. Juni	10. Juni	—
Gartensalbei (Salvia officinalis)	—	—	—
Winterroggen (Sorte!)	9. Juni	20. Juni	18. Juni
Winterweizen (Sorte!)	—	14. Juli	23. Juni
Erste Entwicklung von Johannistrieben bei:			
Eiche	—	—	20. Juni
Spitzahorn	18. Juni	—	—
Eberesche usw.	19. Juni	—	19. Juni

[1]) Zum Nordatlantischen Klimabezirk gehörend, welcher im Osten mit der Arealgrenze de Mittelharz — abschließt.

in Hannover 1923.[1)]   Tabelle 28.

Winnefeld (Post Meinbrexen) Steinhoff	Düstrup bei Osnabrück Langer	Osnabrück Freund	Ahlerstedt Wegewitz
18. Febr.	—	10./20. Febr.	25. Febr.
24. März	—	5. März	18. März
26. März	—	17. März	22. März
—	—	15. Febr.	—
30. März	—	23. März	22. März
6. April	—	24. März	—
—	—	30. März	—
29. April	—	5. April	10. April
30. April	12. April	5. April	22. April
2. Mai	16. April	5. April	13. April
—	—	30. April	—
6. Mai	28. April	15. April	—
8. Mai Gravensteiner	1. Mai	4. Mai	2. Mai
25. April	1. Mai	5. April	1. Mai
—	—	14. April	—
2. Mai	—	23. April	4. Mai
25. April	1. Mai	15. April	13. April
22. Mai	1. Mai	4. Mai	—
25. Mai	6. Mai	5. Mai	—
2. Juni	11. Mai	5. Mai	—
21. Mai	—	7. Mai	—
2. Mai	23. Mai	5. Mai	8. Mai
25. Mai	3. Juni	9. Mai	15. Mai
30. Juni	2. Juni	12. Juni	18. Juni
2. Juli	—	15. Juni	—
4. Juli	—	15. Juni	23. Juni
3. Juli Petkuser	8. Juni Petkuser	18. Juni	17. Juni
—	—	8. Juli	
—	—	8. Juli	—
—	—	—	—
—	—	20. Juli	—

„atlantischen" Stechpalme (Ilex aquifolium) — ungefähr gleich einer Linie von der Peenemündung zum

Beobachtungsort und Beobachter	Göttingen Dr. Voß u. Depp	Gitter (Kr. Goslar) Ruprecht	Munster (Lager) Alvermann
Hochsommer			
Anfang der Aufblühzeit von:	S. 7. Juli	S. 12. Juli	
Sommer= und Winterlinde	W. 16. Juli	W. 21. Juli	16. Juli
Heide (Calluna vulgaris)	—	3. Aug.	1. Aug.
Weiße Lilie (Lilium candidum).	14. Juli	15. Juli	20. Juli
Anfang der Fruchtreife von:			
Johannisbeere	7. Juli	15. Juli	2. Aug.
Eberesche	21. Aug.	8. Aug.	16. Aug.
Schneebeere	—	5. Aug.	12. Aug.
Holunder	8. Sept.	7. Sept.	20. Sept.
Erntebeginn, d. h. Anfang des Schnittes auf mehreren Feldern von:			
Winterroggen	31. Juli	8. Aug.	6. Aug.
Winterweizen	13. Aug.	18. Aug.	1. Sept.
Grummetreife	—	1. Sept.	5. Sept.
Frühherbst (Spätsommer)			
Anfang der Aufblühzeit von:			
Herbstzeitlose (Colchicum autumnale) . . .	31. Aug.	—	—
Efeu (Hedera helix)	25. Sept.	17. Sept.	20. Sept.
Anfang der Fruchtreife von:			
Roßkastanie	16. Sept.	15. Sept.	26. Sept.
Liguster (Ligustrum vulgare)	8. Okt.	30. Sept.	28. Sept.
Herbst			
Allgemeine Laubverfärbung u. a. bei:			
Roßkastanie	23. Sept.	10. Okt.	10. Okt.
Buche	21. Okt.	16. Okt.	10. Okt.
Eiche	—	22. Okt.	12. Okt.
Dazu einige Beobachtungen aus der **Tierwelt**:			
1. Grasfrosch (Rana temporaria) ⎱ zuerst ge=	9. März gesehen 12. April gehört	24. März	1. Mai
Wasserfrosch (Rana esculenta) ⎰ sehen oder gehört	—	3. April	25. April
2. Erste Falter der Kohlweißlinge (Pieris brassicae u. Pieris rapae)	—	12. April	2. Mai
Erste Maikäfer (Melolontha melolontha u. Melolontha hippocastani)	22. April	15. April	—
3. Erste schwarze Blattläuse an Saubohnen (Aphis evonymi, Aphis papaveris, Aphis rumicis)	—	13. Juni	
4. Erste Frostspanner an Probeleimringen (Cheimatobia brumata und Hibernia defoliaria)	6. Sept.	—	—

Winnefeld (Post Meinbrexen) Steinhoff	Düstrup bei Osnabrück Langer	Osnabrück Freund	Ahlerstedt Wegewitz
—	—	10. Juli	—
25. Aug.	—	1. Aug.	—
—	—	12. Juli	—
—	—	14. Juli	9. Juli
—	—	14. Aug.	—
20. Sept.	—	16. Aug.	—
15. Okt.	—	—	—
18. Aug.	5. Aug.	4. Aug.	—
4. Sept.	—	18. Aug.	—
20. Aug.	5. Sept.	30. Aug.	—
29. Sept.	—	—	—
—	—	10. Okt.	—
—	—	27. Aug.	—
—	—	—	—
10. Okt.	—	12. Okt.	—
20. Okt.	18. Okt.	Ende Okt.	—
25. Okt.	12. Okt.	Ende Okt.	—
—	—	—	—
—	3. Mai	4. Mai	—
—	—	—	—
—	2. Mai	4. Mai	—
—	—	—	—
—	—	—	—

Beobachtungsort und Beobachter	Hügel b. Essen a. d. Ruhr Strobel	Mörs-Schwafheim b. Düsseldorf Nesbach	Solingen Goetze
Vorfrühling			
Anfang der Aufblühzeit von:			
Schneeglöckchen (Galanthus nivalis oder Leucojum vernum)	31. Januar	4. Febr.	—
Huflattich (Tussilago farfara)	—	20. Febr.	13. März
Anemone (Anemone nemorosa)	—	24. März	—
Kornelkirsche (Cornus mas)	12. März		—
Salweide (Salix caprea)	—	17. März	—
Anfang der Laubentfaltung (erste normale Blattoberfläche sichtbar) bei:			
Stachelbeere (Ribes grossularia)	14. April	20. März	—
Erstfrühling			
Anfang der Aufblühzeit von:			
Dotterblume (Caltha palustris)	—	23. März	3. April
Johannisbeere (Ribes rubrum)	7. April	28. März	7. April
Süßkirsche (Prunus avium)	—	30. März	7. April
Schlehe (Prunus spinosa)	—	27. März	—
Traubenkirsche (Prunus padus)	—	25. März	—
Birne (Pyrus communis, Sorte!)	7 April	26. März Spalier	12. April
Apfel (Pyrus malus, Sorte!)	13. April Baum. Reinette	7. April Sommerapfel	24. April
Anfang der Laubentfaltung bei:			
Roßkastanie (Aesculus hippocastanum) . .	5. April	26. März	8. April
Linde (Tilia grandifolia, Sommerlinde) . .	—	—	16. April
(Tilia parvifolia, Winterlinde)	28. April	3. April	18. April
Buche (Fagus silvatica)	9. April	10. April	15. April
Vollfrühling			
Anfang der Aufblühzeit von:			
Roßkastanie	30. April	25. April	4. Mai
Flieder (Nägelchen, Syringa vulgaris) . . .	30. April	1. Mai	4. Mai
Goldregen (Cytisus laburnum)	3. Mai	3. Mai	8. Mai
Eberesche (Sorbus aucuparia)	5. Mai	20. April	6. Mai
Allgemeine Belaubung, d. h. über 50% sämtlicher Blätter an der Station entfaltet:			
Buchenhochwald grün	27. April	25. April	2. Mai
Eichenhochwald grün	5. Mai	28. April	6. Mai
Frühsommer			
Anfang der Aufblühzeit von:			
Holunder (Sambucus nigra)	8. Juni	28. Mai	24. Mai
Schneebeere (Symphoricarpus racemosa) .	—	15. Mai	18. Mai
Falscher Jasmin (Philadelphus coronarius) .	10. Juni	1. Juni	—
Gartensalbei (Salvia officinalis)	10. Juni	28. Mai	—
Winterroggen (Sorte!)	13. Juni	3. Juni	26. Juni
Winterweizen (Sorte!)	—	28. Juni	—
Erste Entwicklung von Johannistrieben bei:			
Eiche	—	12. Juni	—
Spitzahorn	—	16. Juni	—
Eberesche usw	—	18. Juni	—

---

¹) Zu einem großen Teil dem Rheinischen Klimabezirk, mit warmen Wintern und warmen

in der Rheinprovinz 1923.[1]   Tabelle **29.**

Köln Eßer	Aachen Simmert	Aachen Dorn	Trier Zillig	Kloster Kreuzberg i. Rhön P. Mich. Müller
25. März	Ende Februar	18. Febr.	31. Jan.	Mitte März
15. März	28. März	—	11. März	Anfang April
20. März	—	—	12. März	Ende März
25. März	—	—	10. Febr.	-
15. März	—	—	11. Febr.	Ende März
25. März	2. April	—	18 März	20. April
15. April	—	—	28. März	Anfang Mai
10. April	—	—	1 April	—
15. April	—	—	3. April	—
—	—	12. April	28. März	Anfang Mai
—	—	—	25. April	—
20. April Birne v. Tanger	—	—	7. April Pastorenbirne	—
25. April Boskoop	—	—	15. April Weißer Clarapfel	—
8. April	4. April	—	3. April	Anfang Mai
8. April	—	—	8. April	—
12. April	—	—	—	—
10. April	—	21. April	15. April	Anfang Mai
25. April	30. April	3. Mai	3. Mai	—
25. April	3. Mai	5. Mai	3. Mai	Anfang Mai
26. April	5. Mai	7. Mai	Blüten erfroren	
23. April	6. Mai	—		Mitte Juni
25. April	—	3. Mai	29. April	5. Mai
25. April	10. Mai	6. Mai	19. Mai	—
9. Juni	28. Mai	—	13. Mai	Mitte Juli
—	17. Mai	—	3. Juni	—
—	—	10. Juni	30. Mai	—
—	—	—		—
—	22. Juni	—	30. Mai	Mitte Juni
—	—	—	24. Juni	Anfang Juli
—	—	6. Juni	10. Juni	—
—	—	8. Juni	—	—
—	—	—	—	—

Sommern, angehörend.

Beobachtungsort und Beobachter	Hügel b. Essen a. d. Ruhr Strobel	Mörs-Schwafheim b. Düsseldorf Nesbach	Solingen Goetze
Hochsommer			
Anfang der Aufblühzeit von:			
Sommer= und Winterlinde	10. Juli	1. Juli	—
Heide (Calluna vulgaris)	—	—	. .
Weiße Lilie (Lilium candidum)	—	8. Juli	—
Anfang der Fruchtreife von:			
Johannisbeere	20. Juli	12. Juni	—
Eberesche	—	10. Aug.	—
Schneebeere	—	20. Aug.	—
Holunder	—	15. Aug.	—
Erntebeginn, d. h. Anfang des Schnittes auf mehreren Feldern von:			
Winterroggen	—	10. Aug.	4. Aug.
Winterweizen	—	18. Aug.	—
Grummetreife	—	—	—
Frühherbst (Spätsommer)			
Anfang der Aufblühzeit von:			
Herbstzeitlose (Colchicum autumnale) . . .	—	1. Sept.	—
Efeu (Hedera helix)	—	—	—
Anfang der Fruchtreife von:			
Roßkastanie	—	28. Aug.	—
Liguster (Ligustrum vulgare)	—	20. Aug.	—
Herbst			
Allgemeine Laubverfärbung u. a. bei:			
Roßkastanie	—	4. Okt.	6. Okt.
Buche	—	15. Okt.	18. Okt.
Eiche	—	20. Okt.	28. Okt.
Dazu einige Beobachtungen aus der **Tierwelt:**			
1. Grasfrosch (Rana temporaria) zuerst gesehen oder gehört	—	13. März	—
Wasserfrosch (Rana esculenta)		18. März	—
2. Erste Falter der Kohlweißlinge (Pieris brassicae u. Pieris rapae)	30. April	25. März	—
Erste Maikäfer (Melolontha melolontha u. Melolontha hippocastani)	17. April	25. April	—
3. Erste schwarze Blattläuse an Saubohnen (Aphis evonymi, Aphis papaveris, Aphis rumicis)	13. Juni	9. Mai	—

Köln Eßer	Aachen Simmert	Aachen Dorn	Trier Zillig	Kloster Kreuzberg i. Rhön P. Mich. Müller
S. 8. Juli — —	— — —	— — 24. Juli	W. 9. Juli 26. Aug. 7. Juli	— 20./30 Aug.
20. Juni — 20. Aug. 8. Sept.	21. Juni — — 30. Aug.	20. Juli — — —	15. Juni — — 22. Aug.	Anfang Aug. Ende Aug. —
8. Sept. 8. Sept. —	2. Aug. — —	— — —	23. Juni Wintergerste 20. Juni 11. Aug.	Anfang Aug. Ende Aug. Mitte Aug.
20. Sept. —	— 26. Sept.	— —	19. Aug. 25. Okt.	Anfang Aug. —
15. Okt. 10. Sept.	16. Sept. —	— 19. Okt.	— —	— —
15. Sept. 10. Okt. 10. Okt.	5. Okt. 18. Okt. 18. Okt.	— 20. Okt. 20. Okt.	— 9. Okt. 15. Okt.	— Anfang Okt. —
— —	— —	— —	— —	— 24. April
—	—	20. April	—	Mitte Aug.
—	—	—	1. Mai	12. Mai
—	—	—	14. Juni	—

Allgemeine phänologische Beobachtungen in Hessen-Nassau,

Beobachtungsort und Beobachter	Marburg a. L. Steinberger, Wenderot, Wiepken, Wurmbach u. a.	Wolfsanger Scheer, Ldw. Schule	Heyerode Franke
Vorfrühling			
Anfang der Aufblühzeit von:			
Schneeglöckchen (Galanthus nivalis oder Leucojum vernum)	31. Jan.	15. Febr.	3. März
Huflattich (Tussilago farfara)	16. März	9. März	10. März
Anemone (Anemone nemorosa)	19. März	—	12. März
Kornelkirsche (Cornus mas)	3. März	4. März	6. April
Salweide (Salix caprea)	22. März	15. März	15. April
Anfang der Laubentfaltung (erste normale Blattoberfläche sichtbar) bei:			
Stachelbeere (Ribes grossularia)	29. März	8. April	25. März
Erstfrühling			
Anfang der Aufblühzeit von:			
Dotterblume (Caltha palustris)	6. April	9. April	6. April
Johannisbeere (Ribes rubrum)	31. März	10. April	10. April
Süßkirsche (Prunus avium)	3. April	12. April	3. Mai
Schlehe (Prunus spinosa)	6. April	5. April	20. April
Traubenkirsche (Prunus padus)	27. April	5. Mai	5. Mai
Birne (Pyrus communis, Sorte!)	11. April	1. Mai	3. Mai
Apfel (Pyrus malus, Sorte!)	17. April (Frühe)	4. Mai	8. Mai
Anfang der Laubentfaltung bei:			
Roßkastanie (Aesculus hippocastanum) . .	29. März	5. April	20. Mai
Linde (Tilia grandifolia, Sommerlinde) . .	31. März	15. April	24. Mai
(Tilia parvifolia, Winterlinde)	—	15. April	—
Buche (Fagus silvatica)	7. April	1. Mai	20. Mai
Vollfrühling			
Anfang der Aufblühzeit von:			
Roßkastanie	4. Mai	1. Mai	3. Mai
Flieder (Nägelchen, Syringa vulgaris) . . .	5. Mai	4. Mai	7. Mai
Goldregen (Cytisus laburnum)	7. Mai	10. Mai	4. Mai
Eberesche (Sorbus aucuparia)	6. Mai	15. Mai	13. Mai
Allgemeine Belaubung, d. h. über 50 % sämtlicher Blätter an der Station entfaltet:			
Buchenhochwald grün	30. April	15. Mai	20. Mai
Eichenhochwald grün	12. Mai	—	25. Mai
Frühsommer			
Anfang der Aufblühzeit von:			
Holunder (Sambucus nigra)	24. Mai	15. Juni	4. Juni
Schneebeere (Symphoricarpus racemosa) . .	30. Mai	10. Juni	—
Falscher Jasmin (Philadelphus coronarius) .	27. Mai	11. Juni	6. Juni
Gartensalbei (Salvia officinalis)	13. Juni	10. Juni	20. Juni
Winterroggen (Sorte!)	8. Juni	10. Juli Petkuser	—
Winterweizen (Sorte!)	—	10. Juli Criewener	24. Juni
Erste Entwicklung von Johannistrieben bei:			
Eiche	—	—	
Spitzahorn	—	—	Juni
Eberesche usw.	—	—	—

<hr>

¹) Zu einem großen Teil dem Rheinischen Klimabezirk, mit warmen Wintern und warmen

Hessen, der Pfalz, Baden, Württemberg und Bayern 1923.[1] Tabelle 30.

Geisenheim Dr. Lüstner	Cassel Kraßke	Schwarzenborn Thiel	Friedberg (Hessen) Dr. Heßler
16. Jan.	5. Febr.	—	8. Febr.
23. Febr.	10. März	—	10. März
19. März	—	—	4. März
24. Febr.	1. März	—	3. Febr.
19. März	24. März	—	—
14. März	27. März	5. April	24. März
22. März	6. April	30. April	28. März
27. März	8. April	19. April	24. März
31. März	11. April	2. Mai	—
28. März	7. April	4. Mai	14. April
15. April	27. April	—	—
6. April	14. April	5. Mai	20. April Nina
17. April	23. April	11. Mai Frühe	24. April Hohenh. Rießl.
28. März	12. April	2. Mai	22. März
29. März	16. April	5. Mai	15. April
16. April	25. April	8. Mai	—
13. April	20. April	5. Mai	22. April
28. April	5. Mai	29. Mai	3. Mai
3. Mai	2. Mai	3. Juni	4. Mai
5. Mai	5. Mai	—	7. Mai
1. Mai	—	18. Mai	—
17. April	1. Mai	5. Mai	1. Mai
18. April	1. Mai	28. Mai	8. Mai
8. Mai	1. Juni	6. Juli	21. Mai
22. Mai	4. Juni	—	27. Mai
14. Mai	1. Juni	—	25. Mai
26. Mai	—	—	22. Mai
29. Mai	13. Juni	4. Juni	3. Juni Petkuser
14. Juni	—	15. Juni	22. Juni Strubes Sq.
22. Juni	—	—	—
26. Juni	—	—	—
—	10. Juni	—	—

Sommern, angehörend.

Beobachtungsort und Beobachter	Marburg a. L. Steinberger, Wenderot, Wiepken, Wurmbach u. a.	Wolfsanger Scheer, Ldw. Schule	Heyerode Franke
Hochsommer			
Anfang der Aufblühzeit von:			
Sommer- und Winterlinde	12. Juli	8. Juli	Juli
Heide (Calluna vulgaris)	16. Juli	—	Juli
Weiße Lilie (Lilium candidum).	—	10. Juli	—
Anfang der Fruchtreife von:			
Johannisbeere	6. Juli	20. Juli	
Eberesche	4. Aug.	6. Aug.	} Juli/August
Schneebeere	29. Juli	6. Aug.	
Holunder	—	6. Aug.	
Erntebeginn, d. h. Anfang des Schnittes auf mehreren Feldern von:			
Winterroggen	2. Aug.	6. Aug.	14. Aug.
Winterweizen	—	15. Aug.	—
Grummetreife	—	—	15. Sept.
Frühherbst (Spätsommer)			
Anfang der Aufblühzeit von:			
Herbstzeitlose (Colchicum autumnale) . . .	6. Sept.	25. Aug.	Sept.
Efeu (Hedera helix)	1. Okt.	—	—
Anfang der Fruchtreife von:			
Roßkastanie	—	1. Okt.	Sept.
Liguster (Ligustrum vulgare)	—	10. Okt.	—
Herbst			
Allgemeine Laubverfärbung u. a. bei:			
Roßkastanie	4. Nov.	15. Okt.	Sept.
Buche	4. Nov.	25. Okt.	—
Eiche	4. Nov.	25. Okt.	—
Dazu einige Beobachtungen aus der **Tierwelt**:			
1. Grasfrosch (Rana temporaria) zuerst gesehen oder gehört	—	—	} Mai
Wasserfrosch (Rana esculenta)	—	—	
2. Erste Falter der Kohlweißlinge (Pieris brassicae u. Pieris rapae)	—	—	Juni
Erste Maikäfer (Melolontha melolontha u. Melolontha hippocastani)	—	5. Mai	Ende Mai
3. Erste schwarze Blattläuse an Saubohnen (Aphis evonymi, Aphis papaveris, Aphis rumicis)	—	—	—
4. Erste Frostspanner an Probeleimringen Cheimatobia brumata und Hibernia defoliaria)	—	10. Nov.	Okt.

Geisenheim Dr. Lüstner	Cassel Krasske	Schwarzenborn Thiel	Friedberg (Hessen) Dr. Heßler
S. 4. Juli W. 14. Juli	3. Juli	21. Juli	—
14. Aug.	6. Aug.	25. Aug.	—
28. Juni	8. Juli	—	8. Juli
20. Juni	15. Juli	6. Aug.	12. Juli
28. Aug.	11. Aug.	25. Sept.	20. Aug.
12. Aug.	11. Aug.	—	17. Aug.
20. Aug.	—	1. Okt.	25. Aug.
27. Juli	8. Juli	12. Aug.	31. Juli
9. Aug.	—	28. Aug.	10. Aug.
—	—	—	28. Aug.
24. Aug.	—	10. Sept.	31. Aug.
26. Sept.	—	—	22. Sept.
7. Okt.	—	—	2. Okt.
27. Sept.	—	—	16. Okt.
20. Okt.	—	28. Okt.	9. Okt.
18. Okt.	—	23. Okt.	14. Okt.
26. Okt.	—	25. Okt.	23. Okt.
23. März	23. März	3. April	25. März
—	—	10. April	—
—	—	25. April	23. März letzter 3. 10.
3. Mai	—	—	28. April
31. Mai	—	—	26. Juni
12. Nov.	—	—	4. Nov.

Noch: Allgemeine phänologische Beobachtungen in Hessen-Nassau,

Beobachtungsort und Beobachter	Kaiserslautern Reuther	Pfaffenweiler (Amt Billingen) Stillbach	Talheim Schandt, Hauptlehrer
Vorfrühling			
Anfang der Aufblühzeit von:			
Schneeglöckchen (Galanthus nivalis oder Leucojum vernum)	10. März	—	—
Huflattich (Tussilago farfara)	27. März	15. April	—
Anemone (Anemone nemorosa)	28. März	—	25. März
Kornelkirsche (Cornus mas)	29. März	—	—
Salweide (Salix caprea)	25. März	—	30. März
Anfang der Laubentfaltung (erste normale Blattoberfläche sichtbar) bei:			
Stachelbeere (Ribes grossularia)	28. März	2. April	28. März
Erstfrühling			
Anfang der Aufblühzeit von:			
Dotterblume (Caltha palustris)	28. März	10. April	26. März
Johannisbeere (Ribes rubrum)	3. April	—	19. April
Süßkirsche (Prunus avium)	6. April	27. April	—
Schlehe (Prunus spinosa)	8. April	—	27. April
Traubenkirsche (Prunus padus)	29. April	—	—
Birne (Pyrus communis, Sorte!)	—	—	4. Mai Pastorenbirne
Apfel (Pyrus malus, Sorte!)	15. April	—	4. Mai Gravensteiner 12. Mai Reinette
Anfang der Laubentfaltung bei:			
Roßkastanie (Aesculus hippocastanum)	13. April	—	3. Mai
Linde (Tilia grandifolia, Sommerlinde)	16. April	8. Mai	—
(Tilia parvifolia, Winterlinde)	—	—	1. Mai
Buche (Fagus silvatica)	15. April	5. Mai	28. April
Vollfrühling			
Anfang der Aufblühzeit von:			
Roßkastanie	4. Mai	20. Mai	12. Mai
Flieder (Nägelchen, Syringa vulgaris)	3. Mai	20. Mai	11. Mai
Goldregen (Cytisus laburnum)	—	—	—
Eberesche (Sorbus aucuparia)	4. Mai	—	15. Mai
Allgemeine Belaubung, d. h. über 50 % sämtlicher Blätter an der Station entfaltet:			
Buchenhochwald grün	7. Mai	—	4. Mai
Eichenhochwald grün	9. Mai	—	—
Frühsommer			
Anfang der Aufblühzeit von:			
Holunder (Sambucus nigra)	9. Mai	—	12. Juni
Schneebeere (Symphoricarpus racemosa)	13. Mai	—	—
Falscher Jasmin (Philadelphus coronarius)	29. Mai	—	—
Gartensalbei (Salvia officinalis)	—	—	—
Winterroggen (Sorte!)	5. Juni Petkuser	23. Juni	25. Juni
Winterweizen (Sorte!)	10. Juli	—	—
Erste Entwicklung von Johannistrieben bei:			
Eiche	—	—	—
Spitzahorn	—	—	—
Eberesche usw.	—	—	—

Lauffen (Württbg.) v. Ditterich	Hohenheim Dr. Gaul	Aalen Ldw. Schule	Alfeld bei Hersbruck Eckardt
15. Febr.	—	28. Febr.	—
—	—	16. März	18. März
1. März	—	18. März	24. März
8. April	12. März	—	25. März
—	—	20. März	25. März
—	—	25. März	3. April
—	—	5. April	10. April
6. April	10. April	18. April	14. April
12. April	12. April	20. April	20. April
6. April	—	20. April	26. April
—	—	—	1. Mai
10. April	18. April Gute Luise	29. April	10. Mai Butterb. (Katzenkopf)
—	1. Mai Goldparmäne	2. Mai Charlamowsky	10. Mai Bohnapfel-Kardinal
31. März	5. April	25. April	20. April
—	9. April	—	22. April
—	23. April	24. April	28. April
—	—	24. April	3. Mai
—	—	5. Mai	18. Mai
—	4. Mai	6. Mai	20. Mai
—	—	Anfang Mai	22. Mai
—	—	—	25. Mai
—	—	4. Mai	15. Mai
—	—	Mitte Mai	18. Mai
31. Mai	30. Mai	3. Juni	10. Juni
—	—	—	4. Juni
—	—	—	12. Juni
24. Mai	—	5. Juni	—
24. Mai Champagner	3. Juni Petkuser	5. Juni	10. Juni
10. Mai Hohenheimer	25. Juni Strub. Dickkopf	Mitte Juli	15. Juni
—	—	—	—
—	—	—	—
—	—	—	—

Noch: Allgemeine phänologische Beobachtungen in Hessen-Nassau.

Beobachtungsort und Beobachter	Kaiserslautern Reuther	Pfaffenweiler (Amt Villingen) Stilbach	Talheim Schandt, Hauptlehrer
Hochsommer			
Anfang der Aufblühzeit von:			
Sommer- und Winterlinde	13. Juli	—	12. Juli
Heide (Calluna vulgaris)	14. Aug.	8. Aug.	—
Weiße Lilie (Lilium candidum).	14. Juli	—	—
Anfang der Fruchtreife von:			
Johannisbeere	1. Juli	—	22. Juli
Eberesche	25. Aug.	—	—
Schneebeere	25. Aug.	—	—
Holunder	15. Sept.	—	—
Erntebeginn, d. h. Anfang des Schnittes auf mehreren Feldern von:			
Winterroggen	2. Aug.	15. Aug.	—
Winterweizen	10. Aug.	20. Aug.	14. Aug.
Grummetreife	2. Aug.	3. Juli	11. Aug.
Frühherbst (Spätsommer)			
Anfang der Aufblühzeit von:			
Herbstzeitlose (Colchicum autumnale) . . .	31. Aug.	1. Aug.	2. Sept.
Efeu (Hedera helix)	29. Sept.	—	—
Anfang der Fruchtreife von:			
Roßkastanie	—	—	—
Liguster (Ligustrum vulgare)	—	—	—
Herbst			
Allgemeine Laubverfärbung u. a. bei:			
Roßkastanie	20. Sept.	—	10. Okt.
Buche	30. Sept.	—	12. Okt.
Eiche	—	—	—
Dazu einige Beobachtungen aus der **Tierwelt**:			
1. Grasfrosch (Rana temporaria) zuerst gesehen oder gehört / Wasserfrosch (Rana esculenta)	— / —	— / —	— / —
2. Erste Falter der Kohlweißlinge (Pieris brassicae u. Pieris rapae)	9. Mai	—	1. April
Erste Maikäfer (Melolontha melolontha u. Melolontha hippocastani) . . .	7. Mai	—	—
3. Erste schwarze Blattläuse an Saubohnen (Aphis evonymi, Aphis papaveris, Aphis rumicis)	—	—	—
4. Erste Frostspanner an Probeleimringen (Cheimatobia brumata und Hibernia defoliaria)	—	—	—

Lauffen (Württbg.) v. Ditterich	Hohenheim Dr. Gaul	Aalen Ldw. Schule	Alfeld bei Hersbruck Eckardt
16. Juni	9. Juli	5. Juli	15. Juli
—	—	·–	20. Juli
—	—	—	18. Juli
—	1. Juli	12. Juli	22. Juli
—	—	11. Juli	27. Juni
—	—	—	20. Juli
—	4. Sept.	6. Aug.	—
24. Juli	30. Sept.	30. Juli	4. Aug.
2. Aug.	4. Aug.	15. Aug.	10. Aug.
—	—	—	1. Sept.
3. Sept.	—	Mitte Sept.	5. Sept.
—	—	—	10. Sept.
—	30. Sept.	5. Okt.	8. Okt.
—	—	—	10. Okt.
—	—	10. Okt.	10. Okt.
—	—	Mitte Sept.	14. Okt.
—	—	Anfang Okt.	14. Okt.
—	—	—	5. April
—	—	—	9. April
—	—	—	21. April
14. April	—	Mitte Mai	22. April
5. Juli	—	Ende Juli	23. April
—	—	—	—

Beobachtungsort	Meereshöhe in Metern	Palmkätzchen stäuben	Johannis-beeren schlagen aus	Aprikosen blühen	Pfirsiche blühen	
					einheimische	amerikanische
Abtsgmünd	374	24. März	31. März	—	—	—
Backnang	266	17. März	28. März	2. April	15. April	8. April
Böttingen	908	2. März	16. April	—	—	—
Dobel	687	19. März	22. März	—	—	—
Ehingen a. D.	514	22. März	5. April	—	—	25. April
Eßlingen a. N.	240	16. März	19. März	23. März	30. März	3. April
Fluorn	636	—	15. April	—	—	—
Frankenhofen	740	2. April	31. März	—	—	—
Freudenstadt	738	3. März	15. April	—	24. April	—
Friedrichshafen	410	12. März	31. März	3. April	22. April	—
Genkingen	770	27. März	10. April	—	—	—
Göppingen	320	26. Febr.	20. März	29. März	3. April	—
Gründelhardt	475	3. April	7. April	—	—	—
Gundelsheim	156	3. März	10. März	20. März	29. März	31. März
Heidenheim	494	24. März	28. Febr.	—	—	—
Heimerdingen	410	18. März	28. März	—	—	—
Herrenalb	430	27. März	29. März	—	9. April	—
Hohenheim	402	22. März	28. März	4. April	10. April	12. April
Kirchberg (O. A. Sulz)	577	15. März	5. April	—	—	—
Langenburg	438	24. März	25. März	5. April	1. April	3. April
Lauterburg	670	28. März	15. April	—	—	—
Mengen	560	3. März	20. März	—	—	—
Münsingen	716	3. März	5. April	—	—	—
Murr	203	24. März	20. März	—	2. April	—
Nagold	410	—	30. März	—	—	—
Ochsenhausen	614	26. Febr.	24. März	—	—	—
Ravensburg	450	—	—	—	—	—
Rottweil	539	17. März	26. März	—	—	—
Schammach	640	31. März	29. März	—	—	—
Saulgau	590	18. März	7. April	25. April	—	—
Schwenningen	700	18. März	20. April	—	—	—
Seißen	707	—	—	—	—	—
Simmersfeld	725	19. März	15. April	—	—	—
Sternenfels	318	14. März	26. März	26. März	30. März	—
Tübingen	390	22. März	28. März	9. April	11. April	—
Tuttlingen	647	10. März	15. April	—	—	—
Überruh	830	1. April	28. April	—	—	—
Wangen i. Allg.	557	27. Febr.	30. März	4. April	—	9. April
Wilhelmsheim	440	20. März	28. März	—	12. April	—
Winnenden	280	22. März	21. März	31. März	12. April	7. April
Wolfegg	676	1. April	13. April	8. April	12. April	—
Wüstenrot	500	26. März	27. März	—	—	—

¹) Zu einem großen Teil dem Rheinischen Klimabezirk, mit warmen Wintern und warmer

in Württemberg 1923.[1] Tabelle 31.

Johannis= beeren blühen	Roß= kastanien schlagen aus	Birken schlagen aus	Buchen schlagen aus	Eichen schlagen aus	Schlehen blühen	Kirschen blühen	Buchen= wald grün
9. April	14. April	21. April	28. April	6. Mai	8. April	17. April	8. Mai
9. April	6. April	13. April	16. April	29. April	7. April	13. April	22. April
24. Mai	1. Mai	25. April	27. April	30. April	4. Mai	7. Mai	7. Mai
20. April	27. März	14. April	2. Mai	5. Mai	—	1. Mai	6. Mai
28. April	20. April	24. April	28. April	4. Mai	26. April	25. April	3. Mai
31. März	26. März	30. März	14. April	24. April	2. April	8. April	3. Mai
25. April	3. Mai	—	—	5. Mai	20. April	—	—
25. April	20. April	—	30. April	16. Mai	6. Mai	4. Mai	8. Mai
29. April	23. April	14. April	25. April	8. Mai	18. April	22. April	8. Mai
20. April	12. April	12. April	24. April	1. Mai	—	12. April	6. Mai
28. April	5. Mai	1. Mai	26. April	5. Mai	26. April	22. April	7. Mai
30. März	31. März	30. März	2. April	22. April	8. April	9. April	19. April
20. April	26. April	10. April	25. April	4. Mai	21. April	20. April	5. Mai
3. April	11. April	18. April	13. April	11. April	31. März	15. April	3. Mai
15. April	14. April	20. April	4. Mai	10. Mai	30. April	—	5. Mai
11. April	7. April	7. April	20. April	28. April	4. April	10. April	30. April
10. April	1. April	12. April	10. April	5. Mai	—	18. April	26. April
9. April	30. März	18. April	2. Mai	4. Mai	10. April	14. April	12. Mai
15. April	24. April	8. April	14. April	20. April	20. April	14. April	1. Mai
31. März	30. März	1. April	9. April	30. April	8. April	12. April	1. Mai
20. April	27. April	24. April	29. April	5. Mai	2. Mai	3. Mai	3. Mai
10. April	8. April	10. April	12. April	10. Mai	10. April	20. April	8. Mai
25. April	15. April	15. April	20. April	25. April	30. April	4. Mai	8. Mai
2. April	31. März	22. April	22. April	1. Mai	25. März	—	28. April
18. April	8. April	18. April	2. Mai	8. Mai	8. April	14. April	10. Mai
18. April	25. März	31. März	14. April	15. April	20. April	20. April	10. Mai
4. April	1. April	—	28. April	5. Mai	21. April	20. April	5. Mai
28. April	7. Mai	2. Mai	6. Mai	20. April	5. Mai	10. Mai	15. Mai
23. April	12. April	20. April	2. Mai	5. Mai	26. April	29. April	6. Mai
21. April	12. April	15. April	20. April	2. Mai	27. April	24. April	1. Mai
30. April	1. Mai	3. Mai	4. Mai	8. Mai	3. Mai	4. Mai	—
25. April	20. April	20. April	25. April	30. April	2. Mai	5. Mai	5. Mai
4. April	10. April	30. März	3. April	—	27. März	8. April	20. April
9. April	17. April	7. April	25. April	1. Mai	10. April	15. April	6. Mai
20. April	1. Mai	30. April	1. Mai	10. Mai	25. April	1. Mai	10. Mai
5. Mai	15. April	28. April	14. April	6. Mai	5. Mai	8. Mai	6. Mai
10. April	19. April	20. April	24. April	2. Mai	3. Mai	23. April	28. April
3. April	3. April	5. April	4. April	—	3. April	5. April	—
7. April	2. April	10. April	13. April	19. April	3. April	5. April	30. April
18. April	15. April	13. April	10. Mai	15. Mai	7. Mai	—	12. Mai
5. Mai	15. April	4. April	6. April	25. April	12. April	—	4 Mai

Sommern, angehörend.

Beobachtungsort	Meereshöhe in Metern	Wald=himbeeren blühen	Palmisch=birnen blühen	Welschbrat=birnen blühen	Jakobi=äpfel blühen	Gold=parmänen blühen	Luiken blühen
Abtsgmünd	374	·20. Mai	30. April	7. Mai	6. Mai	7. Mai	9. Mai
Backnang	266	19. Mai	13. April	18. April	4. Mai	6. Mai	6. Mai
Böttingen	908	28. Mai	—	—	—	—	8. Mai
Dobel	687	10. Mai	1. Mai	2. Mai	3. Mai	4. Mai	7. Mai
Ehingen a. D.	514	20. Mai	—	—	3. Mai	—	—
Eßlingen a. N.	240	9. Mai	11. April	23. April	21. April	28. April	4. Mai
Fluorn	636	10. Juni	—	—	—	15. Mai	—
Frankenhofen . . .	740	—	—	—	8. Mai	18. Mai	—
Freudenstadt . . .	738	14. Mai	10. Mai	13. Mai	4. Mai	8. Mai	21. Mai
Friedrichshafen . . .	410	13. Mai	—	—	5. Mai	8. Mai	—
Genkingen	770	8. Juni	6. Mai	—	—	13. Mai	25. Mai
Göppingen	320	21. Mai	15. April	22. April	27. April	30. April	7. Mai
Gründelhardt . . .	475	25. Mai	1. Mai	6. Mai	3. Mai	6. Mai	15. Mai
Gundelsheim	156	—	18. April	13. April	10. April	11. April	21. April
Heidenheim	494	10. Mai	—	—	—	—	—
Heimerdingen	410	—	20. April	—	24. April	30. April	—
Herrenalb	430	10. Juli	2. Mai	4. Mai	2. Mai	4. Mai	5. Mai
Hohenheim	402	14. Mai	28. April	3. Mai	6. Mai	8. Mai	28. Mai
Kirchberg (O. A. Sulz) .	577	28. Mai	1. Mai	4. Mai	22. April	15. Mai	25. Mai
Langenburg	438	12. Mai	28. April	1. Mai	27. April	4. Mai	10. Mai
Lauterburg	670	7. Juni	4. Mai	4. Mai	—	10. Mai	16. Mai
Mengen	560	15. Mai	28. April	8. Mai	10. Mai	12. Mai	19. Mai
Münsingen	716	5. Juni	15. Mai	18. Mai	15. Mai	15. Mai	25. Mai
Murr	203	6. Juni	20. April	—	—	4. Mai	4. Mai
Nagold	410	8. Juni	22. April	—	26. April	7. Mai	8. Mai
Ochsenhausen	614	7. Mai	10. Mai	10. Mai	30. April	10. Mai	20. Mai
Ravensburg	450	—	25. April	—	—	—	—
Rottweil	539	10. Mai	—	3. Mai	15. Mai	20. Mai	—
Schammach	640	28. Mai	3. Mai	—	10. Mai	—	—
Saulgau	590	26. Mai	5. Mai	6. Mai	3. Mai	9. Mai	—
Schwenningen . . .	700	4. Juni	5. Mai	—	9. Mai	28. Mai	3. Juni
Seißen	707	—	—	—	—	—	—
Simmersfeld	725	—	8. Mai	15. Mai	—	20. Mai	—
Sternenfels	318	20. April	13. April	19. April	14. April	5. Mai	10. Mai
Tübingen	390	8. Mai	20. April	25. April	25. April	2. Mai	8. Mai
Tuttlingen	647	1. Juni	30. Mai	1. Juni	15. Mai	20. Mai	30. Mai
Überruh	830	20. Juni	—	—	8. Mai	28. Mai	—
Wangen i. Allg. . . .	557	13. Mai	12. Mai	10. Mai	6. Mai	10. Mai	—
Wilhelmsheim	440	16. Mai	20. April	—	—	—	—
Winnenden	280	12. Mai	15. April	23. April	23. April	5. Mai	13. Mai
Wolfegg	676	31. Mai	10. Mai	14. Mai	18. Mai	22. Mai	25. Mai
Wüstenrot	500	5. Juni	23. April	—	5. Mai	9. Mai	18. Mai

Flieder blüht	Roßkastanien blühen	Maiglöckchen blühen	Weißdorn blüht	Eiche belaubt	Quitte blüht	Goldregen blüht	Schneebeeren blühen
5. Mai	10. Mai	4. Mai	9. Mai	26. Mai	16. Mai	20. Mai	19. Mai
3. Mai	4. Mai	5. Mai	6. Mai	6. Mai	8. Mai	6. Mai	—
20. Mai	11. Juni	20. Mai	26. Mai	10. Mai	—	—	—
3. Mai	1. Mai	—	11. Mai	12. Mai	—	—	28. Juni
7. Mai	7. Mai	6. Mai	18. Mai	18. Mai	20. Mai	20. Mai	8. Juni
28. April	28. April	3. Mai	6. Mai	2. Mai	1. Mai	4. Mai	20. Mai
11. Mai	20. Mai	21. Mai	1. Juni	19. Mai	—	4. Juni	10. Juli
—	9. Mai	17. Mai	27. Mai	26. Mai	—	–	30. Juni
12. Mai	15. Mai	22. Mai	24. Mai	2. Juni	30. Mai	31. Mai	14. Juni
5. Mai	3. Mai	5. Mai	14. Mai	15. Mai	13. Mai	14. Mai	25. Juni
23. Mai	22. Mai	7. Mai	20. Mai	10. Mai	—	—	—
3. Mai	2. Mai	3. Mai	9. Mai	29. April	6. Mai	4. Mai	30. Mai
4. Mai	7. Mai	10. Mai	12. Mai	14. Mai	—	—	—
3. Mai	7. Mai	10. Mai	12. Mai	15. Mai	11. Mai	13. Mai	12. Mai
4. Mai	8. Mai	12. Mai	16. Mai	19. Mai	—	16. Mai	–
3. Mai	4. Mai	2. Mai	24. April	6. Mai	6. Mai	—	—
6. Mai	5. Mai	—	24. April	15. Mai	—	20. April	—
7. Mai	8. Mai	10. Mai	9. Mai	19. Mai	10. Mai	10. Mai	28. Mai
1. Mai	18. Mai	18. Mai	20. Mai	8. Mai	21. Mai	25. Mai	16. Juni
3. Mai	2. Mai	1. Mai	17. Mai	10. Mai	8. Mai	9. Mai	4. Juni
6. Mai	7. Mai	2. Mai	—	10. Mai	—	—	—
10. Mai	10. Mai	4. Mai	6. Mai	10. Mai	—	—	—
25. Mai	20. Mai	20. Mai	15. Mai	20. Mai	—	—	—
6. Mai	4. Mai	12. Mai	15. Mai	10. Mai	6. Mai	—	1. Juni
5. Mai	9. Mai	4. Mai	10. Mai	30. Mai	6. Mai	7. Mai	5. Juni
20. Mai	10. Mai	8. Mai	5. Mai	11. Mai	14. Mai	31. Mai	14. Mai
5. Mai	5. Mai	—	8. Mai	18. Mai	10. Mai	11. Mai	6. Juni
8. Mai	30. Mai	9. Mai	7. Mai	28. Mai	26. Mai	10. Juni	15. Juni
18. Mai	9. Mai	8. Mai	16. Mai	15. Mai	—	—	—
9. Mai	8. Mai	9. Mai	10. Mai	10. Mai	—	16. Mai	16. Juni
4. Juni	11. Juni	29. Mai	20. Mai	15. Mai	—	28. Mai	4. Juni
—	—	25. Mai	20. Mai	5. Mai	—	—	—
30. April	1. Mai	28. April	2. Mai	4. Mai	2. Mai	—	20. Mai
6. Mai	8. Mai	8. Mai	7. Mai	13. Mai	4. Mai	8. Mai	6. Juni
1. Juni	10. Juni	20. Mai	10. Juni	20. Mai	10. Mai	15. Juni	20. Mai
8. Mai	9. Mai	15. Mai	6. Juni	2. Juni	—	2. Juni	10. Juli
10. Mai	10. Mai	9. Mai	9. Mai	8. Mai	17. Mai	19. Mai	—
2. Mai	28. April	29. April	—	—	—	16. Mai	—
29. April	4. Mai	15. Mai	6. Mai	6. Mai	6. Mai	6. Mai	8. Juni
24. Mai	25. Mai	29. Mai	30. Mai	28. Mai	26. Mai	30. Mai	25. Juni
6. Mai	6. Mai	2. Mai	—	5. Mai	6. Mai	—	—

Beobachtungsort	Meereshöhe in Metern	Roggen blüht	Dinkel blüht	Weizen blüht	Holunder blüht	Reben blühen
Abtsgmünd	374	8. Juni	29. Juni	4. Juli	9. Juni	—
Backnang.	266	9. Juni	28. Juni	29. Juni	4. Juni	—
Böttingen	908	22. Juni	30. Juni	10. Juli	28. Juni	—
Dobel	687	29. Juni	4. Juli	4. Juli	28. Juni	—
Ehingen a. D.	514	17. Juni	4. Juli	6. Juli	30. Juni	15. Juli
Eßlingen a. N. . . .	240	27. Mai	18. Juni	25. Juni	15. Mai	3. Juli
Fluorn	636	25. Juni	8. Juli	15. Juli	25. Juni	—
Frankenhofen	740	27. Juni	10. Juni	—	30. Juni	4. Juli
Freudenstadt	738	25. Juni	11. Juli	8. Juli	7. Juli	—
Friedrichshafen	410	28. Mai	25. Juni	28. Juni	1. Juni	—
Genkingen	770	7. Juli	18. Juli	16. Juli	30. Juni	—
Göppingen	320	10. Juni	25. Juni	28. Juli	22. Mai	—
Gründelhardt	475	10. Juni	6. Juli	10. Juli	10. Juni	—
Gundelsheim	156	15. Juni	26. Juni	28. Juni	3. Juni	5. Juli
Heidenheim	494	2. Juni	18. Juni	22. Juni	20. Juni	—
Heimerdingen	410	—	—	—	—	—
Herrenalb	430	4. Juli	—	—	—	—
Hohenheim	402	1. Juli	8. Juli	6 Juli	16. Juni	17. Juni
Kirchberg (O. A. Sulz) .	577	20. Juni	—	10. Juli	25. Juni	—
Langenburg	438	7. Juni	14. Juni	17. Juni	30. Mai	10. Juni
Lauterburg	670	4. Juli	12. Juli	15. Juli	1. Juli	—
Mengen	560	28. Juni	10. Juli	10. Juli	25. Juni	—
Münsingen	716	5. Juni	15. Juni	—	10. Juni	—
Murr	203	11. Juni	29. Juni	28. Juni	5. Juni	5. Juli
Nagold	410	5. Juni	29. Juni	2. Juli	31. Mai	—
Ochsenhausen	614	6. Juni	5. Juni	3. Juli	20. Juni	—
Ravensburg	450	31. Mai	4. Juni	5. Juni	3. Juni	—
Rottweil	539	15. Juni	5. Juni	—	—	—
Schammach	640	9. Juni	21. Juni	9. Juli	24. Juni	—
Saulgau	590	26. Juni	8. Juli	12. Juli	15. Juni	—
Schwenningen	700	24. Juni	12. Juli	25. Juli	2. Juli	—
Seißen	707	4. Juli	13. Juli	13. Juli	1. Juli	—
Simmersfeld.	725	4. Juli	—	18. Juli	15. Juli	—
Sternenfels	318	20. Mai	30. Juni	25. Juni	4. Juni	20. Juni
Tübingen	390	5. Juni	28. Juni	25. Juni	4. Juni	5. Juli
Tuttlingen	647	15. Juni	25. Juni	30. Juni	20. Juni	—
Überruh	830	16. Juni	14. Juli	20. Juli	20. Juni	—
Wangen i. Allg. . . .	557	22. Juni	29. Juni	30. Juni	4. Juli	9. Juli
Wilhelmsheim	440	—	—	—	—	—
Winnenden	280	30. Mai	26. Juni	5. Juli	27. Mai	5. Juli
Wolfegg	676	1. Juli	8. Juli	11. Juli	1. Juli	—
Wüstenrot	500	12. Juli	12. Juli	12. Juni	6. Juni	—

[1]) Zu einem großen Teil dem Rheinischen Klimabezirk, mit warmen Wintern und warmen

in Württemberg 1923.[1)   Tabelle **32.**

Sommer=linde blüht	Winter=linde blüht	Liguster blüht	Johannis=beeren reif	Roggen=ernte beginnt	Dinkelernte beginnt	Weizen=ernte beginnt	Kirschen reif
11. Juli	20. Juli	12. Juli	13. Juli	31. Juli	—	—	14. Juli
10. Juli	14. Juli	3. Juli	10. Juli	31. Juli	9. Aug.	11. Aug.	2. Juli
15. Juni	—	5. Juli	19. Juli	10. Aug.	20. Aug.	2. Sept.	8. Aug.
12. Juli	16. Juli	4. Juli	25. Juli	20. Aug.	24. Aug.	29. Aug.	1. Aug.
8. Juli	15. Juli	15. Juli	18. Juli	26. Juli	6. Aug.	8. Aug.	—
24. Juni	5. Juli	30. Mai	4. Juli	21. Juli	31. Juli	7. Aug.	21. Juni
15. Juli	4. Aug.	—	28. Juli	12. Aug.	18. Aug.	20. Aug.	—
—	—	—	24. Juli	31. Juli	11. Aug.	16. Aug.	—
3. Juli	22. Juli	20. Juli	30. Juli	8. Aug.	18. Aug.	20. Aug.	12. Juli
4. Juli	24. Juli	4. Juli	20. Juli	23. Juli	4. Aug.	5. Aug.	6. Juli
19. Juli	—	10. Juli	15. Juli	20. Aug.	24. Aug.	24. Aug.	—
29. Juni	6. Juli	16. Juni	7. Juli	24. Juli	4. Aug.	30. Juli	—
5. Juli	12. Juli	—	8. Juli	4. Aug.	10. Aug.	13. Aug.	14. Juli
21. Juni	19. Juni	30. Juni	10. Juli	31. Juli	6. Aug.	8. Aug	1. Juli
25. Juni	—	—	15. Juli	27. Juli	3. Aug.	7. Aug.	—
—	—	—	—	—	—	—	—
5 Juli	—	—	16. Juli	10. Aug.	—	28. Aug.	20. Juli
29. Juni	6. Juli	20. Juni	14. Juli	22. Juli	28. Juli	7. Aug.	18. Juni
11. Juli	17. Juli	30. Juni	20. Juli	4. Aug.	—	10. Aug.	20. Juni
7. Juli	20. Juli	3 Juli	8. Juli	6. Aug.	10. Aug.	12. Aug.	14. Juli
10. Juli	15. Juli	—	20. Juli	13. Aug.	19. Aug.	25. Aug.	—
6. Juli	19. Juli	15. Juni	26. Juli	10. Aug.	12. Aug.	25. Aug.	20. Juli
5. Aug.	6. Aug.	—	25. Aug.	30. Aug	30. Aug.	25. Aug.	28. Aug
7. Juli	14. Juli	30. Juni	12. Juli	26. Juli	31. Juli	8. Aug.	8. Juli
5. Juli	19. Juli	4. Juli	15. Juli	29. Juli	10. Aug.	12. Aug.	17. Juli
16. Juli	26. Juli	5. Juli	28. Juli	27. Juli	14. Aug.	10. Aug.	—
1. Juni	7. Juni	20. Juni	26. Juni	27. Juli	2. Aug.	5. Aug.	—
—	25. Juli	6. Juli	19. Juli	17. Aug.	—	15. Aug.	—
11. Juli	18. Juli	10. Juli	22. Juli	6. Aug.	10. Aug.	14. Aug.	25. Juli
9. Juli	18. Juli	8. Juli	19. Juli	3. Aug.	9. Aug.	14. Aug.	2. Aug.
12. Juli	2. Aug.	14. Juli	15. Aug.	5. Aug.	13. Aug.	31. Aug.	20. Aug.
11. Juli	2. Aug.	20. Juli	22. Juli	4. Aug.	14. Aug.	15. Aug.	27. Juli
—	5 Aug.	26. Juli	10. Aug.	10. Aug.	—	—	25. Juli
7. Juli	—	20. Juni	12. Juli	25. Juli	—	7. Aug.	5. Juli
15. Juli	1. Aug.	25. Juni	7. Juli	20. Juli	1. Aug.	5. Aug	10. Juli
20. Juni	10. Juli	1. Juli	15. Aug.	1. Aug.	15. Aug.	15. Aug.	30. Aug.
1. Aug.	28. Juli	16. Juli	20. Juli	30. Aug.	3. Sept.	20. Sept.	30. Juli
19. Juli	21. Juli	17. Juli	25. Juli	2. Aug.	5. Aug.	6. Aug.	8. Aug.
2. Juli	12. Juli	7. Juli	—	—	—	—	—
6. Juli	14. Juli	28. Juni	10. Juli	29. Juli	4. Aug.	5. Aug.	25. Juni
16. Juli	23. Juli	12. Juli	21. Juli	4. Aug	11. Aug.	13. Aug.	12. Juli
—	—	—	25. Juli	13. Aug.	26. Aug.	15 Aug.	

Sommern, angehörend.

Beobachtungsort	Meereshöhe in Metern	Aprikosen reif	Pfirsiche reif		Palmbirnen reif	Welschbrat=birne reif
			einheimische	amerikanische		
Abtsgmünd	374	—	—	—	—	—
Backnang	266	20. Aug.	30. Sept.	11. Aug.	18. Sept.	22. Sept.
Böttingen	908	—	—	—	—	—
Dobel	687	—	—	—	keine heuer	—
Ehingen a. D.	514	—	—	—	—	—
Eßlingen a. N.	240	—	18. Sept.	24. Juli	14. Sept	—
Fluorn	636	—	—	—	—	—
Frankenhofen	740	—	—	—	—	—
Freudenstadt	738	—	15. Sept.	—	2. Okt.	6. Okt.
Friedrichshafen . . .	410	10. Aug.	16. Aug.	—	—	—
Genkingen	770	—	—	—	—	—
Göppingen	320	—	—	27. Aug.	23. Sept.	2. Okt.
Gründelhardt	475	—	—	—	20. Sept.	16. Okt.
Gundelsheim	156	6. Aug	—	—	10. Sept.	19. Sept.
Heidenheim	494	—	—	—	—	—
Heimerdingen	410	—	—	—	—	—
Herrenalb	430	—	1. Sept.	—	1. Okt.	—
Hohenheim	402	—	3. Sept.	21. Aug.	12. Sept.	4. Okt.
Kirchberg (O. A. Sulz) .	577	—	—	—	26. Sept.	5. Okt.
Langenburg	438	—	—	—	28. Sept.	30. Sept.
Lauterburg	670	—	—	—	2. Okt.	2. Okt.
Mengen	560	—	—	—	—	—
Münsingen	716	—	—	—	20. Sept.	—
Murr	203	—	—	—	—	—
Nagold	410	—	—	—	—	—
Ochsenhausen	614	—	—	—	25. Sept.	10. Okt.
Ravensburg	450	—	—	—	—	—
Rottweil	539	—	—	—	—	3. Okt.
Schammach	640	—	—	—	—	—
Saulgau	590	10. Aug.	—	—	26. Sept.	13. Okt.
Schwenningen	700	—	—	—	30. Sept.	—
Seißen	707	—	—	—	13. Okt.	18. Okt.
Simmersfeld	725	—	—	—	—	16. Okt.
Sternenfels	318	—	—	—	20. Sept.	30. Sept.
Tübingen	390	26. Juli	20. Sept.	—	10. Sept.	10. Okt.
Tuttlingen	647	15. Sept.	—	—	30. Sept.	10. Okt.
Überruh	830	—	—	—	—	—
Wangen i. Allg. . . .	557	20. Aug.	—	14. Aug.	20. Aug.	—
Wilhelmsheim	440	—	—	—	—	—
Winnenden	280	—	—	—	—	—
Wolfegg	676	13. Aug.	—	—	—	12. Okt.
Wüstenrot	500	—	—	—	22. Sept.	—

in Württemberg 1923.

Jakobi=äpfel reif	Gold=parmänen reif	Luiken reif	Schneebeeren Fruchtreife	Holunder reif	Liguster reif	Heidekraut blüht	Roß=kastanien reif
—	—	—	—	—	—	26. Aug.	—
—	—	2. Okt.	5. Aug.	—	—	26. Aug.	28. Sept.
—	—	8. Okt.	—	5. Okt.	15. Okt.	20. Aug.	26. Sept.
—	—	14. Okt.	10. Sept.	30. Sept.	31. Okt.	31. Aug.	12. Okt.
28. Aug.	—	—	20. Sept.	10. Okt.	26. Okt.	—	11. Okt.
28. Juli	22. Sept.	—	26. Juli	12. Sept.	—	3. Aug.	20. Sept.
—	—	—	—	1. Okt.	—	10. Aug.	—
—	—	—	19. Sept.	28. Sept.	—	—	8. Okt.
30. Aug.	19. Sept.	4. Okt.	6. Sept.	25. Sept.	18. Sept.	22. Aug.	30. Sept.
13. Aug.	—	—	—	16. Sept.	17. Sept.	9. Aug.	23. Sept.
—	—	—	—	20. Sept.	25. Okt.	—	15. Okt.
2. Aug.	10. Okt.	12. Okt.	28. Aug.	21. Sept.	23. Sept.	—	25. Sept.
13. Aug.	2. Okt.	20. Okt.	—	10. Okt.	—	20. Aug.	5. Okt.
20. Aug.	18. Sept.	24. Sept.	17. Sept.	4. Okt.	6. Okt.	—	—
—	—	—	—	17. Sept.	—	—	20. Sept.
—	—	—	—	—	—	—	—
10. Sept.	25. Okt.	26. Okt.	—	18. Okt.	—	9. Aug.	1. Okt.
31. Aug.	26. Sept.	4. Okt.	—	27. Sept.	8. Okt.	26. Aug.	5. Okt.
25. Aug.	30. Sept.	10. Okt.	10. Sept.	22. Sept.	6. Okt.	25. Aug.	25. Sept.
17. Aug.	23. Okt.	28. Okt.	2. Sept.	30. Aug.	27. Sept.	22. Aug.	23. Sept.
—	—	—	—	15. Okt.	—	20. Aug.	10. Okt.
15. Sept.	—	—	—	2. Okt.	—	—	18. Okt.
1. Sept.	30. Sept.	5. Okt.	—	5. Okt.	—	1. Okt.	—
—	19. Sept.	28. Sept.	25. Sept.	10. Aug.	14. Sept.	20. Aug.	10. Okt.
5. Aug.	3. Okt.	25. Sept.	31. Aug.	9. Sept.	29. Sept.	—	10. Okt.
20. Aug.	30. Sept.	10. Okt.	6. Okt.	1. Okt.	5. Okt.	1. Sept.	12. Okt.
—	—	—	—	—	9. Sept.	—	18. Sept.
29. Aug.	3. Okt.	3. Okt.	2. Sept.	15. Sept.	8. Okt.	—	6. Okt.
25. Aug.	—	—	—	15. Sept.	1. Okt.	24. Aug.	10. Okt.
8. Aug.	15. Okt.	—	22. Aug.	2. Okt.	16. Okt.	24. Aug.	12. Okt.
20. Aug.	28. Okt.	6. Nov.	26. Aug.	25. Sept.	30. Sept.	15. Sept.	4. Okt.
5. Sept.	15. Okt.	16. Okt.	—	10. Okt.	8. Okt.	24. Aug.	8. Okt.
—	10. Okt.	—	—	28. Sept.	—	5. Sept.	12. Okt.
16. Juli	25. Sept.	15. Okt.	—	10. Okt.	—	25. Aug.	28. Sept.
5. Aug.	1. Okt.	5. Okt.	25. Aug.	9. Sept.	2. Okt.	15. Aug.	22. Sept.
20. Aug.	10. Okt.	15. Okt.	10. Okt.	1. Okt.	1. Okt.	—	10. Okt.
—	—	—	30. Sept.	15. Sept	1. Okt.	12. Aug.	30. Sept.
26. Aug.	20. Sept.	—	—	14. Sept.	10. Sept.	6. Okt.	10. Okt.
—	—	—	—	—	—	—	—
10. Aug.	—	—	11. Sept.	15. Sept.	14. Okt.	15. Aug.	—
1. Sept.	3. Okt.	8. Okt.	15. Okt.	1. Okt.	28. Sept.	20. Sept.	8. Sept.
20. Aug.	24. Sept.	26. Sept.	—	17. Sept.	—	26. Juli	13. Okt.

Beobachtungsort	Meereshöhe in Metern	Weinlese beginnt	Eichenlaub= färbung	Birkenlaub= färbung	Roßkastanien= laubfärbung	Buchenlaub= färbung
Abtsgmünd	374	—	15. Nov.	13. Nov.	13. Nov.	17. Nov
Backnang	266	—	16. Okt.	20. Okt.	20. Okt.	—
Böttingen	908	—	15. Sept.	18. Sept.	20. Sept.	24. Sept.
Dobel	687	—	10. Nov.	1. Nov.	3. Nov.	2. Nov.
Ehingen a. D.	514	—	24. Okt.	28. Okt.	25. Okt.	20. Okt.
Eßlingen a. N.	240	18. Okt.	22. Okt.	21. Okt.	11. Okt.	18. Okt.
Fluorn	636	—	—	20. Sept.	1. Okt.	—
Frankenhofen	740	—	15. Okt.	—	17. Okt.	20. Okt.
Freudenstadt	738	—	4. Nov.	23. Okt.	10. Okt.	29. Okt.
Friedrichshafen	410	—	23. Okt.	21. Okt.	14. Okt.	15. Okt.
Genkingen	770	—	20. Okt.	25. Okt.	20. Okt.	20. Sept.
Göppingen	320	—	25. Okt.	20 Okt.	17. Okt.	21. Okt.
Gründelhardt	475	—	2. Nov.	28. Okt.	22. Okt.	30. Okt.
Gundelsheim	156	15. Okt.	3. Okt.	8. Okt.	1. Okt.	6. Okt.
Heidenheim	494	—	15. Okt.	3. Okt.	28. Sept.	20. Okt.
Heimerdingen	410	—	—	—	—	—
Herrenalb	430	—	29. Okt.	22. Okt.	25. Okt.	28. Okt.
Hohenheim	402	4. Okt.	16. Okt.	18. Okt.	—	14. Okt.
Kirchberg (O. A. Sulz) .	577	—	30. Okt.	30. Sept.	28. Sept.	4. Okt.
Langenburg	438	—	3. Nov.	20. Sept.	24. Sept.	22. Okt.
Lauterburg	670	—	15. Okt.	8. Okt.	5. Okt.	20. Okt.
Mengen	560	—	20. Okt.	—	15 Okt.	16. Okt.
Münsingen	716	—	—	15. Okt.	15. Okt.	20. Okt.
Murr	203	18. Okt.	25. Okt.	27. Okt.	29 Okt.	20. Okt.
Nagold	410	—	23. Sept.	23. Sept.	10. Okt.	25. Sept.
Ochsenhausen	614	—	20. Okt.	15. Okt.	25. Okt.	22. Okt.
Ravensburg	450	—	28. Okt.	—	15. Okt.	18. Okt.
Rottweil	539	—	10. Okt.	3. Okt.	8. Okt.	15. Okt.
Schammach	640	—	26. Okt.	12. Okt.	11. Okt.	18. Okt.
Saulgau	590	—	16. Okt.	18. Okt.	22. Okt.	28. Okt.
Schwenningen	700	—	24. Okt.	28. Okt.	22. Okt.	20. Okt.
Seißen	707	—	16. Okt.	12. Okt.	14. Okt.	16. Okt.
Simmersfeld	725	—	20. Okt.	12. Okt.	18. Okt.	20. Okt.
Sternenfels	318	10. Okt.	12. Okt.	30. Sept.	15. Okt.	15. Okt.
Tübingen	390	15. Okt.	13. Okt.	1. Okt.	5. Okt.	15. Okt.
Tuttlingen	647	—	10. Okt.	5. Okt.	1. Okt.	10. Okt.
Überruh	830	—	5. Okt.	2. Okt.	8. Okt.	6. Okt.
Wangen i. Allg. . . .	557	—	5. Nov.	8 Nov.	10. Nov.	12. Nov.
Wilhelmsheim	440	—	—	—	—	—
Winnenden	280	16. Okt.	21. Okt	20 Okt.	1. Okt.	17. Okt
Wolfegg	676	—	25. Okt.	6. Okt.	10. Okt.	10. Okt.
Wüstenrot	500	—	6. Okt.	29. Sept.	3. Okt.	8. Okt.

¹) Zu einem großen Teil dem Rheinischen Klimabezirk, mit warmen Wintern und warmen

in Württemberg 1923.[1]

Schneeglöckchen blühen	Dirlitzen blühen	Narzissen blühen	Birke grün	Birkenkätzchen stäuben	Stachelbeeren schlagen aus	Stachelbeeren blühen
19. Febr.	16. März	29. April	30. April	—	25. März	7. April
23. Febr.	16. März	26. März	22. April	8. April	25. März	2. April
18. März	—	15. Mai	10. Mai	8. Mai	10. April	24. April
9. März	—	16. April	18. April	17. April	19. März	5. April
6. März	15. März	4. April	1. Mai	12. April	20. März	10. April
2. Febr.	3. März	22. März	12. April	31. März	4. März	30. März
10. März	—	5. Mai	—	—	22. März	2. April
18. März	—	—	—	—	27. März	24. April
30. März	2. April	1. April	4. Mai	—	12. April	28. April
20. Febr.	18. März	3. Mai	3. Mai	—	23. April	3. April
26. Febr.	—	—	—	8. Mai	4. April	12. April
9. Febr.	28. Febr.	21. März	6. April	8. April	4. März	28. März
24. März	—	4. Mai	1. Mai	12. April	1. April	12. April
28. Febr.	1. April	1. Mai	1. Mai	10. Mai	18. März	1. April
28. Febr.	—	—	3. Mai	—	22. März	20. April
10. Febr.	—	26. März	13. April	12. April	24. März	11. April
10. März	20. April	20. März	1. Mai	—	10. März	1. April
12. Febr.	16. März	9. April	1. Mai	18. April	24. März	13. April
10. Febr.	—	31. März	24. April	29. April	12. März	5. April
15. Febr.	18. März	26. März	24. April	6. April	19. März	31. März
20. März	—	12. April	1. Mai	15. Mai	10. April	12. April
—	—	—	—	—	—	—
5. März	—	—	—	—	3. April	—
24. Febr.	—	23. März	28. April	24. April	16. März	1. April
—	—	—	22. April	—	20. März	1. April
25. Febr.	25. März	30. April	20. April	25. April	22. März	8. April
6. Febr.	—	—	—	—	—	—
15. Febr.	17. März	5. Mai	8. Mai	9. Mai	28. März	25. April
8. März	—	6. März	3. Mai	20. April	27. März	13. April
2. März	27. März	19. April	22. April	29. April	6. April	20. April
20. Febr.	—	6. April	5. Mai	26. April	4. April	24. April
—	—	—	—	—	—	—
4. März	—	20. März	12. April	—	20. März	5 April
20. Febr.	17. März	20. März	30. April	9. April	24. März	6. April
15. März	20. März	10. April	10. Mai	10. April	10. April	20 April
25. März	15. April	14. April	6. Mai	6. Mai	22. April	4. Mai
27. Febr.	20. März	—	22. April	30. April	24. März	20. April
24. Febr.	20. März	25. März	21. März	3. April	—	—
16. Febr.	24. März	23. März	14. April	19. April	5. März	7. April
1. März	18. März	12. April	23. April	—	16. April	20. April
16. Febr.	—	23. März	6. Mai	13. April	16. März	10 April

Sommern, angehörend.

Beobachtungsort	Meereshöhe in Metern	Weichsel=kirschen blühen	Rettigbirne blüht	Trauben=kirschen blühen	Winter=goldparmänen blühen	Charlamowsky blüht
Abtsgmünd	374	2. Mai	—	6. Mai	7. Mai	6. Mai
Backnang	266	23. April	—	25. April	6. Mai	5. Mai
Böttingen	908	—	—	—	—	—
Dobel	687	4. Mai	1. Mai	—	2. Mai	—
Ehingen a. D. . . .	514	—	—	6. Mai	5. Mai	—
Eßlingen a. N. . . .	240	12. April	10. April	20. April	6. Mai	21. April
Fluorn	636	30. April	—	—	22. Mai	—
Frankenhofen . . .	740	—	—	—	—	10. Mai
Freudenstadt . . .	738	5. Mai	12. Mai	3. Mai	21. Mai	5. April
Friedrichshafen . . .	410	—	—	—	—	—
Genkingen	770	—	—	—	18. Mai	10. Mai
Göppingen	320	6. April	12. April	14. April	30. April	2. Mai
Gründelhardt	475	2. Mai	4. Mai	2. Mai	7. Mai	7. Mai
Gundelsheim	156	10. April	12. April	10. April	13. April	10. April
Heidenheim	494	—	—	—	—	—
Heimerdingen	410	—	—	—	1. Mai	—
Herrenalb	430	9. April	1. Mai	20. April	5. Mai	4. Mai
Hohenheim	402	22. April	4. Mai	27. April	16. Mai	8. Mai
Kirchberg (O. A. Sulz) .	577	—	—	—	18. Mai	16. Mai
Langenburg	438	19. April	—	24. April	—	3. Mai
Lauterburg	670	28. April	—	—	—	—
Mengen	560	—	—	—	—	—
Münsingen	716	—	15. Mai	—	25. Mai	25. Mai
Murr	203	21. April	—	—	11. Mai	20. April
Nagold	410	—	—	3. Mai	7. Mai	3. Mai
Ochsenhausen . . .	614	25. April	14. Mai	8. Mai	16. Mai	3. Mai
Ravensburg	450	—	—	—	—	—
Rottweil	539	6. Mai	—	7. Mai	25. Mai	20. Mai
Schammach	640	4. Mai	—	2. Mai	—	—
Saulgau	590	27. April	—	2. Mai	—	6. Mai
Schwenningen	700	5. Mai	—	—	24. Mai	—
Seißen	707	—	—	—	—	—
Simmersfeld	725	—	—	—	—	—
Sternenfels	318	—	9. April	—	1. Mai	—
Tübingen	390	20. April	29. April	20. April	2. Mai	28. April
Tuttlingen	647	30. April	20. Mai	10. Juni	30. Mai	20. Mai
Überruh	830	15. Mai	16. Mai	10. Mai	6. Juni	10. Mai
Wangen i. Allg. . . .	557	—	—	25. April	10. Mai	2. Mai
Wilhelmsheim	440	—	—	—	—	—
Winnenden	280	19. April	—	20. April	6. Mai	28. April
Wolfegg	676	—	10. Mai	8. Mai	22. Mai	23. Mai
Wüstenrot	500	30. April	—	—	9. Mai	—

Taffetapfel blüht	Heidelbeeren blühen	Vogelbeere schlägt aus	Vogelbeere grün	Esche schlägt aus	Esche grün	Vogelbeere blüht
28. Mai	28. April	11. April	6. Mai	7. Mai	19. Mai	—
18. Mai	25. April	12. April	15. April	5. Mai	14. Mai	10. Mai
—	—	28. April	6. Mai	22. April	3. Mai	18. Mai
6. Mai	18. April	11. April	20. April	20. April	12. Mai	14. Mai
24. Mai	—	—	—	14. Mai	18. Mai	—
12. Mai	4. April	25. März	5. April	25. April	3. Mai	26. April
	1. Mai			6. Mai	22. Mai	
—	1. Mai	—	—	6. Mai	22. Mai	—
20. Mai	—	19. April	14. Mai	13. Mai	20. Mai	13. Mai
30. Mai	8. Mai	17. April	2. Mai	3. Mai	16. Mai	29. Mai
25. Mai	—	22. April	29. April	5. Mai	23. Mai	6. Mai
5. Juni	—	2. Mai	7. Mai	7. Mai	12. Mai	20. Mai
15. Mai	—	25. April	30. April	24. April	30. April	4. Mai
18. Mai	20. April	10. April	2. Mai	5. Mai	20. Mai	13. Mai
3. Mai	—	3. April	16. April	3. April	16. April	19. April
—	—	18. April	26. April	1. Mai	14. Mai	12. Mai
—	—	—	—	2. Mai	12. Mai	—
5. Mai	6. April	—	5. Mai	—	—	—
28. Mai	7. Mai	2. April	18. April	8. Mai	30. Mai	12. Mai
27. Mai	12. Mai	20. April	2. Mai	28. April	12. Mai	16. Mai
—	21. Mai	28. März	10. April	28. April	10. Mai	6. Mai
—	2. Mai	30. April	4. Mai	3. Mai	6. Mai	10. Mai
—	—	—	—	—	—	—
25. Mai	—	15. April	1. Mai	15. April	2. Mai	—
—	—	—	—	20. April	2. Mai	—
3. Mai	—	—	—	—	9. Mai	2. Juni
28. Mai	7. Mai	20. April	25. April	20. April	6. Mai	—
30. Mai	—	26. April	2. Mai	4. Mai	8. Mai	10. Mai
—	20. April	13. April	24. April	7. Mai	22. Mai	11. Mai
—	3. Mai	15. April	25. April	3. Mai	8. Mai	6. Mai
—	—	—	—	—	—	—
—	—	—	—	—	—	—
16. Mai	10. April	—	2. Mai	20. April	2. Mai	—
7. Mai	10. Mai	13. April	23. April	1. Mai	22. Mai	7. Mai
15. Juni	—	20. April	10. Mai	20. April	10. Mai	10. Mai
4. Juni	12. Mai	14. April	10. Mai	8. Mai	12. Mai	8. Mai
—	4. Mai	—	—	6. Mai	20. Mai	—
—	—	—	—	—	—	—
14. Mai	30. April	10. April	15. April	26. April	5. Mai	4. Mai
26. Mai	17. Mai	10. Mai	13. Mai	16. Mai	26. Mai	28. Mai
10. Mai	5. April	29. März	16. April	17. April	26. April	14. Mai

Beobachtungsort	Meereshöhe in Metern	Gräser			Klee blüht	Lilie blüht
		Wiesen-fuchsschwanz blüht	Knäuelgras blüht	Thimot.-Gras blüht		
Abtsgmünd	374	18. Mai	20. Juni	15. Juli	25. Juni	13. Juli
Backnang	266	20. Mai	10. Juni	2. Juli	9. Juni	4. Juli
Böttingen	908	20. Mai	16. Mai	20. Mai	5. Juni	—
Dobel	687	31. Mai	16. Mai	4. Mai	3. Juli	28. Juli
Ehingen a. D.	514	8. Juni	8. Juni	12. Juni	2. Juli	15. Juli
Eßlingen a. N.	240	7. Mai	9. Mai	—	31. Mai	29. Juni
Fluorn	636	—	—	—	—	—
Frankenhofen	740	—	—	—	—	6. Juli
Freudenstadt	738	25. Mai	30. Juni	10. Juni	5. Juli	10. Juli
Friedrichshafen . . .	410	—	—	—	—	8. Juli
Genkingen	770	20. Juni	20. Juni	—	1. Juli	—
Göppingen	320	15. Mai	10. Mai	21. Mai	12. Mai	6. Juli
Gründelhardt	475	31. Mai	8. Juni	8. Juni	4. Juli	—
Gundelsheim	156	10. Juni	8. Juni	12. Juni	13. Juni	11. Juni
Heidenheim	494	28. Mai	4. Juni	4. Juni	6. Juni	—
Heimerdingen	410	—	—	—	—	—
Herrenalb	430	25. Mai	26. Mai	26. Mai	26. Mai	13. Juli
Hohenheim	402	1. Juni	13. Juni	22. Juni	26. Juni	4. Juli
Kirchberg (O. A. Sulz) .	577	17. Juni	16. Juni	18. Juni	14. Juni	10. Juli
Langenburg	438	30. Mai	10. Juni	3 Juni	31. Mai	6. Juli
Lauterburg	670	24. Juni	24. Juni	—	30. Juni	—
Mengen	560	—	—	—	—	—
Münsingen	716	10. Juni	15. Juni	10. Juni	10. Juni	—
Murr	203	25. Mai	1. Juni	1. Juni	31. Mai	—
Nagold	410	12. Mai	12. Juni	26. Mai	6 Mai	—
Ochsenhausen	614	20. Mai	21. Mai	20. Mai	—	—
Ravensburg	450	—	—	—	—	—
Rottweil	539	10. Juni	10. Juni	6. Juni	20. Juni	—
Schammach	610	8. Mai	—	—	9. Juni	15. Juli
Saulgau	590	2. Juni	25. Juni	9. Juni	2. Juni	15. Juli
Schwenningen	700	2. Juni	9. Juni	15. Juni	20. Juni	12. Juli
Seißen	707	26. Juni	25. Juni	25. Juni	3. Juli	5. Juli
Simmersfeld	725	—	—	—	—	—
Sternenfels	318	4. Juni	8. Juni	—	14 Juni	—
Tübingen	390	2. Mai	18. Mai	6. Mai	25. Mai	8. Juli
Tuttlingen	647	15. Juni	10. Juni	10. Juni	20. Juni	15. Juni
Überruh	830	30. Mai	28. Mai	28. Mai	30. Mai	20. Juli
Wangen i. Allg. . . .	557	—	—	—	—	14. Juli
Wilhelmsheim	440	—	—	—	—	10. Juli
Winnenden	280	16. Mai	2. Juni	10. Juni	10. Juni	6. Juli
Wolfegg	676	—	—	—	—	—
Wüstenrot	500	25. Juni	26. Juni	28. Juni	27. Juni	5. Juni

[1]) Zu einem großen Teil dem Rheinischen Klimabezirk, mit warmen Wintern und warmen

in Württemberg 1923.[1)]   Tabelle **34**.

Sommer-gerste blüht	Hafer blüht	Dirlitzen reif	Weichsel-kirschen reif	Rettigbirne reif	Winter-goldparmäne reif	Charla-mowsky reif	Taffetäpfel reif
18. Juli	—	—	30. Juli	—	—	21. Aug.	—
26. Juni	4. Juli	—	28. Juli	—	—	16. Aug.	27. Sept.
12. Juli	16. Juli	—	—	—	—	—	—
6. Juli	12. Juli	—	30. Aug.	—	—	—	—
12. Juli	19. Juli	25. Sept.	—	—	—	—	—
22. Juni	2. Juli	15. Aug.	5. Juli	—	—	—	—
—	—	—	—	—	—	—	—
8. Juli	10. Juli	—	2. Aug.	—	—	10. Okt.	12. Okt.
14. Juli	22. Juli	29. Juli	28. Juli	18. Sept.	3. Okt.	16. Sept.	16. Okt.
—	18. Juli	—	—	—	—	—	4. Okt.
15. Juli	23. Juli	—	—	—	—	—	—
8. Juli	14. Juli	—	—	—	—	13. Aug.	—
14. Juli	18. Juli	—	30. Juli	27. Aug.	16. Okt.	14. Okt.	22. Okt.
29. Juni	26. Juni	4. Juli	13. Juli	3. Sept.	14. Sept.	2. Sept.	21. Sept.
30. Juni	10. Juli	—	—	—	—	—	—
5. Juli	25. Juli	8. Juli	30. Juli	10. Sept.	15. Okt.	15. Okt.	—
3. Juli	28. Juni	23. Sept.	—	7. Okt.	6. Okt.	30. Sept.	8. Okt.
10. Juli	17. Juli	—	—	—	30. Sept.	30. Sept.	13. Okt.
14. Juni	29. Juni	18. Sept.	--	—	24. Okt.	3. Okt.	20. Okt.
20. Juli	25 Juli	—	5. Aug.	—	—	—	—
—	—	—	—	—	—	—	—
20. Juni	20. Juni	—	20. Aug.	—	1. Okt.	1. Okt.	1. Okt.
28. Juni	14. Juli	—	25. Juli	—	29. Sept.	9. Aug.	—
6. Juli	—	—	—	—	3. Okt	31. Aug.	28. Sept.
11. Juli	12. Juli	—	28. Juli	5 Okt.	10. Okt.	15. Sept.	5. Okt.
—	—	—	—	—	—	—	—
12. Juli	20 Juli	28. Sept.	—	2. Okt.	8. Okt.	2. Okt.	2. Okt.
24. Juni	17. Juli	—	5. Aug.	—	—	—	—
12. Juli	14. Juli	25. Aug.	6. Aug.	—	—	15. Aug.	—
12. Juli	15. Juli	—	—	—	28. Okt.	—	—
22. Juli	25. Juli	—	—	—	16. Okt.	—	15. Okt.
—	—	—	14. Aug.	—	10. Okt.	—	—
1. Juli	15. Juli	5. Juli	1. Aug.	20. Sept.	1. Okt.	22. Aug.	25. Sept.
10. Juni	1. Juli	20. Aug.	30. Aug.	20. Sept.	10. Okt.	20. Aug.	10. Okt.
10. Juli	20. Juli	—	20. Aug.	—	—	—	—
10. Juli	21. Juli	—	—	—	—	10. Sept.	—
1. Juli	3. Juli	14. Sept.	30. Juli	—	—	15. Aug.	—
—	—	8. Okt.	—	—	3. Okt.	—	5. Okt.
28. Juni	2. Juli	—	23. Aug.	—	—	—	3. Okt.

Sommern angehörend.

Beobachtungsort	Meereshöhe in Metern	Erste Heidelbeeren reif	Sommergerste schnittreif	Hafer schnittreif	Herbstzeitlose blüht	Vogelbeeren reif	Eichenlaubfall
Abtsgmünd	374	8. Juli	4. Aug.	10. Aug.	21. Aug.	—	17. Nov.
Backnang	266	2. Juli	30. Juli	12. Aug	28. Aug.	—	—
Böttingen	908	—	9. Aug.	1. Sept.	20. Aug.	31. Aug.	8. Sept.
Dobel	687	10. Juli	7. Aug.	22. Sept	27. Sept.	1. Sept.	29. Okt.
Ehingen a. D.	514	—	7. Aug.	10. Aug.	4. Sept.	—	24. Okt.
Eßlingen a. N.	240	20. Juni	30. Juli	6. Aug.	15. Aug.	12. Aug	27. Okt.
Fluorn	636	8. Juli	—	—	20. Aug.	—	15. Okt.
Frankenhofen	740	—	18. Aug.	22. Aug.	31. Aug.	30. Aug.	21. Okt.
Freudenstadt	738	19. Juli	14. Aug.	30. Aug	3. Sept.	14. Sept	3. Nov.
Friedrichshafen	410	6. Juli	6. Aug.	8. Aug.	30. Aug.	—	10. Nov.
Genkingen	770	—	15. Aug.	28. Aug.	30. Aug.	15. Sept.	25. Okt.
Göppingen	320	16. Juli	5. Aug.	8. Aug.	29. Aug.	2. Sept	—
Gründelhardt	475	4. Juli	6. Aug.	12. Aug.	23. Aug.	8. Aug.	28. Okt.
Gundelsheim	156	—	2. Aug.	18. Aug.	10. Sept.	4. Sept	24 Okt.
Heidenheim	494	—	28. Juli	13. Aug.	8. Sept.	—	—
Heimerdingen	410	—	—	—	—	—	—
Herrenalb	430	2. Juli	7. Aug.	27. Aug.	20. Aug.	8. Sept.	—
Hohenheim	402	—	30. Aug.	8. Aug.	26. Sept.	—	20. Okt.
Kirchberg (O. A. Sulz)	577	7. Juli	10. Aug.	15. Aug.	26. Aug.	29. Sept	1. Okt.
Langenburg	438	—	10. Aug.	19. Aug.	22. Aug.	19. Aug.	13. Okt.
Lauterburg	670	14. Juli	13. Aug.	31. Aug.	—	10. Sept.	—
Mengen	560	—	—	—	—	—	—
Münsingen	716	—	28. Aug.	30. Aug.	10. Sept.	—	28. Okt.
Murr	203	—	25. Juli	15. Aug.	23. Aug.	—	27. Okt.
Nagold	410	—	30. Juli	2. Aug.	30. Aug.	—	—
Ochsenhausen	614	2. Juli	2. Aug.	6. Aug.	10. Sept.	1. Okt.	24. Okt.
Ravensburg	450	—	—	13. Aug	—	—	—
Rottweil	539	—	8. Aug.	23. Aug.	2. Sept.	2. Sept.	8. Okt.
Schammach	640	12. Juli	6. Aug.	8. Aug.	23. Aug.	25. Aug.	24. Okt.
Saulgau	590	2. Aug	6. Aug.	16. Aug.	30. Aug.	26. Okt.	8. Nov.
Schwenningen	700	—	13. Aug.	20. Aug.	30. Aug.	—	25. Okt.
Seißen	707	—	20. Aug.	24. Aug.	2. Sept.	30. Sept.	18. Okt.
Simmersfeld	725	—	—	—	—	—	—
Sternenfels	318	4. Juli	12. Aug.	10. Aug.	30. Aug.	—	10. Okt.
Tübingen	390	7. Juli	1. Aug.	20. Aug.	15. Aug.	10. Sept	30. Okt.
Tuttlingen	647	—	1. Aug.	30. Aug.	5. Sept.	20. Sept.	20. Okt.
Überruh	830	2. Aug.	28. Aug	5. Sept.	2. Sept.	15. Sept.	—
Wangen i. Allg.	557	20. Aug.	20. Aug.	21. Aug.	6. Sept.	—	4. Nov.
Wilhelmsheim	440	—	—	—	—	—	—
Winnenden	280	28. Juni	1. Aug.	8. Aug.	20. Aug.	—	24. Okt.
Wolfegg	676	—	—	17. Aug.	—	—	—
Wüstenrot	500	15. Juni	9. Aug.	17. Aug.	4. Sept.	11. Aug	23. Okt.

in Württemberg 1923.

Birnbaum=holzreife	Apfel=baumholz=reife	Walnüsse blühen	Walnüsse reif	Wiesen=schwingel blüht	Goldhafer blüht	Kammgras blüht	Franz. Raygras blüht
1. Nov.	8. Nov.	—	—	—	—	—	—
—	—	—	—	—	—	—	—
12. Okt.	17. Okt.	—	—	—	—	—	—
2. Nov.	—	—	—	—	—	—	—
25. Okt.	28. Okt.	17. Mai	22. Okt.	11. Juni	16. Juni	10. Juni	15. Juni
15. Okt.	20. Okt.	3. Mai	20. Sept.	27. Mai	27. Mai	31. Mai	27. Mai
—	—	—	—	—	—	—	—
—	—	—	—	—	—	—	—
10. Nov.	23. Nov.	28. Mai	18. Sept.	25. Juni	20. Juni	—	—
20. Aug.	25. Aug.	—	—	—	20. Juni	—	—
—	—	7. Mai	—	—	—	3. Juni	25. Mai
31. Okt.	31. Okt.	20. Mai	16. Okt.	28. Mai	10. Juni	10. Juni	2. Juni
25. Okt.	30. Okt.	30. April	—	10. Juni	9. Juni	6. Juni	19. Juni
—	—	—	—	—	3. Juni	—	—
—	—	5. Mai	—	—	—	—	—
13. Nov.	13. Nov.	—	—	—	—	—	—
28. Okt.	30. Okt.	5. Mai	5. Okt.	15. Juni	16. Juni	19. Juni	17. Juni
30. Okt.	4. Nov.	30. April	20. Okt.	10. Juni	20. Juni	14. Juni	12. Juni
—	—	—	—	—	—	—	—
25. Okt.	25. Okt.	—	—	—	—	—	—
—	—	9. Juni	11. Okt.	1. Juni	—	8. Juni	—
—	—	—	—	9. Juni	—	13. Juni	30. Mai
30. Okt.	31. Okt.	—	—	29. Mai	30. Mai	26. Mai	31. Mai
20. Sept.	20. Sept.	26. Mai	20. Okt.	3. Juni	—	6. Juni	8. Juni
—	—	3. Juni	12. Okt.	8. Juni	10. Juni	27. Juni	6. Juni
20. Okt.	22. Okt.	8. Mai	4. Okt.	24. Juni	25. Juni	24. Juni	22. Juni
—	—	3. Mai	10. Okt.	—	—	7. Juni	—
15. Sept.	20. Sept.	10. Mai	20. Sept.	28. Mai	8. Juni	27. Mai	1. Juni
10. Okt.	20. Okt.	—	—	15. Juni	20. Juni	20. Juni	20. Juni
11. Okt.	15. Okt.	—	—	3. Juni	5. Juni	1. Juni	5. Juni
—	—	—	—	—	—	—	—
—	—	—	—	—	—	—	—
20. Okt.	29. Okt.	2. Mai	15. Okt.	10. Juni	7. Juni	2. Juni	12. Juni
10. Okt.	20. Okt.	—	—	—	—	—	—
—	—	—	—	24. Juni	27. Juni	18. Juni	28. Juni

Allgemeine phänologische Beobachtungen in Württemberg 1923.[1] Tabelle 35.

Beobachtungsort	Meereshöhe in Metern	Knäulgras blüht	Wiesenrispengras blüht	Gemeines Rispengras blüht	Beginn der Heuernte	Beginn der Öhmdernte
Abtsgmünd	374	—	—	—	—	—
Backnang	266	—	—	—	—	—
Böttingen	908	—	—	—	—	—
Dobel	687	—	—	—	28. Juni	31. Aug.
Ehingen a. D. . . .	541	8. Juni	16. Juni	16. Juni	15. Juni	20. Aug.
Eßlingen a. N. . . .	240	9. Mai	25. Mai	25. Mai	11. Juni	20. Aug.
Fluorn	636	—	—	—	25. Juni	5 /10. Aug.
Frankenhofen . . .	740	—	—	—	25. Juni	13. Sept.
Freudenstadt . . .	738	30. Juni	—	—	20. Juni	18. Aug.
Friedrichshafen . . .	410	—	—	—	—	—
Genkingen	770	25. Juni	—	—	25. Juni	5. Aug.
Göppingen	320	10. Mai	—	—	12. Juni	23. Aug.
Gründelhardt . . .	475	8 Juni	6. Juni	6. Juni	18. Juni	20. Aug.
Gundelsheim . . .	156	7. Juni	13./18. Juni	10./15. Juni	10. Juni	24. Aug.
Heidenheim. . . .	494	4. Juni	10. Juni	—	11. Juni	—
Heimerdingen . . .	410	—	—	—	—	—
Herrenalb	430	—	—	—	—	—
Hohenheim	402	—	—	—	—	—
Kirchberg (O. A. Sulz)	577	16. Juni	16. Juni	15. Juni	27. Juni	—
Langenburg	438	10. Juni	12. Juni	14. Juni	23. Juni	18. Aug.
Lauterburg.	670	—	—	—	—	—
Mengen.	560	—	—	—	25. Juni	23. Aug.
Münsingen	716	—	—	—	—	—
Murr	203	1. Juni	5. Juni	—	12. Juni	17. Aug.
Nagold	410	12. Juni	31. Mai	31. Mai	9. Juni	31. Juli
Ochsenhausen . . .	614	26. Mai	25. Mai	30. Mai	5. Juni	16. Aug.
Ravensburg	450	—	—	—	—	—
Rottweil	539	10. Juni	6. Juni	2. Juni	25. Juni	8 Aug.
Schammach.	640	—	—	—	—	—
Saulgau	590	25. Juni	8. Juni	9. Juni	11. Juli	27. Aug.
Schwenningen . . .	700	—	—	—	—	—
Seißen	707	25. Juni	25. Juni	23. Juni	27. Juni	13. Aug.
Simmersfeld . . .	725	—	—	—	—	—
Sternenfels. . . .	318	4. Juni	—	—	11. Juni	—
Tübingen	390	3. Juni	31. Mai	24. Mai	10. Juni	1. Sept.
Tuttlingen	647	15. Juni	15. Juni	10. Juni	20. Juni	20. Aug.
Überruh.	830	30. Mai	28. Mai	4. Juni	3. Juni	10. Aug.
Wangen i. Allg. . . .	557	—	—	—	—	—
Wilhelmsheim. . . .	440	—	—	—	—	—
Winnenden.	280	2. Juni	6. Juni	28. Mai	12. Juni	10. Aug.
Wolfegg.	676	—	—	—	—	—
Wüstenrot	500	25. Juni	22. Juni	—	28. Juni	9. Sept.

[1] Zu einem großen Teil dem Rheinischen Klimabezirk, mit warmen Wintern und warmen Sommern, angehörend.

Einzelbeobachtungen.

Phänologische Einzelbeobachtungen in Ostpreußen, der Grenzmark und Pommern. [1])

Fischhausen, 1923
(Beob. Kuhnke. Ldw. Schule)

Anfang März. Feldlerche, Ankunft
20. März. Schneeglöckchen, Beginn der Blüte
20. April. Aprikose (Pfirsichaprikose von Nancy), Beginn der Blüte
3./4. Mai. Nachtfröste
12. Mai. Aprikose, Austrieb
15. Mai. Aprikose, Ende der Blüte
21. August. Aprikose, Beginn d. Ernte

Adl. Gründen bei Labiau, 1923
(Beob. E. Brinkmann)

10. Mai. Zucker= und Runkelrüben, Erdfloh
22. Mai. Eiche, Anfang der Laubentfaltung

Bartenstein, 1923
(Beob. Dodillet)

14. August 1922. Wintergerste, Aussaat
2. Mai. Süß= u. Sauerkirsche, Austrieb
9. Mai. Süß= und Sauerkirsche, Beginn der Blüte
14. Mai. Apfel, Beginn der Blüte Birne, Beginn der Blüte
25. Juli. Wintergerste, Beginn der Ernte

Rastenburg, 1923
(Beob. Flemming, Ldw. Lehrer)

Anfang April. Stachelbeere, Beginn der Blüte

Mitte Mai. Apfel (Gelber Richard), Beginn der Blüte
Mitte Mai. Birne (Kongreß), Beginn der Blüte
Ende Mai. Erdbeere, Beginn d. Blüte.
Anfang Juni. Stachelbeere, Beginn d. Ernte
Ende Juni. Erdbeere, Beginn d. Ernte
September. Apfel, Beginn der Ernte
September. Birne, Beginn der Ernte

Bombitten bei Zinten, 1923
(Beob. P. Sokoll, Schüler)

1. Juli. Erbse, Beginn der Blüte
28. September. Birke, gefärbt

(Beob. L. Koll, Schülerin)

6. Juli. Rose, Beginn der Blüte

Gumbinnen, 1923
(Beob. Ehlert, Ldw. Schule)

14. Mai. Süß= und Sauerkirsche, Beginn der Blüte
19. Mai. Apfel, Beginn der Blüte
27. Mai. Flieder, Beginn der Blüte
31. Mai. Ackerbohne, schwarze Blattlaus
1. Juli. Winterweizen, Criewener schoßt
3. Juli. Ackerbohne, Beginn d. Blüte.

Marienburg, Ostpreußen, 1923
(Beob. Wittpahl)

7. Mai. Apfel, Blütenstecher Pfirsich, Kräuselkrankheit
8. Mai. Apfel, Ringelspinner
25. Mai. Stachelbeere, Blattwespe

---

[1]) Im wesentlichen Baltischer Klimabezirk, umfassend den hinterpommerschen und preußischen Landrücken nebst der Küstenebene.

Wendisch Tychow (Kr. Schlawe),
Pommern, 1923
(Beob. von Kleist)

März. Sommerroggen, Austrieb

1. März. Schneeglöckchen, Beginn der Blüte

3. März. Weide, Beginn der Blüte
Ahorn, Beginn der Blüte

24. März. Gänseblümchen, Beginn der Blüte

27. März. Gr. gelber Märzbecher, Beginn der Blüte

8. April. Anemone, Beginn d. Blüte

26. April. Prunus Pissardi, Beginn der Blüte

28. April. Forsythia, Beginn d. Blüte

3. Mai. Rüster, Beginn der Blüte

9. Mai. Weichselkirsche, Beginn der Blüte

9. Mai. Spargel, erste Früchte

12. Mai. Rhododendron. Beginn der Blüte

13. Mai. Junge amerikanische Eichen grünen
Faulbaum, Beginn d. Blüte
Pirus salicifolia, Beginn der Blüte
Junge Eschen, grünen

16. Mai. Frühe deutsche Eichen, grünen

18. Mai. Späte deutsche Eichen, grünen

20. Mai. Walnuß, Beginn der Blüte

23. Mai. Flieder, Beginn der Blüte

24. Mai. Kastanie, Beginn der Blüte

25. Mai. Weiße Narzisse, Beginn der Blüte

27. Mai. Pimpernuß, Beginn d. Blüte
Maiglöckchen, Beginn der Blüte

30. Mai. Spiraea erguta, Beginn der Blüte

1. Juni. Goldregen, Beginn d. Blüte

5. Juni. Weißdorn, Beginn d. Blüte

7. Juni. Himbeere, Beginn d. Blüte

9. Juni. Schneeball, Beginn d. Blüte

11. Juni. Rosa rugosa, Beginn d. Blüte

19. Juni. Große Eschen, grünen

20. Juni. Roggen, Beginn der Blüte

25. Juni. Philadelphus, Beginn der Blüte

5. Juli. Holunder, Beginn d. Blüte

10. Juli. Sommerroggen, Beginn der Blüte

18. Juli. Linde, Beginn der Blüte

23. Juli. Wintergerste, Beginn der Ernte

28. Juli. Heide, Beginn der Blüte

15. August. Sommerroggen, Beginn der Ernte

6. September. Wintergerste, Aussaat

Buchholz (Kr. Schlochau), 1923
(Beob Dietrich Adolphi)

1. Mai. Futterrunkeln, Rübenaussaat

15. Mai. Schwarzdorn (Schlehdorn), Beginn der Blüte

30. Mai. Schwarzdorn (Schlehdorn), Ende der Blüte.

Neumark und **Grenzmark,** 1923
(Beob. Hauptstelle in Landsberg a. W.)

Taschenkrankheit der Zwetschen in diesem Jahr sehr stark

Stachelbeerblattwespe in diesem Jahr allgemein stark

Insel Rügen, 1923
(Beob. Werth)

11. Mai. Adoxa moschetallina, blühend (am großen Jasmunder Bobden)

12. Mai. Anemone ranuncoloides, blühend (Stubnitz)

13. Mai. Dentaria bulbifera, blühend (Stubnitz)

Lubmin b. Greifswald i. Vorpommern, 1923
(Beob. Werth)

2. Sept. Goodyera repens, blühend

Aecidium cornutum (= Gymno-
sporangium juniperinum auf Eber=
esche)

4. September. Salsola Kali, blühend
Cacile maritima, blühend; an den
Blüten: Bombus lapidarus, Meli-
gethes, Coccinella septempunctata.
An den Blättern zahlreiche Kohl=
weißlingsraupen

6. September. Mulgedium tataricum,
blühend; an den Blüten: Bombus
lapidarius saugend, Bombus agrorum, verschiedene Dipteren
Dianthus arenarius, blühend

10. September. Zanichellia palustris,
fruchtend (im Meere)
Glaux maritima, verblüht

12. September. Weidenrose, Galle von
Cecidomiya rosaria an Salix vimi-
nalis × purpurea

Phänologische Einzelbeobachtungen in Schlesien. [1]

Namslau, Schlesien, 1923
(Beob. Direktor Ocklitz, Ldw. Schule)

24. März. Hasel, Beginn der Blüte
2. April. Sahlweide, Beginn der Blüte
5. April. Weide, Beginn der Blüte
19. April. Wiesenschaumkraut, Beginn der Blüte
23. April. Birke, Beginn der Blüte
26. April. Löwenzahn, Beginn der Blüte
30. April. Sommerlinde, Beginn der Blüte
1. Mai. Weißdorn, Beginn d. Blüte
3. Mai. Weißling, erster Falter
7. Mai. Flieder, Beginn der Blüte
8. Mai. Vergißmeinnicht, Beginn der Blüte
16. Mai. Walderdbeere, Beginn der Blüte
21. Mai. Besenginster, Beginn d. Blüte
25. Mai. Goldregen, Beginn d. Blüte
2. Juni. Rostpilz auf Getreide
5. Juni. Wucherblume, Beginn der Blüte
10. Juni. Ackerdistel, Beginn d. Blüte
17. Juni. Walderdbeere, Beginn der Fruchtreife

22. Juni. Ackerwinde, Beginn d. Blüte
10. Juli. Wegwarte, Beginn d. Blüte
26. Juli. Braunelle, Beginn d. Blüte
28. Juli. Bovist
5. August. Champignon
Heidelbeere
10. August. Ackerdistel, Beginn der Fruchtreife
Fliegenpilz
15. August. Pfefferling
15. September. Holunder, Beginn der Fruchtreife

Ende Oktober. Birke, Laubverfärbung

Neustadt, O.=Schles., 1923
(Beob. Ldw. Schule)

24. April. Raps, Beginn der Blüte
20. Mai. Wolfsmilch mit Rost
6./16. Mai. Rübenaussaat
15. Mai. Apfel, Schorf
21. Mai. Birne, Schorf

Glogau, Schlesien, 1923
(Beob. Ldw. Schule)
70 m

2. April. Löwenzahn, Beginn d. Blüte
5. April. Rapsglanzkäfer, erster Käfer
7. April. Singdrossel, erster Gesang

---

[1] Fällt in den Subsarmatischen Klimabezirk, d. i. der südliche, wärmere und trockenere Teil Ostelbiens, im Süden bis an die Vorberge der mitteldeutschen Gebirgsschwelle, im Westen bis an diejenigen des Harzes reichend.

12. April. Goldflieder, Beginn d. Blüte
14. April. Roßkastanie, Beginn der Blattentfaltung
15. April. Schlehe, Beginn der Blüte
20. April. Walderdbeere, Beginn der Blüte
25. April. Birke, Blattentfaltung
Nachtigall, erster Gesang
26. April. Weide, Beginn der Blüte
Wiesenschaumkraut, Beginn d. Blüte
1. Mai. Hederich, Beginn d. Spritzzeit
3. Mai. Weißlinge, erste Falter
5. Mai. Fichte, Beginn der Blattentfaltung
10. Mai. Kuckuck, erster Ruf
12. Mai. Roßkastanie, Beginn d. Blüte
1. Juni. Kuckucksspeichel
6. Juni. Goldregen, Beginn d. Blüte
12. Juni. Akazie, Beginn der Blüte
2. September. Holunder, Beginn der Fruchtreife
5. September. Roßkastanie, Beginn der Fruchtreife
20. September. Roßkastanie, Laubverfärbung
25. September. Champignon
Bovist

Laubau, Schlesien, 1923
(Beob. Direktor Voellmer)
250 m

10. April. Scharbockskraut, Beginn d. Blüte
13. April. Huflattich, Beginn d. Blüte
Löwenzahn, Beginn der Blüte
17. April. Hausschwalbe, Ankunft
19. April. Birke, Beginn der Blattentfaltung'
20. April. Wiesenschaumkrant, Beginn der Blüte
Johannisbeere, Beginn der Blüte
20./21. April. Schlehe, Beginn der Blüte

26. April. Mispel, Beginn der Blüte
29. April bis 2. Mai. Roßkastanie, Blattentfaltung
29. April bis 3. Mai. Sommerlinde, Blattentfaltung
Ende April, Anfang Mai. Vergißmeinnicht, Beginn der Blüte
Anfang Mai. Fichte, Blattentfaltung
1./4. Mai. Sommerlinde, Beginn der Blüte
Mai. Kirsche, Zweigdürre
7./10. Mai. Roßkastanie, Beginn der Blüte
7./11. Mai. Hederich, Spritztermin
7. Mai. Walderdbeere, Beginn der Blüte
9./15. Mai. Flieder, Beginn d. Blüte
10. Mai. Walnuß, Beginn der Blüte
12. Mai. Akazie, Blattentfaltung
Holunder, Beginn der Blüte
15. Mai. Goldregen, Beginn d. Blüte
Mitte Mai. Weißdorn, Beginn der Blüte
17. Mai. Besenginster, Beginn der Blüte
18. Mai. Weißdorn, Beginn der Blüte
Anfang Juni. Fliegenpilz
Juni. Weizen, Mehltau
Gerste, Flugbrand
Süß- und Sauerkirsche, Zweigdürre
Getreide, Mehltau
Juni/Juli. Kartoffel, Schwarzbeinigkeit
Windhalm, Beginn der Blüte
10. Juni. Holunder, Beginn d. Blüte
15. Juni. Akazie, Beginn der Blüte
Ende Juni. Weizen, Flugbrand
Anfang Juli. Ackersenf in Frucht,
Hafer, Flugbrand
Wegwarte, Beginn der Blüte
Juli. Ackerwinde, Beginn der Blüte
Mitte September. Holunder, Beginn der Fruchtreife

Hermsdorf, 1923
(Beob. Neugebauer, Hegemeister)
500—1200 m

16./18. Februar. Hasel, Beginn der Blüte

Anfang März. Märzfrostspanner, erster Falter

10./12. März. Pappel, Beginn d. Blüte

März. Salweide, Beginn der Blüte

15. April. Walderdbeere, Beginn der Blüte

15./20. Mai. Sommerlinde, Blattentfaltung

Anfang Mai. Birke, Blattentfaltung

Ende Mai. Scharbockskraut, Beginn der Blüte
Fichte, Battentfaltung
Kiefer, Blattentfaltung
Schlehe, Beginn der Blüte

Anfang Juni. Weißdorn, Beginn der Blüte
Holunder, Beginn der Blüte

12. Juni. Besenginster, Beginn der Blüte

Mitte Juli. Heidelbeere, Beginn der Fruchtreife

Ende Juli. Pfefferling

Anfang August. Sommerlinde, Beginn der Blüte

Ende August. Stinkmorchel
Fliegenpilz

Anfang September. Schlehe, Beginn der Fruchtreife

15.—18. September. Birke, Laubverfärbung

Ende September. Weißdorn, Beginn der Fruchtreife
Holunder, Beginn der Fruchtreife

Landeshut, Schlesien, 1923
(Beob. Ldw. Schule)
400 m

2. März. Huflattich, Beginn der Blüte
Wiesenschaumkraut, Beginn der Blüte

8. März. Löwenzahn, Beginn d. Blüte

14. März. Erle, Beginn der Blüte

19. März. Weide, Beginn der Blüte

25. März. Schlehe, Beginn der Blüte

26. März. Grasfrosch, Laichbeginn

2. April. Hederich, Beginn der Spritzzeit

24. April. Weißlinge, erste Falter

25. April. Wasserfrosch, Laichbeginn

16. Mai. Weißdorn, Beginn der Blüte

22. Mai. Vergißmeinnicht, Beginn der Blüte
Holunder, Beginn der Blüte

7. Juni. Ackerdistel, Beginn der Blüte

12. Juni. Champignon

7. Juli. Rostpilz auf Getreide

16. Juli. Bovist

21. Juli. Apfelobstmade

22. Juli. Wegwarte, Beginn der Blüte

29. Juli. Holunder, Beginn der Fruchtreife

12. August. Weißdorn, Beginn der Fruchtreife

18. Oktober. Schlehe, Beginn d. Fruchtreife

Reichenbach, Schlesien, 1923
(Beob. Dir. Schneider, Ldw. Schule)
200—260 m

4. März. Hasel, Beginn der Blüte

20. März. Weide, Beginn der Blüte

25. März. Erle, Beginn der Blüte
Pappel, Beginn der Blüte

1. April. Salweide, Beginn der Blüte

2. April. Rapsglanzkäfer, erster Käfer

5. April. Huflattich, Beginn der Blüte

12. April. Wiesenschaumkraut, Beginn der Blüte

20. April. Schlehe, Beginn der Blüte

25. April. Löwenzahn, Beginn d. Blüte

28. April. Walderdbeere, Beginn der Blüte

2. Mai. Walnuß, Beginn der Blüte

3. Mai. Hederich, Beginn der Spritz=
zeit
10. Mai. Vergißmeinnicht, Beginn der
Blüte
20. Mai. Rübenfliege, 1. Blattminen
25. Mai. Weißdorn, Beginn der Blüte
28. Mai. Rostpilze auf Getreide
2. Juni. Gerste, Flugbrand
Wucherblume, Beginn der Blüte
8. Juni. Mehltau am Getreide
12. Juni. Holunder, Beginn der Blüte
30. Juni. Weizen, Flugbrand
2. Juli. Sommerlinde, Beginn der
Blüte
22. Juli. Champignon
4. September. Herbstzeitlose, Beginn
der Blüte

Schönnenbeck, Strehlen, 1923
(Beob. Ldw. Schule)
160 m

22. März. Weide, Beginn der Blüte
10. April. Huflattich, Beginn der Blüte
10./15. April. Scharbockskraut, Beginn
der Blüte
20. April. Löwenzahn, Beginn der
Blüte
22. April. Schlehe, Beginn der Blüte
25. April. Wiesenschaumkraut, Beginn
der Blüte
1. Mai. Walderdbeeren, Beginn der
Blüte
3. Mai. Birke, Beginn der Blatt=
entfaltung
5. Mai. Winterraps, Beginn der
Blüte
6. Mai. Heidelbeere, Beginn der
Blüte

Leobschütz, Schlesien, 1923
(Beob. Dr. Gottwald, Ldw. Schule)
278 m

26. Februar. Pappel, Beginn der Blüte
28. Februar. Hasel, Beginn der Blüte

28. Februar. Feldlerche, Ankunft
Schneeglöckchen, Beginn der Blüte
10. März. Misteldrossel, Ankunft
Singdrossel, Ankunft
25. März. Buchfink, Ankunft
30. März. Hausrotschwanz, Ankunft
2. April. Huflattich, Beginn der Blüte
10. April. Scharbockskraut, Beginn der
Blüte
Goldflieder, Beginn der Blüte
12. April. Löwenzahn, Beginn der Blüte
14. April. Hausschwalbe, Ankunft
17. April. Rauchschwalbe, Ankunft
18. April. Roßkastanie, Beginn der
Blattentfaltung
23. April. Sommerlinde, Beginn der
Blattentfaltung
25. April. Walderdbeere, Beginn der
Blüte
26. April. Weißlinge, erste Falter
1. Mai. Schlehe, Beginn der Blüte
6. Juni. Holunder, Beginn der Blüte
10. Juli. Schwarze Blattlaus an Sau=
bohne

Sprottau, Schlesien, 1923
(Beob. Klocke, Ökonomierat)
130 m

1. April. Weide, Beginn der Blüte
8. April. Salweide, Beginn d. Blüte
Singdrossel, Ankunft
17. April. Roßkastanie, Beginn der
Blattentfaltung
Goldflieder, Beginn der Blüte
20. April. Löwenzahn, Beginn der
Blüte
24. April. Schlehe, Beginn der Blüte
25. April. Hederich, Spritzzeit
Hausschwalbe, Ankunft
30. April. Nachtigall, Ankunft
3. Mai. Wiesenschaumkraut, Beginn
der Blüte
Kuckuck, Ankunft

5. Mai. Fichte, Beginn der Blatt=
entfaltung
7. Mai. Roßkastanie, Beginn der
Blüte
Flieder, Beginn der Blüte
10. Mai. Akazie, Beginn der Blatt=
entfaltung
12. Mai. Walnuß, Beginn der Blüte

Festenburg, Bez. Breslau, 1923
(Beob. Dir. Schube, Ldw. Schule)

21. März. Hasel, Beginn der Blüte
30. März. Weide, Beginn der Blüte
7. April. Kartoffel, Aussaat
9. April. Erbse, Aussaat
15. April. Schlehe, Beginn der Blüte
Löwenzahn, Beginn der Blüte
22. April. Birke, Beginn der Blatt=
entfaltung
Sommerlinde, Beginn der Blatt=
entfaltung
23. April. Roßkastanie, Beginn der
Blüte
25. April. Hederich, Spritzzeit
28. April. Wiesenschaumkraut, Beginn
der Blüte
2. Mai. Goldregen, Beginn der Blüte
5. Mai. Walderdbeere, Beginn der
Blüte
Weißlinge, erste Falter
6. Mai. Roßkastanie, Beginn der
Blüte
8. Mai. Fichte, Beginn der Blatt=
entfaltung
Kiefer, Beginn der Blattentfaltung
Flieder, Beginn der Blüte
10. Mai. Wucherblume, Beginn der
Blüte
Vergißmeinnicht, Beginn der Blüte
11. Mai. Weißdorn, Beginn der Blüte
12. Mai. Besenginster, Beginn der Blüte
29. Mai. Wintergerste, Beginn der Blüte
2. Juni. Holunder, Beginn der Blüte

4. Juni. Pfefferling
5. Juni. Bovist
7. Juni. Zweigdürre der Kirsche

Proskau, Oberschlesien, 1923
(Beob. Dr. Bremer [z. T. mit Dr. Gleisberg])

25. Februar. Erste Stare
Blutlaus an Kernobstbäumen
3. März. Huflattich, Beginn der Blüte
4. März. Apfelblütenstecher
15. März. Kornelkirsche, Beginn der
Blüte
22. März. Stachelbeere, Beginn der
Blattentfaltung
24. März. Scharbockskraut, Beginn der
Blüte
25. März. Salweide, Beginn der Blüte
27. März. Anemone, Beginn der Blüte

Gersdorf bei Görlitz, 1923
(Beob. R. Walther)

19. März. Salweide, Beginn der
Blüte

Ullersdorf bei Liebau, Schlesien, 1923
(Beob. Oberförster Eberts)
540—560 m

April. Hase, erste Junge
6. Juni. Weißdorn, Beginn der Blüte
Mitte Juni. Winterroggen, Beginn der
Blüte
Ende Juni. Reh, erste Junge
Wucherblume, Beginn der Blüte
Vergißmeinnicht, Beginn der Blüte
Kuckucksspeichel
Weißdorn, Beginn der Blüte
Juni. Zweigdürre der Kirsche
Anfang Juli. Schwalbe, erste Junge
5. Juli. Weißlinge, erste Falter
Holunder, Beginn der Blüte
10. Juli. Heidelbeere, Beginn d. Frucht=
reife
Rotklee, Beginn der Blüte

10./15. Juli. Flugbrand an Weizen
Flugbrand an Hafer
15. Juli. Winterweizen, Beginn der
Blüte
Sommerlinde, Beginn der Blüte
Schwarze Blattlaus an Saubohne
Ende Juli. Pfefferling
Johannisbeere, Beginn der Frucht=
reife
Anfang August. Bovist
5. August. Stinkmorchel
6. Aug. Braunelle, Beginn der Blüte
8. Aug. Ackerwinde, Beginn der Blüte
15. August. Nonne, erste Falter.
Winterroggen, Beginn der Frucht=
reife

Breslau, 1923
(Beob. J. Krause)

2. März. Buchfink, erster Gesang
18. März. Singdrossel, erster Gesang
Ende März. Huflattich, Beginn der
Blüte
25. März. Flieder, erste Blättchen
Letzte Märztage. Goldflieder, Beginn
der Blüte
12. April. Roßkastanie, Beginn der
Blattentfaltung

14. April. Süßkirsche, Beginn d. Blüte
15. April. Birne, Beginn der Blüte
Zwetsche, Beginn der Blüte
16. April. Schlehe, Beginn der Blüte
26. April. Sommerlinde, Beginn der
Blattentfaltung
Segler, Ankunft
Ende April. Walderdbeere, Beginn der
Blüte
4. Mai. Flieder, Beginn der Blüte
Roßkastanie, Beginn der Blüte
10. Mai. Akazie, Beginn der Blatt=
entfaltung
Mitte Juli. Sommerlinde, Beginn der
Blüte

Herischdorf, Rsg., 1923
(Beob. Mocherbach)
400 m

März Erle, Beginn der Blüte
Weide, Beginn der Blüte
April. Huflattich, Beginn der Blüte
Löwenzahn, Beginn der Blüte
Wiesenschaumkraut, Beginn der Blüte
Mai. Schlehe, Beginn der Blüte
Winterraps, Beginn der Blüte
Vergißmeinnicht, Beginn der Blüte
Rapsglanzkäfer, erster Käfer auf Raps

Phänologische Einzelbeobachtungen in Brandenburg. [1]

Wendenschloß bei Cöpenick, 1923
(Beob. W. Elsholz)

20. April. Birnen, Beginn der Blüte
26. April. Weißer Wintercalvill, Be=
ginn der Blüte
27. April. Schöner von Boscoop, Be=
ginn der Blüte
30. April. Birnen, Ende der Blüte

1. Mai. Adersleber Calvill, Beginn
der Blüte
Cox Orangen=Reinette, Beg. d. Blüte
Gelber Bellefleur, Beginn der Blüte
6. Mai. Weißer Wintercalvill, Ende
der Blüte
7. Mai. Schöner von Boscoop, Ende
der Blüte

---

[1] Fällt in den Subsarmatischen Klimabezirk, d. i. der südliche, wärmere und trockenere Teil Ostelbiens, im Süden bis an die Vorberge der mitteldeutschen Gebirgschwelle, im Westen bis an diejenigen des Harzes reichend.

8. Mai. Abersleber Calvill, Ende der
Blüte
Cox Orangen = Reinette, Ende der
Blüte
Gelber Bellefleur, Ende der Blüte

Wilmersdorf, 1923
(Beob. Prof. Werth)

13. Oktober. Gartenerdbeere, in großer
Zahl blühend

Zehlendorf, 1923
(Beob. G. Diederrich)

12. April. Erbse (Maierbse), Austrieb
15. April. Erbse (Maierbse), Beginn
der Blüte

Holländerei Gr. Lichterfelde, 1923

Mai. Apfel (Goldparmäne), Frost=
spannerraupen
Blutlaus
29. Mai. Apfel (Goldparm.), Blutlaus
Helix hortensis, vereinzelt
Pflaumensägewespe an Mirabellen
Anthonomus pomorum

Berlin, Südwestliche Vororte (zumeist
Dahlem), 1923
(Beob. Werth u. a.)

Obstblüte

25. April. Proskauer Pfirsich, blühend
30. April. Rote Johannisbeere, blühend
Wangenheims Frühzwetsche, blühend
Washington Pflaume, Beginn des
Abblühens
Süßkirsche (Lokalsorte), blühend
Süßkirsche (Früheste der Mark),
blühend
1. Mai. Sauerkirsche (Glaskirsche Kön.
Hortense), blühend
2. Mai. Ontariopflaume, blühend
Jeffersonpflaume, blühend
Metzer Mirabelle, blühend

5. Mai. Jeffersonpflaume im Ver=
blühen
6. Mai. Proskauer Pfirsich, Ende der
Blüte
8. Mai. Hauszwetsche, blühend
9. Mai. Süßkirsche, Ende der Blüte
9. Mai. Sauerkirsche (Glaskirsche Kön.
Hortense), Ende der Blüte
28. Mai. Quitte, blühend
16. Juni. Mispel im Abblühen
Quitte verblüht

Birne

19. April. Alexander Lucas Butter=
birne, Beginn der Blüte
20. April. Liegels Winterbutterbirne,
Beginn der Blüte
21. April. Diels Butterbirne, Beginn
der Blüte
Gute Luise von Avranches, Beginn
der Blüte
22. April. Colomas Herbstbutterbirne,
Beginn der Blüte
Olivier de Serres, Beginn der Blüte
23. April. Köstliche von Charneu, Be=
ginn der Blüte
24. April. Grüne Sommermagdalene,
Beginn der Blüte
Rote Bergamotte, Beginn der Blüte
Baronin von Mello, Beginn d. Blüte
Grumbkower Butterbirne, Beginn
der Blüte
25. April. Frau Luise Goethe, Beginn
der Blüte
Sparbirne, Beginn der Blüte
26. April. Weiße Herbstbutterbirne,
Beginn der Blüte
Napoleons Butterbirne, Beginn der
Blüte
27. April. Hardenponts Winterbutter=
birne, Beginn der Blüte
Birne von Tongres, Beginn der
Blüte

28. April. Marie Luise, Beginn d. Blüte
1. Mai. Gute Graue, Beginn d. Blüte
2. Mai. Madame Verté, Beginn der Blüte
7. Mai. Diels Butterbirne, Ende der Blüte
Grüne Sommermagdalene, Ende der Blüte
Frau Luise Goethe, Ende der Blüte
9. Mai. Gute Luise von Avranches, Ende der Blüte
Rote Bergamotte, Ende der Blüte
10. Mai. Weiße Herbstbutterbirne, Ende der Blüte
Alexander Lucas Butterbirne, Ende der Blüte
11. Mai. Liegels Winterbutterbirne, Ende der Blüte
12. Köstliche von Charneu, Ende der Blüte
Madame Verté, Ende der Blüte
13. Mai. Colomas Herbstbutterbirne, Ende der Blüte
14. Mai. Olivier de Serres, Ende der Blüte
Napoleons Butterbirne, Ende der Blüte
16. Mai. Hardenponts Winterbutterbirne, Ende der Blüte
19. Mai. Baronin von Mello, Ende der Blüte
20. Mai. Grumbkower Butterbirne, Ende der Blüte
Marie Luise, Ende der Blüte
23. Mai. Gute Graue, Ende der Blüte
28. Mai. Birne von Tongres, Ende der Blüte
1. Juni. Sparbirne, Ende der Blüte

Apfel

27. April. Beginn der Apfelblüte
20. Mai. Allgemeines Ende d. Apfelblüte

7. Juni. Ende der letzten vereinzelten Apfelblüten
30. April. Landsberger Reinette, Beginn der Blüte
2. Mai. Bismarckapfel, Beginn der Blüte
Charlamowsky, Beginn der Blüte.
Schöner von Nordhausen, Beginn der Blüte
3. Mai. Peasgoods Goldreinette, Beginn der Blüte
Ananas-Reinette, Beginn der Blüte
Roter Herbstcalvill, Beginn der Blüte
Minister von Hammerstein, Beginn der Blüte
4. Mai. Spätblühender Taffetapfel, Beginn der Blüte
Weißer Clarapfel, Beginn d. Blüte
5. Mai. Cooks Orangereinette, Beginn der Blüte
Canada Reinette, Beginn d. Blüte
Große Casslerreinette, Beginn der Blüte
Grahams Royal Jubilee, Beginn der Blüte
6. Mai. Königl. Kurzstiel, Beginn der Blüte
7. Mai. Uelzener Calvill, Beginn der Blüte
Schwarzenbachs Reinette, Beginn der Blüte
15. Mai. Minister von Hammerstein, Ende der Blüte
Bismarckapfel, Ende der Blüte
Charlamowsky, Ende der Blüte
Landsberger Reinette, Ende der Blüte
15. Mai. Graue französische Reinette, Ende der Blüte
Peasgoods Goldreinette, Ende der Blüte
Königl. Kurzstiel, Vollblüte

17. Mai. Spätblühender Taffetapfel, Ende der Blüte

18. Mai. Weißer Clarapfel, Ende der Blüte

19. Mai. Roter Herbstcalvill, vom Mehltau befallene Blüten

20. Mai. Harberts Reinette, Ende b. Blüte

24. Mai. Uelzener Calvill, Ende der Blüte

Schwarzenbachs Reinette, Ende der Blüte

Schöner von Nordhausen, Ende der Blüte

25. Mai. Schöner von Boskoop, Ende der Blüte

26. Mai. Ananas=Reinette, Ende der Blüte

28. Mai. Roter Herbstcalvill, Ende der Blüte

Königl. Kurzstiel, vom Mehltau befallene Blüten

29. Mai. Cooks Orangereinette, noch einzelne Blüten

Weißer Wintercalvill, noch etliche frische Blüten

31. Mai. Muskat=Reinette, Ende der Blüte

5. Juni. Königl. Kurzstiel, Ende der Blüte

7. Juni. Grahams Royal Jubilee, Ende der Blüte

Allgemeine Beobachtungen

28. April. Petasites officinalis, blühend

Chrysosplenium alternifolium, blühend

Ranunculus auricomus, blühend

Asarum europaeum, blühend

Anemone pulsatilla, blühend

Prunus spinosa, blühend

Equisetum arvense, blühend

Anemone nemorosa, letzte Blüten

28. April. Loranthus europaeus, Sproßknospen

Akebia quinata, blühend

Berberis aquifolium, blühend

Magnolia precia, Blütenknospen

Efeu, reife Früchte

Euphorbia cyparissias, blühend

Mistel (Viscum album), verblüht

Viola collina, blühend

Adonis vernalis, blühend

Potentilla alba, blühend

Arabis alpina, blühend

Oxalis acetosella, blühend

Goldnessel, Beginn der Blüte

Prunus serrulata, blühend

Lathyrus vernus, blühend

Ranunculus lanuginosus, blühend

Daphne mezereum, Früchte grün

Hepathica trilloba (Leberblümchen), Ende der Blüte

Ribes alpinum, blühend

Primula officinalis, blühend

Viola uliginosa, blühend

Caltha palustris, blühend

Andromeda polifolia, blühend

Primula frondosa, blühend

Helonias bulbata, blühend

3. Mai. Oxalis acetosella, blühend

Zauneidechse (Lacerta agelis), Männchen und Weibchen

7. Mai. Kuckucksruf

18. Mai. Pirol

22. Mai. Waldmeister (Asperula odorata), Vollblüte

Convalaria majalis, einzeln blühend

Lonicera Xylosteum, fast verblüht

Berberis vulgaris, blühend

Caltha palustris, blühend

Mistel (Viscum album), Blättchen ganz entfaltet

Ledum palustre, blühend

Linaria cymballaria, blühend

Orchis fusca, blühend

22. Mai. Cypripedium calceolus, blühend

Ilex aquifolium (Stechpalme), blühend

Trollius europaeus, blühend

Alchemilla vulgaris, blühend

Vaccinium vitis idaea, blühend

Anemone narcissiflora, blühend

Geum montanum, blühend

Majanthemum bifolium, blühend

Dryas octopetala, Vollblüte

Walderdbeere, Vollblüte

Quitte: Vollblüte

Loranthus europaeus, Blätter entfaltet

Sweertia perennis, erste Blüten

Menyanthes trifoliata, blühend

Kerria japonica, blühend

Arum maculatum, blühend

Buxbaum, ganz junge Früchte

30. Mai. Polygonatum japonicum, blühend; Bombus agrorum an den Blüten

Aquilegia spec., blühend; Bombus agrorum an den Blüten

1. Juni. Anchusa officinalis, blühend; auf den Blüten: Vanessa cardui, pieris spec. spec., Apis mellifica, Bombus hortorum, Bomb. terrestris

Cornus florida, blühend

5. Juni. Trientalis europaea, blühend

Naumburgia thyrsiflora, blühend; Apis mellifica und Bombus terrestris an den Blüten

Orchis latifolia, blühend

Orchis militaris, blühend

Caltha palustris, blühend; Apis mellifica und Bombus agrorum an den Blüten

Ranunculus aquatilis, blühend

Typha minima, blühend

Ledum palustre, blühend

Orchis maculata, blühend

Iris sibirica, blühend

5. Juni. Viscum album, neue Blätter entfaltet, Blütenknospen sichtbar

Caltha palustris, blühend; mehrere Fliegenarten an den Blüten

Geum rivale, blühend; Bombus lapidarius an den Blüten

Thalictrum aquilegifolium, blühend; Apis mellifica an den Blüten Pollen sammelnd

Sarothamnus scoparius, Vollblüte

Polygonum bistorta, blühend; Bombus hortorum an den Blüten saugend

Tofieldia calyculata, blühend

Saxifraga cotyledon, blühend

Paeonia albiflora, blühend; Apis mellifica in den Blüten Pollen sammelnd

Aconitum Napellus, Beginn der Blüte

Aconitum lycoctonum, Vollblüte

Aquilegia vulgaris, blühend

Aquilegia skinneri, blühend

Aquilegia chrysantha, blühend

Asphodelus lutheus, blühend; an den Blüten Apis mellifica, vergeblich Honig suchend und Pollen sammelnd

7. Juni. Thymus vulgaris, blühend; Apis mellifica an den Blüten

Iris Pseudacorus, blühend

Winterroggen, einzelne blühende Ähren

Zauneidechse (Lacerta agilis, Männchen und hochträchtiges Weibchen

16. Juni. Brombeere, blühend

Schneebeere, blühend

16. Juni. Ginster (Sarothamnus scoparius), nahezu Vollblüte

Heckenrose, blühend

Lycopsis arvensis, blühend — kein Rost —

21. Juni. Die ersten grauen Blattläuse auf Vicia Faba (Saubohne)

21. Juni. Saubohne (Vicia Faba), blühend; Bombus terrestris und Apis mellifica an den Blüten saugend
Pisum sativum, blühend

1. Juli. Gallen von Tetraneura Ulmi auf Ulmus campestris (montana)

6. Juli. Lupinus polyphyllos, blühend
Winterroggen, blühend
Vicia sativa, blühend

14. Juli. Lupinus luteus, blühend; Bombus terrestris und Apis mellifica, Pollen sammelnd
Vicia villosa, blühend

17. Juli. Rotklee (Trifolium pratense), blühend
Ornithopus sativus, blühend
Hafer, blühend

30. Juli. Rotklee, an den Blüten Apis mellifica Pollen sammelnd; Bombus terrestris, Honig „raubend"

6. August. Convolvolus arvensis, blühend; Pieris spec. spec. an den Blüten

8. August. Kartoffel, Pieris spec. und Apis mellifica an den Blüten
Buschbohne, Pieris spec. an den Blüten
Rotklee, Pieris spec. an den Blüten
Lupinus luteus, Pieris spec. an den Blüten
Linaria vulgaris, Pieris spec. an den Blüten
Pisum arvense (Felderbse), Schweb=fliege an den Blüten
Vicia villosa, Bombus terrestris an den Blüten

13. August. Stockrose (Althaea rosea), blühend, Bombus terrestris an den Blüten
Clarkia pulchella, blühend; Apis mellifica und Bombus terrestris an den Blüten

13. August. Trifolium filiforme, Pieris spec. an den Blüten
Anchusa officinalis, Pieris spec. an den Blüten
Convolvolus arvensis, Vanessa cardui, Pieris spec. und Apis mellifica an den Blüten
Specularia speculum, blühend

14. August. Rotklee, Pieris spec. an den Blüten
Campanula ranunculoides, blühend

15. August. Phaseolus vulgaris, Apis mellifica an den Blüten
Phaseolus multiflorus, blühend
Clarkia pulchella, Apis mellifica zahlreich an den Blüten

17. Aug. Dimorphotheca pluvialis, blüh.

21. August. Dimorphotheca pluvialis, blühend; Apis mellifica in den Blüten Pollen sammelnd
Specularia speculum, Syrphiden in den Blüten Pollen fressend
Kartoffel, Blüte zu Ende gehend; es blühen noch die Sorten Allah, Luise, Gelbe Riesen, Weiße Riesen, Weiße Nieren, Phönix, Pirola, Pepo, Deodara, Emden, Preußen, Kuckuck, Rauhschale, Blochinger, Wohltmann

23. August. Kartoffelsorte Vater Rhein noch in Blüte
Rotklee, Bombus agrorum und Pieris spec. an den Blüten saugend
Nicandra physaloides, blühend
Impatiens glanduligera, blühend

21. Sept. Callomia grandifolia, blühend
Impatiens glanduligera, Bombus agrorum an den Blüten saugend

25. Sept. Calendula officinalis, blühend und fruchtend

1. Oft. Minen von Nepticula argyropeza auf noch grünen Blättern von Papulus tremula

3. Okt. Efeu, blühend; auf den Blüten Apis mellifica Pollen sammelnd und eine Reihe von Fliegenarten (Erystalis, Syrphiden, Musciden) Honig leckend

7. Okt. Tropaeolum majus, blühend

19. Okt. Süßkirsche, allgemeine Laubverfärbung

22. Okt. Tomate, letzte Blüten

24. Okt. Rüster (Ulmus campestris [montana]), allgemeine Laubverfärbung

25. Okt. Platanus occidentalis, allgemeine Laubfärbung
Nicandra physaloides, blühend

27. Okt. Hainbuche, allgemeine Laubverfärbung
Eiche (Quercus pedunculata), allgemeine Laubverfärbnng

29. Okt. Clematis Vitalba, allgemeine Laubverfärbung
Mispel, allgemeine Laubverfärbung

30. Okt. Acer campestre, allgemeine Laubverfärbung
Aprikose, allgemeine Laubverfärbung

1. Nov. Mistel (Viscum album), grüne bis fast reife (weiße) Beeren
Nepticula turicella, Minen in Buchenblättern
Rotbuche, allgemeine Laubverfärbung

2. Nov. Hasel, allgemeine Laubverfärbung
Roßkastanie, allgemeine Laubverfärbung

4. Nov. Goldregen, allgemeine Laubverfärbung

8. Nov. Populus tremula, Ende der Laubverfärbung

9. Nov. Quercus pedunculata, Minen von Nepticula atricapitella

10. Nov. Apfel, allgemeine Laubververfärbung; braune Blätter mit grünen Minen von Lithocolletis blancardella
Quercus pedunculata, Minen von Nepticula kramerella

17. Nov. Populus tremula, Minen von Nepticula agyrupeza an vollkommen gebräunten Blättern

20. Nov. Rotbuche, Ende der Laubverfärbung

23. Nov. Flieder (Syringa vulgaris), allgemeine Laubverfärbung

28. Nov. Quercus pedunculata, Ende der Laubverfärbung

Dahlem, 1923
(Versuchsobstgarten der B. R. A.)

23. Mai. Apfel, Blutlaus
Anthonomus pomorum, sehr häufig
Pflaumensägewespe, sehr zahlreich
Stachelbeerwespe, sehr schädlich

Dahlem, 1923
(Beob. Krista Oelsen)

30. Januar. Schneeglöckchen, Beginn der Blüte

Ende Febr. Kornelkirsche, Beginn der Blüte

15. März. Huflattich, Beginn der Blüte

28. März. Anemone, Beginn der Blüte
Salweide, Beginn der Blüte

12. April. Dotterblume, Beginn der Blüte

15. April. Johannisbeere, Beginn der Blüte

16. April. Stachelbeere, Beginn der Laubentfaltung

25. April. Süßkirsche, Beginn der Blüte
Schlehe, Beginn der Blüte
Roßkastanie, Beginn der Laubentfaltung

28. April. Birne (Williams Christ.), Beginn der Blüte

30. April. Traubenkirsche, Beginn der Blüte

1. Mai. Apfel (Charlamosky), Beginn der Blüte

Sommerlinde, Beginn der Blüte

2. Mai. Buche, Beginn der Blüte

5. Mai. Roßkastanie, Beginn der Blüte

6. Mai. Flieder, Beginn der Blüte

12. Mai. Goldregen, Beginn der Blüte

Eberesche, Beginn der Blüte

Eichenhochwald, grün

25. Juni. Holunder, Beginn der Blüte

Falscher Jasmin, Beginn der Blüte

30. Juni. Schneebeere, Beginn der Blüte

Winterroggen, Beginn der Blüte

12. Juli. Winterweizen, Beginn der Blüte

15. Juli. Eiche, erste· Johannistriebe

18. Juli. Johannisbeere, Beginn der Fruchtreife

22. Juli. Winterlinde, Beginn der Blüte

5. August. Eberesche, Beginn der Blüte

Winterroggen, Beginn der Ernte

Dahlem, 1923
(Beob. Senta Lindau)

31. Januar. Eranthis hiemalis, Beginn der Blüte

15. März. Scilla bifolia, Beginn der Blüte

17. März. Crocus, Beginn der Blüte

20. März. Goldammer

21. März. Zitronenfalter

22. März. Füchse

25. März. Viola odorata, Beginn der Blüte

Forsythia, Beginn der Blüte

30. März. Japan. Kirsche, Beginn der Blüte

2. April. Erster Weidenlaubsänger

Erstes Goldhähnchen

9. April. Japan. Quitte, Beginn der Blüte

12. April. Erster Storch

Erster Eisvogel

13. April. Tulipa, Beginn der Blüte

14. April. Magnolie, Beginn der Blüte

14. April. Pfirsich. Beginn der Blüte

17. April. Aprikose, Beginn der Blüte

19. April. Alexander Lucas Butterbirne, Beginn der Blüte

22. April. Fragaria vesca, Beginn der Blüte

27. April. Geisenheimer Augustapfel, Beginn der Blüte

1. Mai. Glycinie, Beginn der Blüte

5. Mai. Taubnessel, Beginn der Blüte

6. Mai. Erster Kuckuck

Maiglöckchen, Beginn der Blüte

10. Mai. Cydonia vulgaris, Beginn der Blüte

13. Mai. Rotdorn, Beginn der Blüte

15. Mai. Genista, Beginn der Blüte

17. Mai. Pyrus floribunda, Beginn der Blüte

Pyrus baccata, Beginn der Blüte

Pyrus pulcherrima, Beginn der Blüte

19. Mai. Weigelie, Beginn der Blüte

20. Mai. Fraxinus ornus, Beginn der Blüte

Aconitum, Beginn der Blüte

25. Mai. Evonymus, Beginn der Blüte

28. Mai. Papaver (rot), Beginn der Blüte

30. Mai. Rhamnus frangula, Beginn der Blüte

1. Juni. Hemerocallis, Beginn der Blüte

28. Sept. Clematis, Beginn der Blüte

Luckau, 1923
(Beob. Ldw. Schule)

15. März. Stachelbeere, Beginn der Blüte
7. Mai. Roggen, Stengelbrand
8. Mai. Erdbeere, Beginn der Blüte
20. Mai. Hafer, Dörrfleckenkrankheit
22. Mai. Sommergerste, Mehltau
16. Juni. Rübe, Runkelfliege, Larve

Beeskow, Prov. Brandenburg, 1923
(Beob. Ldw. Schule)

10. Juni. Sommerroggen, Beginn der Blüte
30. Juni. Sommerroggen, Ende der Blüte
27. Juli. Sommerroggen, Beginn der Ernte

Sorau, N.=L., 1923
(Beob. Ldw. Schule)

25. Februar. Hasel, Beginn der Blüte
10. März. Pappel, Beginn der Blüte
Schneeglöckchen, Beginn der Blüte
Feldlerche, erster Ruf
Buchfink, erster Gesang
18. März. Singdrossel, erster Gesang
25. März. Hausrotschwanz, erster Ruf
26. März. Salweide, Beginn der Blüte
29. März. Löwenzahn, Beginn d. Blüte
8. April. Weide, Beginn der Blüte
12. April. Pfirsich, Beginn der Blüte
15. April. Kuckuck, erster Ruf
16. April. Goldflieder, Beginn der Blüte
20. April. Schlehe, Beginn der Blüte
Roßkastanie, Beginn der Laub=entfaltung
26. April. Zwetsche, Beginn der Blüte
28. April. Birne, Beginn der Blüte
5. Mai. Johannisbeere, Beginn der Blüte

5. Mai. Flieder, Beginn der Blüte
Birke, Beginn der Laubentfaltung
7. Mai. Nachtigall, erster Gesang
10. Mai. Hausschwalbe, erster Ruf
Herbstfrostspanner
Süßkirsche, Beginn der Blüte
Apfel, Beginn der Blüte
Winterraps, Beginn der Blüte
Weißling, erster Falter
13. Mai. Besenginster, Beginn der Blüte
15. Mai. Birke, Beginn der Blüte
Roßkastanie, Beginn der Blüte
20. Mai. Weißdorn, Beginn der Blüte
Wiesenschaumkraut, Beginn der Blüte
Kiefer, Beginn der Laubentfaltung
21. Mai. Walderdbeere, Beginn der Blüte
22. Mai. Fichte, Beginn der Blüte
2. Juni. Mispel, Beginn der Blüte
Walnuß, Beginn der Blüte
Wucherblume, Beginn der Blüte
4. Juni. Vergißmeinnicht, Beginn der Blüte
8. Juni. Winterroggen, Beginn der Blüte
10. Juni. Wintergerste, Beginn der Blüte
Rotklee, Beginn der Blüte
12. Juni. Saubohne, schwarze Blatt=laus
Rübenfliege, erste Blattminen an Rüben
15. Juni. Winterweizen, Beginn der Blüte
Holunder, Beginn der Blüte
Akazie, Beginn der Blüte
20. Juni. Ackerwinde, Beginn d. Blüte
Mehltau an Getreide
Kiefernspinner
Nonne
21. Juni. Winterroggen, Ende der Blüte
3. Juli. Ackerdistel, Beginn der Blüte

8. Juli. Goldregen, Beginn der Blüte

10. Juli. Zweigdürre an Kirsche

11. Juli. Heidelbeere, Beginn der Fruchtreife

12. Juli. Johannisbeere, Beginn der Fruchtreife
Sommerlinde, Beginn der Blüte

13. Juli. Gerste, Flugbrand
Hafer, Flugbrand

15. Juli. Weizen, Flugbrand

16. Juli. Winterweizen, Beginn der Fruchtreife
Samenrübe, schwarze Blattlaus
Walderdbeere, Beginn der Fruchtreife

18. Juli. Wintergerste, Beginn der Fruchtreife

22. Juli Polsterschimmel an Kernobst

25. Juli. Pflaumenmade
Weißdorn, Beginn der Fruchtreife

26. Juli. Champignon, Beginn der Fruchtreife

27. Juli. Wegwarte, Beginn der Blüte

28. Juli. Hopfen, Beginn der Blüte

2. August. Pfirsich, Beginn der Fruchtreife

20. August. Ackerdistel, Beginn der Fruchtreife

24. August. Bovist

2. Sept. Weißling, Falter, stärkster Flug

6. Sept. Weißling, Raupen

15. Sept. Fliegenpilz
Zwetsche, Beginn der Fruchtreife

19. Sept. Weißdorn, Beginn der Fruchtreife

22. Sept. Holunder, Beginn der Fruchtreife

Speichrow, Kr. Lübben, 1923
(Beob. H. Petry, Lehrer)
ca. 45 m ü. M.

Ende Januar. Hasel, Beginn der Blüte

25. Februar. Feldlerche, erster Gesang

26. Februar. Misteldrossel, erster Ruf

29. Februar. Goldammer, erster Gesang

Ende Februar. Schneeglöckchen, Beginn der Blüte

2. März. Buchfink, erster Gesang

3. März. Singdrossel, erster Gesang

6. März. Hase, erste Junge

15. März. Erle, Beginn der Blüte

20. März. Rauchschwalbe, Ankunft
Huflattich, Beginn der Blüte

21. März. Goldflieder, Beginn der Blüte

24. März. Salweide, Beginn d. Blüte
Scharbockskraut, Beginn der Blüte

26. März. Weide, Beginn der Blüte
Grasfrosch, Laichbeginn
Baumpieper, erster Ruf

31. März. Hausrotschwanz, erster Ruf

3. April. Girlitz, Ankunft

6. April. Löwenzahn, Beginn der Blüte

8. April. Wiesenschaumkraut, Beginn der Blüte

12. April. Hasel, Beginn der Blattentfaltung
Salweide, Beginn d. Blattentfaltg.
Weißdorn, Beginn der Blattentfaltg.
Roßkastanie, Beginn der Blattentfaltung
Holunder, Beginn d. Blattentfaltg.

13. April. Kuckuck, erster Ruf

14. April. Birke, Beginn der Blattentfaltung
Wachtel, erster Ruf

15. April. Schlehe, Beginn der Blüte
Hausschwalbe, Ankunft

16. April. Weißlinge, erste Falter
Nachtigall, erster Gesang

27. April. Sommerlinde, Beginn der Blattentfaltung

4. Mai. Gartenspötter, Ankunft
Quitte, Beginn der Blüte

5. Mai. Besenginster, Beginn d. Blüte

6. Mai. Roßkastanie, Beginn der
Blüte
Flieder, Beginn der Blüte
Zweigdürre der Kirsche

7. Mai. Wasserfrosch, Laichbeginn

8. Mai. Akazie, Beginn der Blatt=
entfaltung

10. Mai. Goldregen, Beginn der Blüte

11. Mai. Walnuß, Beginn der Blüte

12. Mai. Kuckucksspeichel

13. Mai. Weißdorn, Beginn der Blüte

14. Mai. Kiefer, Beginn der Blatt=
entfaltung

15. Mai. Walderdbeere, Beginn der
Blüte

18. Mai. Segler, Ankunft

19. Mai. Kiefernspanner, erster Falter

25. Mai. Rauchschwalbe, erste Junge

26. Mai. Hartriegel, Beginn der Blüte

28. Mai. Vergißmeinnicht, Beginn der
Blüte

29. Mai. Reh, erste Junge

2. Juni. Wucherblume, Beginn der
Blüte

4. Juni. Rebhuhn, erste Junge

6. Juni. Pfefferling

7. Juni. Holunder, Beginn der Blüte

10. Juni. Akazie, Beginn der Blüte

11. Juni. Ackerwinde, Beginn der
Blüte

12. Juni. Mauerpfeffer, Beginn der
Blüte

15. Juni. Bovist
Champignon (Feldchampignon)

18. Juni. Sommerlinde, Beginn der
Blüte

30. Juni. Stinkmorchel

1. Juli. Weiderich (Schoten), Beginn
der Blüte

2. Juli. Fliegenpilz

5. Juli. Ackerdistel, Beginn der Blüte
Kiefernspinner, erste Falter

8. Juli. Weinrebe, Beginn der Blüte

15. Juli. Heidelbeere, Beginn der
Fruchtreife

16. Juli. Wegwarte, Beginn der Blüte

9. August. Nonne, erste Falter

3. Sept. Wiesenchampignon, Frucht
Holunder, Beginn der Fruchtreife

9. Sept. Weißdorn, Beginn der
Fruchtreife
Ackerdistel, Beginn der Fruchtreife

23. September. Herbstfrostspanner, erste
Falter

10. Oktober. Weinrebe, Beginn der
Fruchtreife

17. Oktober. Schlehe, Beginn d. Frucht=
reife

Lossow b. Frankfurt a. O., 1923.
(Beob. H. Böttcher, Förster)

21. Februar. Feldlerche, Ankunft

3. März. Goldammer, erster Gesang

5. März. Singdrossel, erster Gesang

17. März. Hase, erste Junge
Erle, Beginn der Blüte

7. April. Schlehe, Beginn der Blüte

10. April. Birne, Beginn der Blüte
Hausschwalbe, erster Gesang

12. April. Kuckuck, erster Ruf

17. April. Johannisbeere, Beginn der
Blüte

19. April. Weide, Beginn der Blüte

22. April. Birke, Beginn der Blatt=
entfaltung
Segler, Ankunft

6. Mai. Walderdbeere, Beginn der
Blüte

7. Mai. Kiefer, Beginn der Blatt=
entfaltung

9. Mai. Löwenzahn, Beginn d. Blüte

13. Mai. Apfel, Beginn der Blüte

18. Mai. Besenginster, Beginn d. Blüte

30. Mai. Fichte, Beginn der Blüte

3. Juni. Schwalbe, Ankunft

10. Juni. Reh, erste Junge

18. Juni. Pfefferling
20. Juni. Holunder, Beginn der Blüte
27. Juni. Kiefernspanner, erste Falter
28. Juni. Rebhuhn, erste Junge
 5. Juli. Fliegenpilz
18. Juli. Kiefernspinner, erste Falter
24. Juli. Nonne, erste Falter

Frankfurt a. O., 1923
(Beob. K. Hildebrandt)

 1. April. Petasites officinalis, Beginn der Blüte
 3. April. Ranunculus ficaria, Beginn der Blüte
 5. April. Coridalis cava, Beginn der Blüte
14. April. Prunus insiticia, Beginn der Blüte
24. April. Saxifraga granulasa, Beginn der Blüte
Cardamine pratensis, Beginn der Blüte

Ende Mai. Tortrix viridana, Kahlfraß an Eichen

Cottbus, 1923
(Beob. Menzel)

16. April. Johannisbeere, Beginn der Blüte
24. April. Süßkirsche, Beginn d. Blüte
 4. Juni. Blattläuse an Saubohnen
 5. Juni. Falscher Jasmin, Beginn der Blüte
 8. Juni. Winterroggen, Beginn der Blüte
17. Juni. Holunder, Beginn der Blüte
19. Juli. Winterroggen, Beginn der Ernte

Oranienburg, 1923
Mitte Mai. Hafer, Dörrfleckenkrankheit
Anfang Juni. Wintergerste, Hartbrand
12. Juli. Lupine, Schwarzbeinigkeit

Phänologische Einzelbeobachtungen in Sachsen (Freistaat und Provinz). [1]

Dresden, 1923
(Beob. Staatl. Landw. Versuchs=Anst.)

Ende Februar u. Anfang März. Erste Stare, danach wieder verschwunden bis ca. 20. März
25. März. Huflattich, Aue
Scharbockskraut, Fährbrücke
Anemone, Fährbrücke
Salweide, Fährbrücke
Anemone, Gablenz bei Stollberg u. Dorfchemnitz

Herrnhut, Sachsen, 1923
(Beob. Rademacher)

 5. März. Erste Stare
21. März. Huflattich, Beginn der Blüte

24. März. Scharbockskraut, Beginn der Blüte
27. März. Anemone, Beginn der Blüte
29. März. Salweide, Beginn der Blüte
30. März. Kornelkirsche, Beginn der Blüte
12. April. Stachelbeere, Beginn der Blattentfaltung
Caltha palustris, Beginn der Blüte
13. April. Früher Alexander=Pfirsich, Beginn der Blüte
13. April. Löwenzahn, Beginn der Blüte
20. April. Pyrus malus, Austrieb
21. April. Johannisbeere, Beginn der Blüte

---

[1] Fällt in den Subsarmatischen Klimabezirk, d. i. der südliche, wärmere und trockenere Teil Ostelbiens, im Süden bis an die Vorberge der mitteldeutschen Gebirgsschwelle, im Westen bis an diejenigen des Harzes reichend.

24. April. Stachelbeere, Beginn d. Blüte

26. April. Roßkastanie, Beginn der Blattentfaltung

27. April. Süßkirsche, Beginn d. Blüte

28. April. Linde, Beginn der Blattentfaltung

 1. Mai. Buche, Beginn der Blattentfaltung

 2. Mai. Sauerkirsche, Beginn der Blüte

Pflaume, Beginn der Blüte

 3. Mai. Birne, Beginn der Blüte

 4. Mai. Kohlweißling, erste Falter

 9. Mai. Apfel (W.-Goldp.), Beginn d. Blüte

19. Mai. Süß- und Sauerkirsche, Ende der Blüte

26. Mai. Apfel, Ende der Blüte

 4. Juni. Wintergerste, Beginn der Blüte

 8. Juni. Lupine, Beginn der Blüte

16. Juni. Winterroggen, Beginn der Blüte

 5. Juli. Winterroggen, Ende der Blüte

 9. Juli. Winterweizen, Beginn der Blüte

11. Juli. Stachelbeere, Beginn d. Ernte

18. Juli. Winterweizen, Ende der Blüte

Chemnitz, 1923
(Beob. Jlling)

Ende März. Sommerroggenaussaat

Sommergersteaussaat

Haferaussaat

10. April. Erdbeerenaustrieb

19. April. Johannisbeere, Beginn der Blüte

21. April. Stachelbeere, Beginn der Blüte

26. April. Süßkirsche, Beginn der Blüte

26. April. Roßkastanie, Beginn der Blattentfaltung

27. April. Pflaume, Beginn der Blüte

28. April. Birne (Diels Butter-), Beginn der Blüte

Sommerlinde, Beginn der Blattentfaltung

 2. Mai. Sauerkirsche, Beginn d. Blüte

 5. Mai. Apfel (Clar-), Beginn d. Blüte

 6. Mai. Winterlinde, Beginn der Blattentfaltung

20. Mai. Apfelmehltau

28. Mai. Erdbeere (Sieger-), Beginn d. Blüte

Pillnitz, Elbe, 1923
(Beob. H. F. Kammeyer)

15. März standen in Blüte:

Erica carnea

Corylus avellana

Cornus mas

Ficaria verna

Thlaspi alpestre

Gagea lutea

Eranthis hiemalis

Galanthus nivalis

Crocus luteus und vernus

Viola odorata

Anemone nemorosa

Veronica praecox

Draba muralis

Lamium purpureum

Stellaria media

Primula acaulis

Primula elatior

Senecio vulgaris

 2. April. Gebirgshellerkraut, Beginn der Blüte

Zeitz, 1923
(Beob. E. Günther)

25. März. Johannisbeere, Beginn der Blüte

26. März. Sommerweizenaussaat

30. März. Haferaussaat

 3. April. Sommergerstenaussaat

9. April. Erbsenaussaat
Ackerbohnenaussaat
11. April. Stachelbeere, Beginn der Blüte
14. April. Pflaume, Beginn der Blüte
Zwetsche, Beginn der Blüte
Sauerkirsche, Beginn der Blüte
Roßkastanie, Beginn der Blattentfaltung
Sommerlinde, Beginn der Blattentfaltung
Obstbaumaustrieb
16. April. Süßkirsche, Beginn der Blüte
Kartoffelaussaat
Rübenaussaat
18. April. Pfirsich, Beginn der Blüte
20. April. Winterlinde, Beginn der Blattentfaltung
Buche, Beginn der Blattentfaltung
Kräuselkrankheit der Pfirsiche
22. April. Rebenaustrieb
Birne, Beginn der Blüte
28. April. Apfel, Beginn der Blüte
30. April. Hederich, Keimpflanze
Fritfliege, selten
Getreideblumenfliege, selten
Rapsglanzkäfer ziemlich, stark
Rapserdfloh, desgleichen
Birnenschorf, wenig
4. Mai. Erdbeere, Beginn der Blüte

Halle a. S., 1923
(Beob. Werth)

30. Juni. Saubohne, Apis mellifica an den Blüten saugend durch die vom Bombus terrestris gebissenen Löcher
Lupine (verschiedene Arten und Sorten) Bombus terrestris an den Blüten saugend
Sempervivum tectorum, Apis mellifica und Bombus agrorum an den Blüten saugend

Sargstedt, 1923
(Beob. Max Weydemann)

11. April. Pfirsich, Beginn der Blüte
Roßkastanie, Beginn der Blattentfaltung
12. April. Johannisbeere, Beginn der Blüte
14. April. Stachelbeere, Beginn der Blüte
19. April. Pflaume, Beginn der Blüte
Zwetsche, Beginn der Blüte
24. April. Buche, Beginn der Blattentfaltung
26. April. Süßkirsche, Beginn der Blüte
Sauerkirsche, Beginn der Blüte
Johannisbeere, Ende der Blüte
Sommerlinde, Beginn der Blattentfaltung
28. April. Birne (Williams Christb. u. Klapps Liebling), Beginn der Blüte
Stachelbeere, Ende der Blüte
1. Mai. Winterlinde, Ende der Blattentfaltung
Raps, Beginn der Blüte
2. Mai. Kirsche, Monilia
Pflaume, Monilia
Rosenblattwespe
Apfel, Mehltau
Stachelbeerraupe
3. Mai. Apfel, Beginn der Blüte (Charlamowsky)
Pfirsich, Ende der Blüte
5. Mai. Pflaume, Ende der Blüte
Zwetsche, Ende der Blüte
Erdbeere, Beginn der Blüte
8. Mai. Süßkirsche, Ende der Blüte
Sauerkirsche, Ende der Blüte
16. Mai. Birne (Williams Christb. u. Klapps Liebling), Ende der Blüte
18. Mai. Apfel (Charlamowsky), Ende der Blüte
22. Mai. Roggenähren
28. Juni. Sommergerste, Ähren

Juli. Stachelbeerspanner
Pflaumensägewespe
Dörrfleckenkrankheit a. Johannisbeere
Weinrebe, falscher Mehltau
Winterweizen, Rost
Birne, Gitterrost

August. Ernte an Sommergerste 12 Ztr.
Ernte an Weizen gut: 16 Ztr.
Ernte an Hafer mittel: 12—15 Ztr.
Ernte an Frühkartoffeln mittel: 45 bis 50 Ztr.
Mitte August. Apfel (Charlamowsky), Beginn der Ernte
Birne, Beginn der Ernte
Pfirsich, Beginn der Ernte
6. September. Pflaumen, Beginn der Ernte
Zwetsche, Beginn der Ernte

15./20. September. Johannisroggen, Beginn der Aussaat
20. Sept. Wintergerste, Beg. d. Aussaat
25. September. Winterroggen, Beginn der Aussaat
Oktober. Ernteertrag an Spätkartoffeln mittelmäßig
Ernteertrag an Zuckerrüben 125 bis 130 Ztr. je Morgen
30% Aufschußrüben
10. Oktober. Rüben, Beginn der Ernte
Winterweizen, Beginn der Aussaat

Althaldensleben, Bez. Magdeburg, 1923
(Beob. Sanle, Hauptlehrer)
7. April. Lerche, Ankunft
12. April. Schwalbe, Ankunft
4. Mai. Kuckuck, Ankunft

Phänologische Einzelbeobachtungen in Braunschweig, Anhalt und Thüringen. [1])

Blankenburg, Braunschweig, 1923
(Beob. Ebhardt)
15. April. Aprikosen, z. T. verblüht
Pfirsiche, meist in Blüte
1. Mai. Frühkirschen, Ende der Blüte
Birnen, Beginn der Blüte
2. Mai. Erste Mauersegler
5. Mai. Apfelbäume z. T. verblüht

Kreis Ballenstedt, 1923
1. Reinstedt
2. Mai. Birke, Beginn der Blattentfaltung
4. Mai. Kirsche, Beginn der Blüte
7. Mai. Apfel, Beginn der Blüte
8. Mai. Johannisbeere, Beginn der Blüte
Vergißmeinnicht, Beginn der Blüte

10. Mai. Fichte, Nadelaustrieb
Flieder, Beginn der Blüte
14. Mai. Kiefer, Nadelaustrieb
15. Mai. Quitte, Beginn der Blüte
21. Mai. Erdbeere, Beginn der Blüte
28. Mai. Walnuß, Beginn der Blüte
3. Juni. Winterraps, Beginn der Blüte
4. Juni. Wucherblume, Beginn der Blüte
6. Juni. Weißdorn, Beginn der Blüte
14. Juni. Holunder, Beginn der Blüte
17. Juni. Winterroggen, Beginn der Blüte
18. Juni. Rotklee, Beginn der Blüte
21. Juni. Wintergerste, Beginn der Blüte

---

[1]) Fällt in den Subsarmatischen Klimabezirk, d. i. der südliche, wärmere und trockenere Teil Ostelbiens, im Süden bis an die Vorberge der mitteldeutschen Gebirgsschwelle, im Westen bis an diejenigen des Harzes reichend.

2. Opperode

15. April. Johannisbeere, Beginn der Blüte

16. April. Pfirsich, Beginn der Blüte

18. April. Pflaume (frühe), Beginn der Blüte

20. April. Kirsche, Beginn der Blüte

24. April. Birne, Beginn der Blüte

8. Mai. Apfel, Beginn der Blüte

10. Mai. Vergißmeinnicht, Beginn der Blüte

12. Mai. Walnuß, Beginn der Blüte
Kastanie, Beginn der Blüte
Flieder, Beginn der Blüte

13. Mai. Erdbeere, Beginn der Blüte

20. Mai. Roggen, Beginn der Blüte

Kreis Bernburg, 1923

1. Bernburg

ab 7. April. Sommergetreide läuft auf

11. April. Kastanie, Beginn der Blattentfaltung

12. April. Linde, Beginn der Blattentfaltung
Birke, Beginn der Blattentfaltung
Kaiserkrone, Beginn der Blüte
Ulme, Beginn der Blüte
Pfirsich, Beginn der Blüte
Schlehe, Beginn der Blüte

13. April. Birne, Beginn der Blüte
Johannisbeere, Beginn der Blüte

15. April. Erbsen laufen auf
Sumpfdotterblume, Beginn der Blüte

30. April. Raps, Beginn der Blüte

2. Mai. Apfel, Beginn der Blüte

5. Mai. Kastanie, Beginn der Blüte
Rüben sind aufgelaufen

6. Mai. Flieder, Beginn der Blüte

7. Mai. Fichte treibt aus
Poa pratensis schoßt

8. Mai. Maikäfer

14. Mai. Roggenähren

16. Mai. Wintergerste schoßt

30. Mai. Roggen, Beginn der Blüte

2. Baalberge

3. April. Pfirsich, Beginn der Blüte

9. April. Löwenzahn, Beginn der Blüte

10. April. Huflattich, Beginn der Blüte

24. April. Forsythie, Beginn der Blüte

27. April. Hausrotschwanz, Ankunft

28. April. Schwalbe, Ankunft

30. April. Pflaume, Beginn der Blüte

2. Mai. Nachtigall, erster Gesang

3. Wedlitz

Ende Mai. Roggen, Beginn der Blüte

4. Hohenerxleben

26. März. Rapsglanzkäfer an Narzissen

30. März. Rapsglanzkäfer an Hyazinthen

Ende März. Scharbockskraut, Beginn der Blüte

1. April. Huflattich, Beginn der Blüte
Forsythie, Beginn der Blüte

10. April. Nachtigall, erster Gesang

12. April. Stachelbeere, Beginn der Blüte
Rauchschwalbe, Ankunft

20. April. Frühlinde, Beginn der Blattentfaltung
Kastanie, Beginn der Blattentfaltung

25. April. Schlehe, Beginn der Blüte
Birne, Beginn der Blüte

30. April. Pflaume, Beginn der Blüte
Kirsche, Beginn der Blüte
Kohlweißling, erste Falter
Kuckuck, erster Ruf

Ende April. Rapsglanzkäfer, viel an Kohlrübensamen

1. Mai. Winterlinde, Beginn der Blattentfaltung
Kirsche in voller Blüte

2. Mai. Segler, erste Falter

3. Mai. Traubenkirsche, Beginn der Blüte

4. Mai. Apfel, Beginn der Blüte

5. Mai. Esche, Beginn der Blüte

6. Mai. Kastanie, Beginn der Blüte
Vergißmeinnicht, Beginn der Blüte
Flieder, Beginn der Blüte

20. Mai. Drohnen fliegen erstmalig
Erdbeere, Beginn der Blüte
Weißdorn, Beginn der Blüte
Maiblume, Beginn der Blüte
Gelbklee, Beginn der Blüte
Akazie, Beginn der Blattentfaltung
Goldregen, Beginn der Blüte

5. Unterwinderstedt bei Sandersleben

5. Juni. Vergißmeinnicht, Beginn der Blüte

7. Juni. Rotklee, Beginn der Blüte
Holunder, Beginn der Blüte

13. Juni. Akazie, Beginn der Blüte

21. Juni. Fliegenpilz

27. Juni. Heidelbeerfrucht

30. Juni. Champignon

5. Juli. Wegwarte, Beginn der Blüte
Weiderich, Beginn der Blüte

7. Juli. Hopfen, Beginn der Blüte
Johannisbeere, Beginn der Fruchtreife

11. Juli. Winterraps, Beginn der Fruchtreife

17. Juli. Reife Wintergerste

8. August. Holunder, Beginn der Fruchtreife

19. August. Roßkastanie, Beginn der Fruchtreife

19. August. Blaue Hauspflaume, Beginn der Fruchtreife

Kreis Köthen, 1923
1. Biendorf

10. März. Buchfink, Ankunft

12. März. Huflattich

20. März. Bachstelze, Ankunft

26. März. Hausrotschwanz, Ankunft

27. März. Hausschwalbe, Ankunft

4. April. Löwenzahn, Beginn der Blüte

12. April. Pfirsich, Beginn der Blüte

13. April. Johannisbeere, Beginn der Blüte

20. April. Birne, Beginn der Blüte

30. April. Nachtigall, erster Ruf

2. Mai. Kirsche, Beginn der Blüte
Apfel, Beginn der Blüte

6. Mai. Erdbeere, Beginn der Blüte

7. Mai. Kastanie, Beginn der Blüte
Flieder, Beginn der Blüte

8. Mai. Walnuß, Beginn der Blüte

20. Mai. Weißdorn, Beginn der Blüte
Quitte, Beginn der Blüte
Goldregen, Beginn der Blüte

24. Mai. Akazie, Beginn der Blattentfaltung

2. Wiendorf bei Gerlebogk

1. Juni. Wucherblume, Beginn der Blüte

5. Juni. Vergißmeinnicht, Beginn der Blüte

11. Juni. Holunder, Beginn d. Blüte

15. Juni. Rotklee, Beginn der Blüte
Flieder, Beginn der Blüte

Kreis Dessau, 1923
Wörlitz

24. Februar. Lerche, Ankunft

14. März. Bachstelze, Ankunft

28. Juni. Raps, Beginn der Blüte

Kreis Zerbst, 1923

1. Roßlau

Ende Januar. Hase, erste Junge

14. März. Huflattiche, Beginn d. Blüte

25. März. Scharbockskraut, Beginn d. Blüte

2. April. Forsythie, Beginn d. Blüte

4. April. Wiesenschaumkraut, Beginn der Blüte

19. April. Hausschwalbe, Ankunft

25. April. Schlehe, Beginn der Blüte
Birke, Beginn der Blattentfaltung

1. Mai. Kuckuck, erster Ruf

8. Mai. Nachtigall, erster Gesang
Flieder, Beginn der Blüte

10. Mai. Erdbeere, Beginn der Blüte

12. Mai. Reh, erste Junge

14. Mai. Rotklee, Beginn der Blüte

15. Mai. Kiefer, Nadelaustrieb

16. Mai. Goldregen, Beginn d. Blüte

20. Mai. Kastanie, Beginn der Blüte

24. Mai. Quitte, Beginn der Blüte

25. Mai. Wucherblume, Beginn der Blüte

28. Mai. Winterraps, Beginn der Fruchtreife

29. Mai. Kiefernspanner, erster Falter

30. Mai. Akazie, Beginn der Blattentfaltung

5. Juni. Flieder, Beginn der Blüte

9. Juni. Akazie, Beginn der Blüte

13. Juni. Rebhuhn, erste Junge

20. Juni. Winterroggen, Beginn der Fruchtreife

2. Natho

Februar. Hase, erste Junge

7. Februar. Stare auf einige Tage

16. März. Zitronenvogel, Ankunft

17. März. Buchfink, erster Ruf

18. März. Huflattich, Beginn d. Blüte
Weiße Bachstelze, Ankunft

25. März. Lerche, erster Gesang
Drossel, erster Gesang
Scharbockskraut, Beginn der Blüte

29. März. Forsythie, Beginn der Blüte

Ende März. Wiesenschaumkraut, Beginn der Blüte

Anfang April. Weiden, Beginn der Blüte

10. April. Löwenzahn, Beginn d. Blüte

11. April. Rauchschwalbe, Ankunft

12. April. Schlehe, Beginn der Blüte
Unveredelter Pfirsich, Beginn der Blüte
(Veredelter etwas früher)
Süßkirsche, Beginn der Blüte

14. April. Baumpieper, Ankunft
Johannisbeere, Beginn der Blüte

Mitte April. Gartenrotschwanz, Ankunft

16. April. Wiedehopf, Ankunft

17. April. Edle Pflaume, Beginn der Blüte
Birne, Beginn der Blüte

23. April. Sauerkirsche, Beginn der Blüte

28. April. Blaue Pflaume, Beginn der Blüte

Anfang Mai. Fichte, erster Trieb

Anfang Mai. Tanne, erster Trieb

Anfang Mai. Linde, Beginn der Blattentfaltung

5. Mai. Kastanie, Beginn der Blüte
Pirol, erster Ruf

6. Mai. Flieder, Beginn der Blüte

9. Mai. Goldregen, Beginn der Blüte
Besenginster, Beginn der Blüte

13. Mai. Weißdorn, Beginn der Blüte

14. Mai. Quitte, Beginn der Blüte

Mitte Mai. Gartenspötter, erster Ruf

Mitte Mai. Bovist

18. Mai. Wucherblume, Beginn der Blüte
Wachtel, erster Ruf

21. Mai. Mispel, Beginn der Blüte

22. Mai. Kornblume, Beginn d. Blüte
26. Mai. Stare, erste Junge
Ende Mai. Walnuß, Beginn d. Blüte
Anfang Juni. Raupen vom Stachel=
beerspanner
Anfang Juni. Feldchampignon
 2. Juni. Holunder, Beginn der Blüte
 3. Juni. Amsel beginnt die dritte
Brut
 4. Juni. Sumpfvergißmeinnicht, Be=
ginn der Blüte
Winterroggen, Beginn der Blüte
 9. Juni. Heckenrose, Beginn d. Blüte
Mitte Juni. Hartriegel, Beginn der
Blüte
Mitte Juni. Reh, erste Junge
16. Juni. Akazie, Beginn der Blüte
25. Juni. Hafer bildet Rispen
22. Juni. Sommergerste, Beginn der
Blüte
30. Juni. Amsel rüstet zur vierten
Brut
Anfang Juli. Heidelbeere, Beginn der
Fruchtreife
13. Juli. Wegwarte, Beginn d. Blüte
14. Juli. Weinstock, Beginn der Blüte
Mitte Juli. Wilder Hopfen, Beginn
der Blüte
Johannisbeere, Beginn der Frucht=
reife
20. Juli. Roggen, Beginn der Ernte
Weiderich, Beginn der Blüte
Winterraps, Beginn der Ernte
23. Juli. Wintergerste, Beginn d. Ernte
Anfang Oktober. Efeu, Beginn der
Blüte
Anfang November. Frostspanner, erster
Falter

Gera-R., 1923
(Beob. Loniß)
 6. Februar. Seidelbast, Beginn der
Blüte

 2. April. Seidelbast, Blattentfaltung
 8. April. Aprikose, Beginn der Blüte
 9. April. Aprikose, Nachtfröste während
der Blüte
12. April. Aprikose, Ende der Blüte
 7. Mai. Hagel
10. Mai. Erdbeere, Beginn der Blüte
 5. Juni. Erdbeere, Ende der Blüte
22. Juni. Seidelbast, Beginn d. Frucht=
reife
 8. Juli. Buchskäfer
10. Juli. Erdbeere, Beginn der Ernte
13. Juli. Wein, Beginn der Blüte
20. Juli. Wein, Ende der Blüte
25. Sept. Wein, Beginn der Ernte

Jena, 1923
(Beob. Ldw. Institut)
12. April. Birne, Austrieb
16. April. Süßkirsche, Austrieb
Sauerkirsche, Austrieb
23. April. Stachelbeere, Austrieb
 2. Mai. Apfel, Austrieb
 3. Mai. Erdbeere, Austrieb
Pflaume, Ende der Blüte
Zwetsche, Ende der Blüte
 5. Mai. Süßkirsche, Ende der Blüte
Sauerkirsche, Ende der Blüte
Weizen, Schneeschimmel
Weizen, Fritfliege
 6. Mai. Birne, Ende der Blüte
14. Mai. Apfel, Ende der Blüte
20. Mai. Hederich
23. Mai. Raps, Rapserdfloh
Mai. Klee, Kleeseide
Juni. Weizen, Gelbe Halmfliege
Juni bis August. Kartoffel, Krautfäule
 6. Juni. Erbse, Brennfleckenkrankheit
10. Juni. Ackerbohne, schwarze Blattlaus
Juli. Erbse, Rost
Kartoffel, Schwarzbeinigkeit
Zuckerrübe, schwarze Blattlaus
Runkelrübe, schwarze Blattlaus

4. Juli. Gerſte, Streifenkrankheit

6. Juli. Gerſte, Flugbrand

8. Juli. Weizen, Steinbrand

10. Juli. Weizen, Flugbrand
Hafer, Flugbrand
Ackerbohne, Roſt

12. Juli. Gerſte, Hartbrand

Schwarzbach, 1923
(Beob. Jahn, Lehrer)

5. April. Scharbockskraut, Beginn der Blüte

Gotha, 1923
(Beob. Wolfram)

10./20. März. Sommerweizen, Ausſaat

20. März bis 10. April. Hafer, Ausſaat

1./15. April. Ackerbohnen, Ausſaat

1. April. Roggen, Fritfliege

5. April. Pflaume, Beginn der Blüte
Zwetſche (Hauszwetſche), Beginn b. Blüte

8. April. Birne (Muskateller), Beginn der Blüte

10. April. Apfel (Landsb. Rein.), Beginn der Blüte

1./15. April. Erbſe, Ausſaat
Rüben, Ausſaat

13. April. Johannisbeere (rote Holl.), Beginn der Blüte

15. April. Stachelbeere, Beginn der Blüte

15./30. April. Sommergerſte, Ausſaat

20. April. Süßkirſche (große lange Lotkirſche), Beginn der Blüte

25. April. Hederich, Keimpflänzchen
Apfel, Mehltau

25. April bis 16. Mai. Kartoffelausſaat

Siebleben b. Gotha, 1923
320 m ü. M.
(Beob. Tüngerthal)

2. Februar. Feldlerche, erſter Ruf

15. Februar. Haſe, erſte Junge
Goldammer, erſter Ruf

25. Februar. Haſel, erſte Blüte

1. März. Erle, Beginn der Blüte

2. März. Huflattich, Beginn der Blüte

5. März. Buchfink, erſter Ruf
Singdroſſel, erſter Geſang

12. März. Salweide, Beginn der Blüte

20. März. Hausrotſchwanz, erſter Geſang

26. März. Grasfroſch, Laichbeginn

1. April. Waſſerfroſch, Laichbeginn

6. April. Weide, Beginn der Blüte

9. April. Schlehe, Beginn der Blüte

10. April. Rauchſchwalbe, erſter Ruf

15. April. Wieſenſchaumkraut, Beginn der Blüte

20. April. Huflattich, Beginn der Fruchtreife

22. April. Walderdbeere, Beginn der Blüte

25. Hausſchwalbe, erſter Ruf

2. Mai. Löwenzahn, Beginn der Blüte
Wintergerſte, Beginn der Blüte
Birke, Beginn der Laubentfaltung

3. Mai. Weißling

6. Mai. Kiefer, Beginn der Laubentfaltung

8. Mai. Fichte, Beginn der Laubentfaltung

10. Mai. Vergißmeinnicht, Beginn der Blüte
Schwalbe, erſte Junge

12. Mai. Winterraps, Beginn der Blüte

13. Mai. Winterroggen, Beginn der Blüte

16. Mai. Kuckuck, erster Ruf

18. Mai. Weißdorn, Beginn der Blüte

24. Mai. Winterweizen, Beginn der Blüte
Nachtigall, erster Gesang

26. Mai. Löwenzahn, Beginn der Blüte

27. Mai. Segler, erster Ruf

28. Mai. Wachtel, erster Ruf

Mai. Maischwamm

2. Juni. Sommerlinde, Beginn der Blattentfaltung.

3. Juni. Gartenspötter, erster Gesang

5. Juni. Reh, erste Junge

12. Juni. Besenginster, Beginn der Blüte

15. Juni. Rebhuhn, erste Junge

17. Juni. Wucherblume, Beginn der Blüte

22. Juni Sommerlinde, Beginn der Blüte
Stinkmorchel

24. Juni. Weißdorn, Beginn der Blüte
Bovist, Beginn der Fruchtreife

25. Juni. Holunder, Beginn der Blüte

26. Juni. Hopfen, Beginn der Blüte
Kiefernspanner, erster Falter

Phänologische Einzelbeobachtungen in Hannover. [1]

Stade, 1923
(Beob. Beermann)

20. Februar. Erster Star

2. März. Viola odorata

3. März. Schaflämmer

4. März. Lerche
Krokus

6. März. Kibitz

18. März. Bachstelze
Stachelbeere, Beginn der Blüte
Zitronenfalter
Frosch

20. März. Narcissus pseudonarcissus

21. März. Storch
Scharbockskraut
Ranunculus acer
Taraxacum officinale

24. März. Rotschwänzchen

25. März. Hyazinthen

2. April. Rauchschwalbe

7. April. Erste Kirschblüte
Erstes Hühnerküken
Mehlschwalbe

7. April. Schwarzplättchen

8. April. Buschwindröschen
Zwetsche
Cardamine pratensis
Caltha palustris

14. April. Pfirsich

3. Mai. Iris pseudacorus

7. Mai. Syringa vulgaris

8. Mai. Convallaria majalis

18. Mai. Pechnelke

25. Mai. Campanula rotundifolia

3. Juni. Erste reife Erdbeere

5. Juni. Sambucus nigra

7. Juni. Schneebeere

8. Juni. Winterroggen

9. Juni. Winterweizen

10. Juni. Lilium (weiße)

12. Juni. Falscher Jasmin

19. Juni. Erster junger Storch fliegt

20. Juli. Heide

27. Juli. Roggen gemäht

31. Juli. Reife Eberesche

4. August. Erste reife Schneebeere

---

[1] Zum Nordatlantischen Klimabezirk gehörend, welcher im Osten mit der Arealgrenze der „atlantischen" Stechpalme (Ilex aquifolium) — ungefähr gleich einer Linie von der Peenemündung zum Mittelharz — abschließt.

5. August. Erster Hafer gemäht

12. August. Reife Brombeere

Hafer eingefahren

Stade, 1923
(Beob. Schablowski)

20. Januar. Daphne mezereum, Be=
ginn der Blüte

25. Januar. Galanthus Elwersi, Be=
ginn der Blüte

30. Juni. Himbeere, Beginn der Blüte

1. Juli. Mispel, Beginn der Blüte

Stade, 1923
(Beob. Biologische Reichsanstalt für Land= und
Forstwirtschaft, Zweigstelle Stade)

1. Januar. Senecio vulgaris, Beginn
der Blüte

Primula sinensis, Beginn der Blüte

6. Jan. Bellis perennis, Beg. d. Blüte

23. Jan. Helleborus niger, Beg. d. Blüte

1. Febr. Galanthus nivalis, Beg. d. Blüte

2. Febr. Daphne mezereum, Beginn
der Blüte

4. Febr. Leucojum vernum, Beginn
der Blüte

5. Febr. Stellaria media, Beg. d. Blüte

Glechoma hederacea, Beg. d. Blüte

Veronica sp., Beginn der Blüte

Corylus avellana, Beginn der Blüte

10. März. Crocus sativus, Beg. d. Blüte

12. März. Hepatica triloba, Beg. d. Blüte

17. März. Erstes Tagpfauenauge

25. März. Narcissus sp., Beg. d. Blüte

Scilla amoena, Beginn der Blüte

Forsythia sp., Beginn der Blüte

26. März. Viola odorata, Beg. d. Blüte

27. März. Arabis sp., Beginn d. Blüte

Erste Amsel

30. März. Gagea sp., Beginn d. Blüte

Veronica hederifolia, Beg. d. Blüte

Veronica triphyllos, Beginn d. Blüte

Lamium purpureum, Beg. d. Blüte

Capsella bursa pastoris, Beg. d. Blüte

30. März. Draba verna, Beg. d. Blüte

Ranunculus ficaria, Beginn d. Blüte

Ribes sanguineum Pursh, Beginn d.
Blüte

Ribes atropurpureum C. A. Mey.
Beginn der Blüte

Erste Lerche

31. März. Myrica Gale, Beg. d. Blüte

1. April. Mahonia aquifolium Nutt.,
Beginn der Blüte

Prunus cerasifera var. Pissardi,
Beginn der Blüte

7. April. Erster Storch

9. April. Vinca major, Beg. d. Blüte

10. April. Muscari sp., Beg. d. Blüte

11. April. Erste Hummel

Erster Grasfrosch

16. April. Prunus avium (Huttfleth,
Altes Land), Beginn der Blüte

18. April. Cardamine pratensis (Altes
Land), Beginn der Blüte

Leontodon taraxacum (Altes Land),
Beginn der Blüte

Lamium maculatum (Altes Land),
Beginn der Blüte

Petasitis officinalis (Altes Land),
Beginn der Blüte

Prunus triloba, Beginn der Blüte

Stachelbeere, Beginn der Blüte

Süßkirsche, Beginn der Blüte

19. April. Zwetsche „Königin Viktoria",
Beginn der Blüte

20. April. Primula auricula, Beg. d.
Blüte

Erster Buntspecht (Mittelnkirchen,
Altes Land)

21. April. Erste Schwalbe

22. April. Doronicum sp., Beg. d. Blüte

Viola tricolor, Beginn der Blüte

23. April. Vinca minor (Steinkirchen,
Altes Land), Beginn der Blüte

Capsella bursa pastoris (Stein=
kirchen), Beginn der Blüte

25. April. Lamium album (Höhen, Altes Land), Beginn der Blüte

Alliaria officinalis (Höhen), Beginn der Blüte

Equisetum arvense (Höhen), Beginn der Blüte

York, Hannover, 1923
(Beob. Woehlkens)

22. Januar. Schneeglöckchen, Beginn der Blüte

28. Januar. Haselstrauch, Beg. d. Blüte

23. März. Huflattich, Beginn d. Blüte

10. Juli. Winterweizen, Beginn d. Blüte

24. Juli. Echte Kamille, Beg. d. Blüte

Warstade, Hannover, 1923
(Beob. Wilshusen)

21. März. Palmongria obscura, Beginn der Blüte

Gagea lutea, Beginn der Blüte

23. März. Veronica hederefolia, Beginn der Blüte

25. März. Luzula campestris, Beginn der Blüte

Cerastium semidecandrum

Helmste, Post Deinste, 1923
(Beob. Hinck)

28. März. Anemone nemorosa, Beginn der Blüte

Caltha palustris, Beginn der Blüte

16. April. Prunus avium, Beg. d. Blüte

28. April. Stellaria holostea, Beginn der Blüte

Valeriana dioica, Beginn der Blüte

1. Mai. Genista anglica, Beg. d. Blüte

7. Mai. Lathyrus montanus, Beginn der Blüte

Melandrium rubrum, Beg. d. Blüte

10. Mai. Stellaria nemorum, Beginn der Blüte

Saxifraga granulata, Beg. d. Blüte

11. Mai. Armeria vulgaris, Beginn der Blüte

Senecio vernalis, Beginn der Blüte

Gnaphalium dioicum, Beg. d. Blüte

12. Mai. Arum maculatum, Beginn der Blüte

29. Juni. Fragaria vesca, Beginn der Fruchtreife

7. Juli. Scutellaria galericulata, Beginn der Blüte

Valeriana officinalis, Beginn der Blüte

Knautia arvensis, Beginn d. Blüte

8. Juli. Echium vulgare, Beginn d. Blüte

Chrysanthemum leucanthemum, Beginn der Blüte

11. Juli. Cirsium arvense, Beginn der Blüte

Ribes rubrum, Beginn d. Fruchtreife

Ahlerstedt, Hannover, 1923
(Beob. Wegewitz)

16. März. Gagea lutea, Beginn der Blüte

19. März. Ficaria verna, Beginn der Blüte

21. März. Narcissus pseudonarcissus, Beginn der Blüte

22. März. Anemone hepatia, Beginn der Blüte

23. März. Primula elatior, Beginn d. Blüte

26. März. Viola odorata, Beginn der Blüte

23. April. Euchloe cardamines, erster Falter

Bremerhafen, 1923
(Beob. Feustel)

30. April. Vaccinium Myrtillus, Beginn der Blüte

3. Mai. Acer Pseudoplatanus

Schiffdorf, Kreis Geestemünde, 1923
(Beob. Havemann)

22. April.   Birne, Beginn der Blüte
3. Mai.   Apfel, Beginn der Blüte
10. Mai.   Flieder, Beginn der Blüte
17. Juni.   Falscher Jasmin, Beginn der Blüte
17. Juli.   Johannisbeere, Beginn der Fruchtreife
1.. August.   Winterroggen, Beginn der Ernte
25. August.   Winterweizen, Beginn der Ernte

Rechtenfleth, Kreis Geestemünde, 1923
(Beob. Osmers)

6. Mai.   Apfel, Gravensteiner, Beginn der Blüte
10. Mai.   Brombeere, Beginn d. Blüte
16. Mai.   Flieder, Beginn der Blüte
20. Mai.   Goldregen, Beginn d. Blüte
25. Juni.   Falscher Jasmin, Beginn d. Blüte
3. August.   Winterroggen, Beginn der Ernte
8. Sept.   Schneebeere, Beginn der Fruchtreife
Holunder, Beginn der Fruchtreife
29. Sept.   Kartoffel, Industrie, Beginn der Ernte

Geestemünde, 1923
(Beob. H. Müller)

7. April.   Evaapfel, Beginn d. Blüte
19. April.   Pfirsich, Beginn der Blüte
22. April.   Grüne Reineklaude, Beginn der Blüte
26. April.   Helle Glaskirsche, Beginn d. Blüte
27. April.   Sauerkirsche, Schatten=morelle, Beginn der Blüte
30. April.   Doppelzwetsche, Beginn der Blüte

3. Mai.   Erdbeere, Deutsch Evern, Beginn der Blüte
4. Mai.   Graue Reinette, Beginn der Blüte
5. Mai.   Boikenapfel, Beginn der Blüte
Weißer Klarapfel, Beginn der Blüte
Bismarckapfel, Beginn der Blüte
6. Mai.   Erdbeere, Wunder v. Köthen, Beginn der Blüte
15. Mai.   Flieder, Beginn der Blüte
21. Mai.   Goldregen, Beginn d. Blüte
28. Mai.   Himbeere, Beginn der Blüte
18. Juni.   Winterroggen, Beginn der Blüte
21. Juni.   Falscher Jasmin, Beginn d. Blüte
6. August.   Winterroggen, Beginn d. Ernte
11. Sept.   Schwarzer Holunder, Beginn der Blüte

Geestemünde, 1923
(Beob. Lüllich, OI)

24. April.   Sauerkirsche, Beginn der Blüte
4. Juni.   Erdbeere, Beginn der Blüte
10. Juni.   Brombeere, Beginn d. Blüte
16. Juni.   Flieder, Beginn der Blüte
18. Juni.   Goldregen, Beginn d. Blüte
11. Juli.   Falscher Jasmin, Beginn d. Blüte
6. August.   Winterroggen, Beginn der Ernte

Haxtum bei Aurich, 1923
(Beob. Börchers)

12. April.   Johannisbeere, Beginn der Blüte
Stachelbeere, Beginn der Blüte
13. April.   Roßkastanie, Beginn der Blattentfaltung

15. April. Süßkirsche, Beginn d. Blatt=
entfaltung
16./21. April. Haferaussaat
16./28. April. Kartoffelaussaat
20. April. Birne, Beginn der Blüte
22. April. Sommerlinde, Beginn der
Blattentfaltung
23. April. Viktoriapflaume, Beginn d.
Blüte
Obstbaumaustrieb, Birne
24. April. Sauerkirsche, Beginn d. Blüte
30. April. Winterlinde, Beginn der
Blattentfaltung
2. Mai. Stachelbeere, Ende d. Blüte
3. Mai. Pflaume, Viktoria, Ende der
Blüte
4. Mai. Apfel, Boskop, Beginn der
Blüte
Johannisbeere, Ende der Blüte
5. Mai. Birne, Ende der Blüte
Süßkirsche, Frühe der Mark, Be=
ginn der Blüte
6. Mai. Erdbeere, Sieger, Beginn d.
Blüte
15. Mai. Sauerkirsche, Ende d. Blüte
Zwetsche, Ende der Blüte
22. Mai. Apfel, Boskop, Ende der
Blüte
24. Mai. Apfelmehltau

Aurich, Hannover, 1923
6. August. Winterroggen, Beginn der
Ernte

Norden, Hannover, 1923
(Beob. Casjen Veenéma)
26. März. Ficaria ranunculoides, Be=
ginn der Blüte
Ende März. Tagpfauenauge
3./4. April. Gerberts Aquifolium, Be=
ginn der Blüte
14. April. Viktoriapflaume, Beginn
der Blüte

18. April. Hasenklee, Beginn der Blüte
26. April. Sisymbrium Allearia, Be=
ginn der Blüte
28. April. Ulmus campestris, Beginn
der Blüte
24. Mai. Acer pseudoplatanus, Be=
ginn der Blüte
1. Juli. Achillea millefolium, Beginn
der Blüte
Cirsium lanceolatum, Beginn der
Blüte

Lüneburg, 1923
(Lbw. Schule)
21. März. Haferaussaat
Sommerweizenaussaat
3. April. Sommergersteaussaat
6. April. Erdbeerenaustrieb
8. April. Stachelbeere, Beginn d. Blüte
10. April. Roßkastanie, Beginn der
Blattentfaltung
Sommerlinde, Beginn der Blatt=
entfaltung
10./15. April. Obstbaumaustrieb
12. April. Viktoriapflaume, Beginn der
Blüte
Zwetsche, Beginn der Blüte
13. April. Süßkirsche, Beginn der Blüte,
Sauerkirsche, Beginn der Blüte
16. April. Johannisbeere, Beg. d. Blüte
Birne, Beginn der Blüte
17. April. Kartoffelaussaat,
4. Mai. Apfel, Beginn der Blüte
Erdbeere, Beginn der Blüte

Lüneburg, Hannover, 1923
(Beob. B. von Bülow)
24. März. Stachelbeere, Beginn der
Blattentfaltung
25. März. Anemone, Beginn der Blüte
29. März. Salweide, Beginn der Blüte
3. April. Scharbockskraut, Beginn der
Blüte

12. April. Kohlweißling, erste Falter

13. April. Sumpfdotterblume, Beginn der Blüte
Roßkastanie, Beginn der Blattentfaltung

15. April. Süßkirsche, Beginn der Blüte
Linde, Beginn der Blattentfaltung

20. April. Johannisbeere, Beginn der Blüte

26. April. Birke, Beginn der Blattentfaltung

2. Mai. Buche, Beginn der Blattentfaltung

6. Mai. Birne, Gute Luise, Beginn der Blüte
Apfel, weiß. Astrachan, Beginn der Blüte

8. Mai. Buchenhochwald, über 50% Belaubung

9. Mai. Flieder, Syringa, Beginn der Blüte

10. Mai. Roßkastanie, Beginn der Blüte
Eichenhochwald, über 50% Belaubung

17. Mai. Eberesche, Beginn der Blüte

21. Mai. Goldregen, Beginn der Blüte

22. Mai. Erste Steinpilze

Bergen bei Celle, Hannover

10. April. Apfel, Beginn des Austriebs
Stachelbeere, Beginn des Austriebs

18. April. Pfirsich, Beginn der Blüte
Stachelbeere, Beginn der Blüte

18./21. April. Nachtfröste

20. April. Raps, Beginn der Blüte
Johannistriebe, Beginn d. Austriebs

23./25. April. Nachtfröste

24. April. Süßkirsche, Beginn d. Blüte
Sauerkirsche, Beginn der Blüte

25. April. Johannisbeere, Beginn der Blüte

28. April. Kartoffel, Beginn des Austriebs

1. Mai. Birne, Beginn d. Austriebs

2. Mai. Birne, Beginn der Blüte

3. Mai. Pflaume, Beginn des Austriebs
Zwetsche, Beginn des Austriebs
Pflaume, Beginn der Blüte
Zwetsche, Beginn der Blüte

4. Mai. Apfel, Beginn der Blüte
Stachelbeere, Ende der Blüte

7. Mai. Süßkirsche, Ende der Blüte
Sauerkirsche, Ende der Blüte

8. Mai. Erdbeere, Beginn der Blüte

10. Mai. Johannisbeere, Ende d. Blüte

11. Mai. Pflaume, Ende der Blüte
Zwetsche, Ende der Blüte

12. Mai. Birne, Ende der Blüte

16. Mai. Apfel, Ende der Blüte
Raps, Ende der Blüte

1. Juni. Erdbeere, Ende der Blüte

18. Juni. Winterroggen, Beginn der Blüte

29. Juni. Ackerbohne, Beginn d. Blüte

1. Juli. Erdbeere, Beginn der Ernte

2. Juli. Winterweizen, Beginn d. Blüte

4. Juli. Winterroggen, Ende der Blüte

8. Juli. Winterweizen, Ende d. Blüte
Erbse, Beginn der Blüte

10. Juli. Ackerbohne, Ende der Blüte

15. Juli. Kartoffel, Beginn der Blüte

1. August. Stachelbeere, Beginn der Ernte
Johannisbeere, Beginn der Ernte

6. August. Winterroggen, Beginn der Ernte

15. August. Erbse, Beginn der Ernte

20. August. Winterweizen, Beginn der Ernte

1. Sept. Ackerbohne, Beginn d. Ernte

Anfang September. Apfel, Beginn der Ernte

20. Sept. Pflaume, Beginn der Ernte
Zwetsche, Beginn der Ernte,

26. Sept. Kartoffel, Beginn d. Ernte

Rodenberg, Deister, 1923
(Beob. Direktor Honold.)

Februar. Schneeglöckchen, Beginn der
Blüte

März. Feldlerche, erster Ruf
Goldammer, erster Ruf
Buchfink, erster Ruf
Hausrotschwanz, erster Ruf
Singdrossel, erster Gesang
Erle, Beginn der Blüte
Wiesenschaumkraut, Beginn der Blüte
Hasel, Beginn der Blüte
Pappel, Beginn der Blüte
Salweide, Beginn der Blüte
Scharbockskraut, Beginn der Blüte
Märzfrostspanner, erster Falter
Goldflieder, Beginn der Blüte

April. Rauchschwalbe, erster Ruf
Hausschwalbe, erster Ruf
Huflattich, Beginn der Blüte
Löwenzahn, Beginn der Blüte
Schlehe, Beginn der Blüte
Winterraps, Beginn der Blüte
Sommerlinde, Beginn der Blatt=
entfaltung
Rapsglanzkäfer, erster Käfer,
Hederich, Beginn der Blüte
Weide, Beginn der Blüte
Scharbockskraut, Beginn der Blüte
Roßkastanie, Beginn der Blüte

Mai. Wachtel, erster Ruf
Hase, erste Junge
Schwalbe, erste Junge
Saubohne, schwarze Blattlaus
Weißling, erster Falter
Winterroggen, Beginn der Blüte
Winterweizen, Beginn der Blüte
Lupine, Mehltau
Wucherblume, Beginn der Blüte
Vergißmeinnicht, Beginn der Blüte
Birke, Beginn der Blattentfaltung
Walderdbeere, Beginn der Blüte
Fichte, Beginn der Blattentfaltung

Mai. Kiefer, Beg. der Blattentfaltung
Weißdorn, Beginn der Blüte
Kiefernspanner, erster Falter
Flieder, Beginn der Blüte
Akazie, Beginn der Blüte

Juni. Reh, erste Junge
Rebhuhn, erste Junge
Weißdorn, Beginn der Blüte
Gerste, Flugbrand,
Hafer, Flugbrand,
Weißling, erster Falter
Holunder, Beginn der Blüte
Goldregen, Beginn der Blüte
Wintergerste, Beginn der Frucht=
reife

Juli. Winterraps, Beginn d. Fruchtreife
Winterroggen, Beginn der Frucht=
reife
Rotklee, Beginn der Blüte
Ackerwinde, Beginn der Blüte
Ackerdistel, Beginn der Blüte
Getreide, Rostpilz
Erbse, Rostpilz
Weizen, Flugbrand
Getreide, Mehltau
Braunelle, Beginn der Blüte
Weiderich, Beginn der Blüte
Champignon
Sommerlinde, Beginn der Blüte
Kiefernspinner, erster Falter
Akazie, Beginn der Blüte
Samenrüben, schwarze Blattlaus

August. Winterweizen, Beginn der
Fruchtreife
Champignon, Beginn der Fruchtreife
Rübe, Rostpilz
Ackerbohne, Rostpilz
Rübenfliege
Heidelbeere, Beginn der Fruchtreife
Fliegenpilz, Beginn der Fruchtreife
Pfefferling, Beginn der Fruchtreife

September. Weißdorn, Beginn der
Fruchtreife

September. Ackerdistel, Beginn der
Fruchtreife
Herbstzeitlose, Beginn der Frucht=
reife
Weißdorn, Beginn der Fruchtreife
Holunder, Beginn der Fruchtreife
Roßkastanie, Beginn der Fruchtreife
Efeu, Beginn der Blüte

Oktober. Schlehe, Beginn der Frucht=
reife
Herbstfrostspanner

Göttingen, 1923
(Beob. Prof. Dr. Fr. Voß)

4. November. Frostspanner, Cheima-
tobia brumata

Phänologische Einzelbeobachtungen in Schleswig=Holstein. [1]

Dorotheenhof auf Insel Fehmarn, 1923.
(Beob. Hagen)

12. April. Hederich, Keimpflänzchen
9. Juni. Amerikan. Mehltau, Stachel=
beere
19. Juni. Erbse, Mehltau
10. Juli. Gerste, Flugbrand
Futterwicke, Beginn der Blüte
14. August. Futterwicke, Ende d. Blüte

Grünhorst bei Sehestedt, Schleswig=
Holstein, 1923
(Beob. E. Schröder)

An Auswinterungsschäden hat der Roggen
etwa 10%, d. Weizen sowie Winter=
gerste 5% verloren

Kiel, 1923
(Beob. Finken)

20. März. Scharbockskraut, Beginn
der Blüte
15. April. Quitte, Beginn der Blüte
20. April. Walderdbeere, Beginn der
Blüte
30. April. Schlehe, Beginn der Blüte
Weißdorn, Beginn der Blüte
10. Juni. Holunder, Beginn d. Blüte
10. Juli. Apfelobstmade
10. August. Pflaumenobstmade

15. Sept. Weißdorn, Beginn d. Frucht=
reife
20. Sept. Holunder, Beg. d. Fruchtreife
10. Okt. Herbstfrostspanner, 1. Falter
15. Okt. Quitte, Beginn der Fruchtreife
16. Okt. Efeu, Beginn der Blüte
20. Okt. Schlehe, Beginn der Frucht=
reife

Rostorf bei Kellinghausen, Schleswig=
Holstein, 1923
(Beob. Glißmann, Förster)
10 m ü. M.

15. Februar. Hasel, Beginn der Blüte
15. März. Pappel, Beginn der Blüte
10. April. Salweide, Beginn der Blüte
15. April. Walderdbeere, Beginn der
Blüte
18. April. Schlehe, Beginn der Blüte
20. April. Birke, Beginn der Blatt=
entfaltung
5. Mai. Besenginster, Beginn der
Blüte
10. Mai. Kiefer, Beginn der Blatt=
entfaltung
Sommerlinde, Beginn der Blatt=
entfaltung
1. Juni Stinkmorchel
5. Juni. Weißdorn, Beginn d. Blüte

[1] Zum Nordatlantischen Klimabezirk gehörend, welcher im Osten mit der Areal=
grenze der „atlantischen" Stechpalme (Ilex aquifolium) — ungefähr gleich einer Linie von der
Peenemündung zum Mittelharz — abschließt.

5. Juni. Holunder, Beginn der Blüte

10. Juni. Sommerlinde, Beginn der Blüte

1. Juli. Fliegenpilz
Pfefferling

1. Oktober. Weißdorn, Beginn der Fruchtreife

15. Oktober. Schlehe, Beginn d. Fruchtreife
Holunder, Beginn der Fruchtreife

Itzehoe, Schleswig=Holstein, 1923
(Beob. Glißmann, Gärtner)
5 m ü. M.

16. Januar. Schneeglöckchen, Beginn der Blüte

21. März. Pappel, Beginn der Blüte

24. März. Goldflieder, Beginn der Blüte

15. April. Roßkastanie, Beginn d. Blattentfaltung

21. April. Birke, Beginn der Blattentfaltung

25. April. Sommerlinde, Beginn der Blattentfaltung

27. April. Fichte, Beginn der Blattentfaltung

5. Mai. Akazie, Beginn der Blattentfaltung

10. Mai. Flieder, Beginn der Blüte

20. Mai. Goldregen, Beginn d. Blüte

28. Mai. Roßkastanie, Beginn der Blüte

20. Juni. Holunder, Beginn d. Blüte

10. Juli. Akazie, Beginn der Blüte

12. September. Holunder, Beginn der Fruchtreife

10. Oktober. Roßkastanie, Beginn der Laubverfärbung

14. Oktober. Birke, Beginn der Laubverfärbung

15. Oktober. Efeu, Beginn der Blüte

Gut Schmabeck bei Itzehoe, Schleswig=Holstein, 1923
(Beob. Boos)
10 m ü. M.

30. Januar. Schneeglöckchen, Beginn der Blüte

25. März. Goldflieder, Beginn d. Blüte

19. April. Roßkastanie, Beginn der Blattentfaltung

21. April. Birke, Beginn der Blattentfaltung

2. Mai. Sommerlinde, Beginn der Blattentfaltung

5. Mai. Fichte, Beginn der Blattentfaltung
Kiefer, Beginn der Blattentfaltung

8. Mai. Akazie, Beginn der Blattentfaltung

9. Mai. Roßkastanie, Beginn d. Blüte

16. Mai. Flieder, Beginn der Blüte

23. Mai. Goldregen, Beginn der Blüte

15. Juni. Holunder, Beginn der Blüte

10. Juli. Akazie, Beginn der Blüte

16. Juli. Sommerlinde, Beginn d. Blüte

13. Sept. Roßkastanie, Beginn der Fruchtreife

14. Sept. Holunder, Beginn d. Fruchtreife

22. Sept. Roßkastanie, Beginn d. Laubverfärbung

26. Sept. Birke, Beginn der Laubverfärbung

18. Okt. Efeu, Beginn der Blüte

Itzehoe, Schleswig=Holstein, 1923
(Beob. Wentorp, Friedhofsverwalter)
30 m ü. M.

20. Januar. Schneeglöckchen, Beginn der Blüte

26. März. Goldflieder, Beginn der Blüte

21. April. Roßkastanie, Beginn der Blattentfaltung

23. April. Fichte, Beginn der Blatt=
entfaltung

24. April. Kiefer, Beginn der Blatt=
entfaltung

25. April. Birke, Beginn der Blatt=
entfaltung

27. April. Sommerlinde, Beginn der
Blattentfaltung

12. Mai. Akazie, Beginn der Blatt=
entfaltung

14. Mai. Flieder, Beginn der Blüte

18. Mai. Goldregen, Beginn d. Blüte

30. Mai. Roßkastanie, Beginn der
Blüte

15. Juni. Sommerlinde, Beginn der
Blüte

25. Juni. Holunder, Beginn d. Blüte

17. Juli. Akazie, Beginn der Blüte

25. Sept. Holunder, Beginn d. Frucht=
reife

6. Okt. Roßkastanie, Beginn d. Laub=
verfärbung

8. Okt. Birke, Beginn der Laub=
verfärbung

Itzehoe, Schleswig=Holstein, 1923
(Beob. Ldw. Winterschule)

13. April. Schattenmorelle, Beginn der
Blüte
Birne am Spalier, Beginn d. Blüte

Anf. Mai. Hafer, Drahtwurm
Gelbwerden des Hafers infolge
Bodensäure

2. Mai. Kleekrebs in der Gemarkung
Winseldorf

20./28. Mai. Buchweizen, Aussaat

29. Mai. Roggen, Getreideblasenfuß
bei Lockstädt

Ende Mai/Anf. Juni. Zweigdürre, Süß=
und Sauerkirsche

Ende Mai/Anfang Juni. Stachelbeere,
Rost
Stachelbeerblattwespe,

Anfang Juni. Apfel, Schorf

Anfang Juli. Apfel, Blattlaus

30. August/Anfang September. Buch=
weizen, Beginn der Ernte
Kartoffelkrautfäule, Auftreten von
etwa 5% (Kartoffelversuchsfeld
Kellinghausen)
Kartoffel, Schwarzbeinigkeit etwa
10% (dortselbst)

Bad Oldesloe, 1923
(Beob. Ldw. Schule)
20 m ü. M.

15. Januar. Schneeglöckchen, Beginn
der Blüte

7. März. Pappel, Beginn der Blüte

15. März. Hasel, Beginn der Blüte

23. März. Salweide, Beginn d. Blüte

28. März. Goldflieder, Beginn der
Blüte

16. April. Schlehe, Beginn der Blüte

20. April. Birke, Beginn der Blatt=
entfaltung

22. April. Roßkastanie, Beginn der
Blattentfaltung

18. Mai. Roßkastanie, Beginn d. Blüte

22. Mai. Weißdorn, Beginn d. Blüte

29. Mai. Goldregen, Beginn d. Blüte

30. Mai. Ackerbohne, Rost

18. Juni. Holunder, Beginn d. Blüte

24. Juni. Sommerlinde, Beginn der
Blüte

4. Sept. Weißdorn, Beginn d. Frucht=
reife

11. Sept. Roßkastanie, Beginn der
Fruchtreife
Roßkastanie, Beginn der Laub=
verfärbung

3. Okt. Holunder, Beginn der Frucht=
reife

28. Okt. Schlehe, Beginn der Frucht=
reife

Sasel bei Hamburg, Prov. Schleswig=
Holstein, 1923
(Beob. Seifert, Lehrer)

13. April. Schwarzdorn, Beginn der
Blüte
28. April. Kastanie, Beginn der Blatt=
entfaltung
30. April. Weißdorn, Beginn der Blüte
Birke, Beginn der Laubentfaltung
Eberesche, Beginn d. Laubentfaltung
Buche, Beginn der Laubentfaltung
Haselnuß, Beginn der Laubentfaltung
 1. Mai. Linde, Beginn der Blattent=
faltung
Himbeere, Beginn der Blüte
 4. Mai. Ginster, Beginn der Blüte
Wiesenschaumkraut, Beginn d. Blüte
Baldrian, Beginn der Blüte
10. Mai. Iris, Beginn der Blüte
15. Mai. Mohn, Beginn der Blüte
26. Mai. Rotdorn, Beginn der Blüte
27. Mai. Bachnelkenwurz, Beginn der
Blüte

16. Juni. Brombeere, Beginn d. Blüte
Kornrade, Beginn der Blüte
18. Juni. Kornblume, Beginn d. Blüte
Holunder, Beginn der Blüte
20. Juni. Heckenrosen, Beginn d. Blüte

Vierlanden bei Hamburg, 1923
(Beob. W. Köhler, Obstgärtner)

20. April. Raps, Beginn der Blüte
 5. Mai. Erbse, Beginn der Blüte
30. Mai. Zweigdürre an Kirsche, tritt
stark auf
 2. Juli. Schorf an Birne
10. Juli. Schorf an Apfel
30. Juli. Blattflecken an Johannisbeere
10. Sept. Wintergerste, Beginn der
Aussaat
18. Sept. Kartoffel, Beginn der Ernte
24. Sept. Winterroggen, Beginn der
Aussaat
 6. Okt. Winterweizen, Beginn der
Aussaat
 1. Nov. Steckrübe, Beginn der Ernte

Phänologische Einzelbeobachtungen in Westfalen. [1]

Ringel b. Kattenvenne, Westfalen, 1923
(Beob. Finkener, Lehrer)

11. April. Roggen, Roggenälchen
13. April. Rotklee, Aussaat
17. April. Ackerwinde
20. April. Rotklee, Austrieb
23. April. Wein, Gutedel, Austrieb
25. Mai. Weinrebe, Schildlaus
 4. Juni. Rotklee, Beginn der Blüte
 7. Juni. Kartoffel, Blattrollkrankheit
20. Juni. Rotklee, Ende der Blüte
Hafer, Drahtwurm, Larve
 3. Juli. Wein, Gutedel, Beg. d. Blüte

 3. Juli. Weizen, Rost
17. Juli. Wein, Gutedel, Ende der
Blüte
14. August. Rotklee, Beginn der Ernte
17. August. Kartoffel, Krebs
 8. Okt. Wein, Beginn der Ernte

Münster, Westfalen, 1923
(Beob. Landwirtschaftskammer)

 1. März. Kornelkirsche, Beginn d. Blüte
 7. März. Salweide, Beginn d. Blüte
16. März. Scharbockskraut, Beginn d.
Blüte

---

[1] Zum Nordatlantischen Klimabezirk gehörend, welcher im Osten mit der Areal=
grenze der „atlantischen" Stechpalme (Ilex aquifolium) — ungefähr gleich einer Linie von der
Peenemündung zum Mittelharz — abschließt.

24. März. Petasites, Beginn d. Blüte
26. März. Pfirsich, Beginn der Blüte
Larven d. Getreideblumenfliege stark
vertreten
Auswinterungsschäden, wenig, ört=
lich begrenzt
Getreideblumenfliege, sehr stark
Tylenchus dipsaci
Bodensäure auf leichten Böden

Bielefeld, Westfalen, 1923
(Beob. Klagner)

12. April. Süßkirsche, Beginn der Blüte
Schlehe, Beginn der Blüte
19. April. Traubenkirsche, Beginn der
Blüte
22. April. Erdbeere, Beginn d. Blüte
26. April. Roßkastanie, Beginn der
Laubentfaltung
28. April. Buche, Beginn der Laub=
entfaltung
30. April. Saxifraga granulata, Be=
ginn der Laubentfaltung

Bielefeld, Westfalen, 1923

5. März. Tussilago farfara
Grünspecht
10. März. Erster Kohlweißling
Erster Amselschlag
12. März. Erster Star
18. März. Anemone hepatica
Anemone nemorosa
Anemone ranunculoides
Daphne mezerium
20. März. Erster Zitronenfalter
Primula officinalis
22. März. Viola odorata
Pulmonaria officinalis
Forsythia
Scilla bifolia
24. März. Narcissus pseudonarcissus
Ulmus
Corydalis solida

25. März. 2 Kraniche (Hals ein=
gezogen)
Marienkäfer
26. März. Ribes sanguinea
Hyacinthus orientalis
27. März. Ranunculus ficaria
Petasites officinalis
Prunus pissardi
Primula rosea
Omphalodes verna
Anemone pulsatilla
Andromeda japonica
Lamium purpureum
Caltha palustris
Mahonia aquifolia
Cheiranthus cheiri
Muscari botryoides
Rhododendron
Bachstelze
Frösche laichen
Senecio silvaticus

Eckardtsheim bei Bielefeld, Westfalen,
1923
(Beob. Otto Kormann, Gärtner)

15. März. Löwenzahn, Beginn d. Blüte
Sumpfdotterblume, Beginn d. Blüte
1. April. Roßkastanie, Beginn d. Blatt=
entfaltung
8. April. Birke, Beginn der Blüte
8./10. April. Winterraps, Beg. d. Blüte
18. April. Fiesers Erstling, Beginn der
Blattentfaltung
25. April. Schattenmorelle, Beginn d.
Blattentfaltung

Lüdinghausen, Westfalen, 1923
(Beob. Fr. Cloer)
40 m ü. M.

März. Huflattich, Beginn der Blüte
Erle, Beginn der Blüte
Grasfrosch, Laichbeginn
Feldlerche, erster Gesang

März. Goldammer, erster Gesang
Buchfink, Ankunft
März/April. Scharbockskraut, Beginn
der Blüte
Rapsglanzkäfer
Weide, Beginn der Blüte
Singdrossel, erster Ruf
April. Pfirsich, Beginn der Blüte
Zwetsche, Beginn der Blüte
Schlehe, Beginn der Blüte
Löwenzahn, Beginn der Blüte
Hederich, Beginn der Spritzzeit
Wiesenschaumkraut, Beginn d. Blüte
Hausrotschwanz, erster Gesang
Baumpieper, erster Gesang
Kuckuck, erster Ruf
Girlitz, erster Ruf
April/Mai. Birne, Beginn der Blüte
Süßkirsche, Beginn der Blüte
Walderdbeere, Beginn der Blüte
Johannisbeere, Beginn der Blüte
Winterraps, Beginn der Blüte
Nachtigall, erster Gesang
Rauchschwalbe, Ankunft
Hausschwalbe, Ankunft
Mai. Apfel, Beginn der Blüte
Mispel, Beginn der Blüte
Quitte, Beginn der Blüte
Weißdorn, Beginn der Blüte
Stachelbeerwespe
Weißling, erster Falter
Wasserfrosch, Laichbeginn
Segler, Ankunft
Wachtel, erster Ruf
Gartenspötter, Ankunft
Mai/Juni. Wintergerste, Beginn der
Blüte
Rostpilz auf Getreide
Flugbrand, Weizen
Mehltau an Getreide
Vergißmeinnicht, Beginn der Blüte
Braunelle, Beginn der Blüte
Weißdorn, Beginn der Blüte

Juni. Walnuß, Beginn der Blüte
Polsterschimmel an Kernobst
Winterroggen, Beginn der Blüte
Winterweizen, Beginn der Blüte
Wucherblume, Beginn der Blüte
Holunder, Beginn der Blüte
Weinrebe, Mehltau (echter)
Birne, Schorf und Obstmade
Pflaume, Pflaumensägewespe
Juni/Juli. Stachelbeerspanner, erster
Falter
Rotklee, Beginn der Blüte
Ackerwinde, Beginn der Blüte
Ackerdistel, Beginn der Blüte
Winterraps, Beginn der Fruchtreife
Anf. Juli. Hafer, Beginn der Blüte
Mitte Juli. Wintergerste, Beginn der
Ernte
Ende Juli. Winterroggen, Beginn der
Ernte
Sommergerste, Beginn der Ernte
Juli/Aug. Johannisbeere, Beginn der
Fruchtreife
Apfelobstmade
Wegwarte, Beginn der Blüte
Bovist
Champignon
Weiderich, Beginn der Blüte
Anf. August. Sommerroggen, Beginn
der Ernte
Erste Hälfte des Aug. Sommerweizen,
Beginn der Ernte
Hafer, Beginn der Ernte
Winterweizen, Beginn der Ernte
August. Winterroggen, Beginn der
Fruchtreife
Winterweizen, Beginn der Frucht=
reife
Hopfen, Beginn der Blüte
Mitte Aug. Frühkartoffeln, Beg. d. Ernte
Apfel, Astrachan, Beginn der Ernte
Pflaume, Beginn der Ernte

Aug./Sept. Weißdorn, Beginn der Fruchtreife
Holunder, Beginn der Fruchtreife
Pflaumenmade
Ackerdistel, Beginn der Fruchtreife
Polsterschimmel an Apfelfrucht kommt teilweise vor, Birnenfrucht weniger
Sept. Zwetsche, Beginn der Fruchtreife
Weißdorn, Beginn der Fruchtreife
Sept./Okt. Quitte, Beginn der Fruchtreife
Efeu, Beginn der Blüte
Okt. Schlehe, Beginn der Fruchtreife
Mispel, Beginn der Fruchtreife
Anf. Nov. Herbstfrostspanner
Hederich und Ackersenf stark in Hafer
Gelbe Halmfliege mittel
Fraß am Weizenschaft zum Teil
Hartbrand an Gerste zum Teil
Obstmade, wurmstichige Äpfel stark
Wurmstichige Birnen, mittel
Polsterschimmel an Pflaume und Zwetsche mittel
Taschenkrankheit an Pflaume und Zwetsche stark

Soest, Westfalen, 1923
(Beob. Ldw. Schule)
103 m ü. M.
Anf. Juni. Birne, Schorf

8. Juni. Rotklee, Beginn der Blüte
28. Juli. Lupine, Schwarzbeinigkeit

Iserlohn, Westfalen, 1923
(Beob. Externbrink, Lehrer)
8. März. Tussilago farfara, Beginn der Blüte
9. März. Leucojum vernum, Beginn der Blüte
23. März. Leucojum vernum, in Bekum und Baloe, Kr. Arnsberg, Beginn der Blüte
29. März. Cornus mas, Beginn der Blüte
31. März. Salix capraea

Elspe, Westfalen, Kr. Olpe, 1923
April. Hafer, Aussaat
Klee mit Hafer, Aussaat
Mai/Juni. Kartoffel, Austrieb
Juni. Rübe, Austrieb
28. Juli. Roggen, Schneeschimmel
2. August. Winterroggen, Beginn der Ernte
14. August. Hafer, Beginn der Ernte
22. August. Birne, Obstmade
Okt./Nov. Winterroggen, Aussaat
Winterweizen, Aussaat

Phänologische Einzelbeobachtungen in der Rheinprovinz.[1]

Solingen, Rheinland, 1923
(Beob. Rektor Goetze)
6. Mai. Schwalben
31. Oktober. Kühe auf der Weide
Maikäferjahr! In Benrath a. Rh. ungeheure Mengen

Köln a. Rhein, 1923
(Beob. Esser)
15. März. Huflattich, Beginn d. Blüte
Erle, Beginn der Blüte
Weide, Beginn der Blüte
20. März. Goldflieder, Beginn d. Blüte

---

[1] Zu einem großen Teil dem Rheinischen Klimabezirk, mit warmen Wintern und warmen Sommern, angehörend.

8. April. Roßkastanie, Beginn der
Laubentfaltung
Linde (Sommerlinde), Beginn der
Laubentfaltung
Pfirsich, Beginn der Blüte

10. April. Buche, Beginn der Laub=
entfaltung
Zwetsche, Beginn der Blüte
Johannisbeere, Beginn der Blüte
Schlehe, Beginn der Blüte

12. April. Linde (Winterlinde), Beginn
der Laubentfaltung

15. April. Wein, Austrieb
Ulme, Beginn der Laubentfaltung
Esche, Beginn der Laubentfaltung
Süßkirsche, Beginn der Blüte

20. April. Birne, Beginn der Blüte
Löwenzahn, Beginn der Blüte

23. April. Eberesche, Beginn der Laub=
entfaltung

25. April. Flieder, Beginn der Blatt=
entfaltung
Buchenwald, Beginn der Laubent=
faltung
Eichenwald, Beg. d. Laubentfaltung
Roßkastanie, Beginn der Blüte
Flieder, Beginn der Blüte
Apfel, Beginn der Blüte

26. April. Goldregen, Beginn d. Laub=
entfaltung

28. April. Birke, Beginn der Laub=
entfaltung

3. Mai. Rotdorn, Beginn d. Blüte

5. Mai. Sommerlinde, Beginn der
Laubentfaltung

10. Mai. Fichte, Beginn der Laub=
entfaltung
Walnuß, Beginn der Blüte

12. Mai. Kiefer, Beginn der Laub=
entfaltung

15. Mai. Akazie, Beginn der Laub=
entfaltung

18. Mai. Wucherblume, Beg. d. Blüte

20. Mai. Pappel, Beginn der Blüte
Mauerpfeffer, Beginn der Blüte

26. Mai. Goldregen, Beginn der
Blüte

27. Mai. Weißdorn, Beginn d. Blüte

2. Juni. Holunder, Beginn d. Blüte

2./15. Juli. Weinrebe, Beginn der
Blüte

1./15. August. Johannisbeere, Beginn
der Fruchtreife

8. September. Holunder, Beginn der
Fruchtreife

10./20. September. Zwetsche, Beginn
der Fruchtreife

20. September. Schlehe, Beginn der
Fruchtreife
Birke, Beginn der Laubverfärbung
Roßkastanie, Beginn der Fruchtreife
Herbstzeitlose, Beginn der Blüte

20. Sept./1. Okt. Scharbockskraut, Be=
ginn der Fruchtreife
Schlehe, Beginn der Fruchtreife

25. September. Weinrebe, Beginn der
Fruchtreife

1. Oktober. Weinrebe, Beginn der
Ernte

10. Oktober. Roßkastanie, Beginn der
Laubverfärbung

15. Oktober. Birke, Beginn der Laub=
verfärbung

Eisbach b. Oberpleis, Bez. Köln a. Rh.,
1923
(Beob. Graßfeld, Gärtner)

19. März. Stachelbeere (Früheste von
Neuwied), Beginn d. Laubentfaltung

22. März. Salweide, Beginn d. Blüte
Pfirsich (Frühe York), Beginn der
Blüte
Aprikose (Pfirsichaprikose v. Nancy),
Beginn der Blüte

25. März. Grasfrosch, erstes Quaken

Trier-Grünhaus, Rheinland, 1923
(Beob. Dr. Zillig)
145 m ü. M.

11. Okt. 22. Wintergerste (Friedrichs=
werth) Aussaat
16. Okt. 22. Winterroggen (Petkuser)
Aussaat
14. Januar. Hasel, Beginn der Blüte
11. Februar. Salweide, Beginn der
Blüte
Buchfink, erster Gesang
25. Februar. Herbstzeitlose, zwei Blüten
auf einer Wiese bei Trier
Seidelbast, Beginn der Blüte
Feldlerche, erster Gesang
4. März. Goldflieder, Beginn der
Blüte
7. März. Erle, Beginn der Blüte
Weide, Beginn der Blüte
Lärchensporn, Beginn der Blüte
11. März. Huflattich, Beginn der Blüte
Veronica agrestis, Beginn der Blüte
18. März. Scharbockskraut, Beginn
der Blüte
20. März. Sommerweizen, Aussaat
24. März. Rapsglanzkäfer
Scilla bifolia, Beginn der Blüte
25. März. Mandelbaum, Vollblüte
Löwenzahn, Beginn der Blüte
Winterraps, Beginn der Blüte
28. März. Schlehe, Beginn der Blüte
Hafer, Leutewitzer, Aussaat
31. März. Pfirsich, Beginn der Blüte
1. April. Wiesenschaumkraut, Beginn
der Blüte
Pappel, Beginn der Blüte
Hausrotschwanz, erster Gesang
Johannisbeere, Beginn der Blüte
2. April. Goldammer, erster Gesang
3. April. Süßkirsche, Beginn d. Blüte
Roßkastanie, Beginn der Blatt=
entfaltung
6. April. Besenginster, Beginn d. Blüte

6. April. Birke, Beg. d. Blattentfaltung
7. April. Birne (Pastoren= und Blei=
birne)? Beginn der Blüte
8. April. Rauchschwalbe, erster Ruf
14. April. Zwetsche, Beginn der Blüte
Kuckuck, erster Ruf
15. April. Wein (Moselriesling), Aus=
trieb
Fichte, Beginn der Blattentfaltung
Girlitz, erster Ruf
19. April. Apfel, Beginn der Blüte
20. April. Segler, erster Ruf
21. April. Nachtigall, erster Gesang
22. April. Walderdbeere, Beginn der
Blüte
25. April. Hausschwalbe, erster Ruf
29. April. Kiefer, Beginn der Blatt=
entfaltung
1. Mai. Quitte, Beginn der Blüte
4. Mai. Rebstichler, erste Blattwickel
Wucherblume, Beginn der Blüte
6. Mai. Weißdorn, Beginn der Blüte
10. Mai. Roßkastanie, Beginn der
Blüte
13. Mai. Holunder, Beginn der Blüte
26. Mai. Gerste, Flugbrand
30. Mai. Winterroggen, Beginn der
Blüte
2. Juni. Rebe, Oidium
Akazie, Beginn der Blattentfaltung
6. Juni. Weißdorn, Beginn der Blüte
10. Juni. Wintergerste, Beginn der
Blüte
Braunelle, Beginn der Blüte
12. Juni. Weizen, Flugbrand
15. Juni. Johannisbeere, Beginn der
Fruchtreife
Heuwurm
16. Juni. Peronospora an Rebe
20. Juni. Hartriegel, Beginn der Blüte
Weinrebe, Beginn der Blüte
Wintergerste, Beginn der Fruchtreife
22. Juni. Ackerwinde, Beginn d. Blüte

23. Juni. Winterroggen, Beginn der Fruchtreife
24. Juni. Winterweizen, Beginn der Blüte
 5. Juli. Ackerwinde, Beginn d. Blüte
Ackerdistel, Beginn der Blüte
 7. Juli. Heidelbeeren, Beginn der Fruchtreife
Wein (Moselriesling), Beginn der Blüte

15. Juli. Wein (Moselriesling), Ende der Blüte.
23. Juli. Wegwarte, Beginn der Blüte
 5. August. Weiderich, Beginn d. Blüte
19. Aug. Herbstzeitlose, Beg. d. Blüte
22. August. Holunder, Beginn der Fruchtreife
26. Sept. Weißdorn, Beginn d. Fruchtreife
22. Okt. Wein, Beginn der Ernte

Phänologische Einzelbeobachtungen in Hessen-Nassau. [1]

Oberzwehren, Hessen-Nassau, 1923
(Beob. Lohmann)

31. März. Aprikose (Hochstamm), Beginn der Blüte
 4. April. Pfirsich (Früher Alexander B. B.), Beginn der Blüte
 8. April. Roßkastanie, Beginn der Laubentfaltung
10. April. Stachelbeere (Minirna), Beginn der Blüte
Süßkirsche (Frühe Spanische), Beginn der Blüte
11. April. Johannisbeere (Rote Holländische), Beginn der Blüte
Kohlweißling
13. April. Hauszwetsche (Wangh. Frühzwetsche), Beginn der Blüte
Birne (Wtz. Dechantsb.), Beginn d. Blüte
14. April. Birke, Beginn der Blüte
Blutlaus (Karmeliter Dffl.)
15. April. Birnknospenstecher
Löwenzahn, Beginn der Blüte
20. April. Sauerkirsche (Frh. Schattenmorelle), Beginn der Blüte
 1. Mai. Apfelblütenstecher

 2. Mai. Grasfrosch
 5. Mai. Sumpfdotterblume, Beginn der Blüte

Oberzwehren b. Cassel, 1923
(Beob. Obstbauanstalt)

15. März. Erbse (Viktoria), Aussaat
31. März. Aprikose, Beginn der Blüte
 4. April. Pfirsich, Beginn der Blüte
 8. April. Stachelbeere, Beginn der Blattentfaltung
10. April. Erbse (Viktoria), Beginn d. Blüte
11. April. Kohlweißling
14. April. Blutlaus
15. April. Birnknospenstecher
 2. Mai. Apfelblütenstecher
 4. Mai. Frostspannerraupe
10. Mai. Kartoffel, Austrieb

Eiserfeld b. Siegen, 1923
(Beob. Wurmbach)

18. März. Ribes grossularia, Beginn der Laubentfaltung
 9. April. Ribes rubrum, Beginn der Blüte

---

[1] Zum Teil dem Rheinischen Klimabezirk, mit warmen Wintern und warmen Sommern, zum größeren Anteil dem mitteldeutschen Bergland (Laubholzregion), angehörend.

11. April. Prunus avium, Beginn der
Blüte
Prunus spinosa, Beginn der Blüte
Pirus communis (Spalier), Beginn
der Blüte
14. April. Pirus communis, Beginn
der Blüte

Wolfsanger, 1923
(Beob. Scheer)

10. Februar. Hasel, Beginn der Blüte
20. Februar. Schneeglöckchen, Beginn
der Blüte
25. Februar. Buchfink, erster Gesang
2. März. Singdrossel, erster Gesang
Huflattich, Beginn der Blüte
9. März. Märzfrostspanner, erste Falter
Sommerroggen, Aussaat
10. März. Goldammer, erster Ruf
15. März. Pappel, Beginn der Blüte
Salweide, Beginn der Blüte
Feldlerche, erster Ruf
Rotschwanz, erster Ruf
20. März. Scharbockskraut, Beginn d.
Blüte
23. März. Goldflieder, Beginn d. Blüte
31. März/1. April. Nachtfrost, Rha-
barber erfroren
1./15. April. Pfirsich, Beginn d. Blüte
1. April. Weide, Beginn der Blüte
5. April. Roßkastanie, Beginn der
Laubentfaltung
8. April. Walderdbeere, Beginn der
Blüte
14. April. Erster ergiebiger Frühjahrs-
regen
15. April. Schlehe, Beginn der Blüte
Birke, Beginn der Laubentfaltung
Löwenzahn, Beginn der Blüte
Weißling, erste Falter
Wiesenschaumkraut, Beginn d. Blüte
Vergißmeinnicht, Beginn der Blüte
Kuckuck, erster Ruf

20. April. Hausschwalbe, erster Ruf
Segler, erster Ruf
25. April. Sommerlinde, Beginn der
Laubentfaltung
Winterraps, Beginn der Blüte
Rauchschwalbe, erster Ruf
5. Mai. Fichte. Beginn der Laubentfaltung
Flieder, Beginn der Blüte
Quitte, Beginn der Blüte
7. Mai. Walnuß, Beginn der Blüte
10. Mai. Goldregen, Beginn d. Blüte
Roßkastanie, Beginn der Blüte
20. Mai. Besenginster, Beginn d. Blüte
27. Mai. Wucherblume, Beginn der
Blüte
1. Juni. Weißdorn, Beginn d. Blüte
4. Juni. Rotklee, Beginn der Blüte
15. Juni. Akazie, Beginn der Blüte
Holunder, Beginn der Blüte
Winterroggen, Beginn der Blüte
1. Juli. Holunder, Beginn der Blüte
9. Juli. Sommerlinde, Beginn d. Blüte
10. Juli. Sommerroggen, Beginn der
Blüte
Ackerwinde, Beginn der Blüte
15. Juli. Weiderich, Beginn der Blüte
18. Juli. Stinkmorchel, Beginn der
Fruchtreife
20. Juli. Heidelbeere, Beginn der
Fruchtreife
20. Juli. Ackerdistel, Beginn der Blüte
25. Juli. Winterraps, Beginn der
Fruchtreife
Bovist, Beginn der Fruchtreife
27. Juli. Wintergerste, Beginn der
Fruchtreife
4. August. Champignon, Beginn der
Fruchtreife
6. August. Winterroggen, Beginn der
Fruchtreife
7. August. Braunelle, Beginn der
Fruchtreife

Cassel, 1923
(Beob. K. Schäfer)

9. April. Stachelbeere, Beginn der Blüte (Hochst.)

10. April. Pfirsich (Eiserner Kanzler), Beginn der Blüte
Johannisbeere, Beginn der Blüte

11. April. Stachelbeere (Busch), Beginn der Blüte
Johannisbeere (Rotfr. Versailles, Busch), Beginn der Blüte

14. April. Pflaume (Zimmers Frühe, Hochst.), Beginn der Blüte

15. April. Winterraps, Beginn der Blüte

17. April. Süßkirsche (Früheste der Mark, Hochst.), Beginn der Blüte
Reineclaude (Große Grüne), Beginn der Blüte

18. April. Birne (Olivier de Serres, B.), Beginn der Blüte
Birne (Gute Luise, Busch), Beginn der Blüte
Süßkirsche (Schwarze Knorpelkirsche, Hochst.) Beginn der Blüte

20. April. Sauerkirsche (Königin Hortensie, B.), Beginn der Blüte
Birke, Beginn der Blüte

21. April. Mirabelle (Metzer), Beginn der Blüte

26. April. Birne (Edelkrasanne), Beginn der Blüte

27. April. Löwenzahn, Beginn der Blüte

28. April. Sauerkirsche (Große lange Loth., B.), Beginn der Blüte

29. April. Hauszwetsche, Beginn der Blüte
Apfel (Gravensteiner), Beginn der Blüte

30. April. Apfel (Himbeerapfel von Hollevaur), Beginn der Blüte

Harleshausen, Kr. Cassel, 1923

April. Gerste, Getreideblumenfliege, Larve

Biedenkopf, 1923
(Beob. Tornede)

12. März. Stare, erste Junge

18. März. Huflattich, Beginn d. Blüte

20. März. Anemone, Beginn d. Blüte

23. März. Stachelbeere, Beginn der Laubentfaltung

25. März. Scharbockskraut, Beg. d. Blüte
Salweide, Beginn der Blüte
Frösche, erstes Quaken

April. Stachelbeere, Ende der Blüte
Johannisbeere (Kirsch=), Ende der Blüte

15. Mai. Hederich, Keimpflänzchen

21. Mai. Ackersenf, Keimpflänzchen

Mai (Ende). Pflaume, Ende d. Blüte
Zwetsche, Ende der Blüte
Birne, Ende der Blüte

Mai. Wolfsmilch mit Rost
Johannisbeere, Blattflecken

20. Juli. Ackersenf, Beg. d. Fruchtreife

20. und 30. Juli. Weinrebe, falscher Mehltau

30. Juli. Rauhhaarige Wicke, Beginn der Fruchtreife

Ende Juli. Weizen, Steinbrand

Juli. Apfel, Obstmaden
Birne, Obstmaden
Pflaume, Taschenkrankheit
Zwetsche, Taschenkrankheit

16. Sept. Pflaume (Rund=), Beginn der Ernte

25. Sept. Birne (Diels Butter=), Beginn der Ernte

28. Sept. Apfel (W. Goldparmäne), Beginn der Ernte

29. Sept. Zwetsche (Haus=), Beginn der Ernte

Marburg (Lahn), 1923
180 m ü. M.
(Beob. O. Wiepken)

8. Januar. Corylus avellana, Beginn der Blüte

12. Januar. Hepatica triloba, Beginn der Blüte

31. Januar. Schneeglöckchen, Beginn der Blüte

5. Februar. Salweide, Beginn d. Blüte

10. Februar. Daphne mezereum, Beginn der Blüte

3. März. Kornelkirsche, Beginn der Blüte

6. März. Arabis (alpina?), Beginn der Blüte

7. März. Corydalis cava, Beginn der Blüte

16. März. Alnus glutinosa, Beginn der Blüte

21. März. Anemone, Beginn der Blüte
Ranunculus ficaria, Beginn der Blüte

24. März. Forsythia, Beginn der Blüte

26. März. Huflattich, Beginn der Blüte

27. März. Taraxacum offic., Beginn der Blüte

28. März. Ribes sanguineum, Beginn der Blüte
Dotterblume, Beginn der Blüte
Berberis aquifolia, Beginn der Blüte

30. März. Acer platanoides, Beginn der Blüte

31. März. Johannisbeere, Beginn der Blüte

1. April. Prunus persica, Beginn der Blüte

3. April. Ribes aureum, Beginn der Blüte
Oxalis acetosella, Beginn der Blüte
Equisetum arvense, Beginn der Blüte

3. April. Süßkirsche, Beginn d. Blüte

4. April. Stachelbeere, Beginn der Blüte

6. April. Schlehe, Beginn der Blüte

10. April. Cardamine pratensis, Beg. der Blüte
Linaria cymbalaria, Beginn d. Blüte

11. April. Birne, Beginn der Blüte

15. April. Alliaria officinalis, Beginn der Blüte

17. April. Apfel (Frühe Sorte), Beg. der Blüte

24. April. Prunus padus, Beginn der Blüte

27. April. Saxifraga granulata, Beginn der Blüte

30. April. Apfel (Goldparmäne), Beg. der Blüte
Syringa vulgaris, Beginn d. Blüte

3. Mai. Sarothamnus scop., Beginn der Blüte

4. Mai. Roßkastanie, Beginn d. Blüte

6. Mai. Sorbus aucuparia, Beginn der Blüte

7. Mai. Cytisus laburnum, Beginn der Blüte

24. Mai. Sambucus nigra, Beginn d. Blüte

30. Mai. Symphoricarpus rac., Beg. der Blüte

8. Juni. Secale cereale hib., Beginn der Blüte

20. Juni. Robinia pseudac., Beginn der Blüte

24. Juni. Ligustrum vulgare, Beginn der Blüte

Bebra, 1923
(Beob. Ldw. Schule)

10. Februar. Misteldrossel, erster Ruf
Goldammer, erster Ruf
Hasel, Beginn der Blüte

14. Februar. Erle, Beginn der Blüte

15. Februar. Feldlerche, erster Ruf
25. Februar. Salweide, Beginn d. Blüte
Februar. Schneeglöckchen, Beginn der
     Blüte
 2. März. Huflattich, Beginn der Blüte
 4. März. Hausrotschwanz, erster Ruf
10. März. Weide, Beginn der Blüte
20. März. Buchfink, erster Ruf
     Wiesenschaumkraut, Beginn d. Blüte
22. März. Hase, erste Junge
März. Pappel, Beginn der Blüte
     Scharbockskraut, Beginn der Blüte
Ende März. Pfirsich, Beginn d. Blüte
 8. April. Walderdbeere, Beginn der
     Blüte
12. April. Kuckuck, erster Ruf
12. April. Löwenzahn, Beginn der
     Blüte
14. April. Schlehe, Beginn der Blüte
18. April. Winterraps, Beginn der
     Blüte
20. April. Löwenzahn, Beginn d. Blüte
     Weißling
21. April. Hausschwalbe, erster Ruf
26. April. Fichte, Beginn der Blatt=
     entfaltung
27. April. Rauchschwalbe, erster Ruf
April. Sommerlinde, Beginn d. Laub=
     entfaltung
     Goldflieder, Beginn der Blüte
     Roßkastanie, Beginn d. Laubentfltg.
     Birke, Beginn der Laubentfaltung
Anfang Mai. Zwetsche, Beginn der
     Blüte
     Birne, Beginn der Blüte
     Süßkirsche, Beginn der Blüte
     Walderdbeere, Beginn der Blüte
     Mispel, Beginn der Blüte
     Johannisbeere, Beginn der Blüte
     Quitte, Beginn der Blüte
 4. Mai. Birke, Beginn der Laubent=
     faltung
 8. Mai. Wachtel, erster Ruf

15. Mai. Weißdorn, Beginn der Blüte
18. Mai. Vergißmeinnicht, Beginn der
     Blüte
21. Mai. Wintergerste, Beginn der
     Blüte
21. Mai. Schwalbe, erster Ruf
28. Mai. Winterroggen, Beginn der
     Blüte
Mai. Besenginster, Beginn der Blüte
     Weißdorn, Beginn der Blüte
     Roßkastanie, Beginn der Blüte
     Flieder, Beginn der Blüte
     Kiefer, Beginn der Blattentfaltung
     Akazie, Beginn der Blattentfaltung
Mitte Mai. Apfel, Beginn der Blüte
Ende Mai. Walnuß, Beginn d. Blüte
     Weißdorn, Beginn der Blüte
Anfang Juni. Winterweizen, Beginn
     der Blüte
     Wasserfrosch, Laichbeginn
18. Juni. Reh, erste Junge
21. Juni. Rebhuhn, erste Junge
Juni. Holunder, Beginn der Blüte
     Goldregen, Beginn der Blüte
Ende Juni. Akazie, Beginn der Laub=
     entfaltung
 5. Juli. Ackerwinde, Beginn d. Blüte
     Winterraps, Beginn der Fruchtreife
10. Juli. Rotklee, Beginn der Blüte
20. Juli. Ackerdistel, Beginn der Blüte
     Wintergerste, Beginn der Fruchtreife
     Weiderich, Beginn der Blüte
Juli. Sommerlinde, Beginn der Blüte
     Heidelbeere, Beginn der Früchtreife
 5. August. Winterroggen, Beginn der
     Fruchtreife
25. August. Champignon
     Winterweizen, Beginn d. Fruchtreife
27. August. Bovist
 5. September. Herbstzeitlose, Beginn
     der Blüte
September. Weißdorn, Beginn der
     Fruchtreife

September. Holunder, Beginn der
　Fruchtreife
　Roßkastanie, Beginn der Fruchtreife
Ende September. Ackerdistel, Beginn
　der Fruchtreife
10. Oktober. Schlehe, Beginn d. Frucht=
　reife
Oktober. Schlehe, Beginn der Laubver=
　färbung
　Roßkastanie, Beginn der Laubver=
　färbung
　Birke, Beginn der Laubverfärbung
　Efeu, Beginn der Laubverfärbung
　Herbstfrostspanner, erste Falter
Ende Oktober. Zwetsche, Beginn der
　Fruchtreife

Hersfeld, 1923
(Beob. Schäfer)

Ende März. Pfirsich, Beginn d. Blüte
Anfang April. Scharbockskraut, Beginn
　der Blüte
Ende April. Schlehe, Beginn der Blüte
　Johannisbeere, Beginn der Blüte
Anfang Mai. Zwetsche, Beginn der
　Blüte
　Birne, Beginn der Blüte
　Süßkirsche, Beginn der Blüte
　Walderdbeere, Beginn der Blüte
　Mispel, Beginn der Blüte
　Quitte, Beginn der Blüte
Mitte Mai. Apfel, Beginn der Blüte
Ende Mai. Walnuß, Beginn der Blüte
　Weißdorn, Beginn der Blüte
Ende Juni. Holunder, Beginn d. Blüte
Mitte September. Efeu, Beginn der
　Blüte
Ende September. Weißdorn, Beginn der
　Fruchtentfaltung
Oktober. Herbstfrostspanner, erste Falter
　Schlehe, Beginn der Fruchtreife
Ende Oktober. Zwetsche, Beginn der
　Fruchtreife

Hersfeld, 1923
(Beob. Friederich)

Februar. Hasel, Beginn der Blüte
　Schneeglöckchen, Beginn der Blüte
März. Huflattich, Beginn der Blüte
　Erle, Beginn der Blüte
　Weide, Beginn der Blüte
　Pappel, Beginn der Blüte
　Salweide, Beginn der Blüte
　Scharbockskraut, Beginn der Blüte
April. Schlehe, Beginn der Blüte
　Löwenzahn, Beginn der Blüte
　Wiesenschaumkraut, Beginn d. Blüte
　Birke, Beginn der Blattentfaltung
　Sommerlinde, Beginn der Blatt=
　entfaltung
　Goldflieder, Beginn der Blüte
　Roßkastanie, Beginn d. Blattentfltg.
　Birke, Beginn der Blattentfaltung
Mai. Winterraps, Beginn der Blüte
　Wintergerste, Beginn der Blüte
　Winterweizen, Beginn der Blüte
　Weißdorn, Beginn der Blüte
　Wucherblume, Beginn der Blüte
　Vergißmeinnicht, Beginn der Blüte
　Walderdbeere, Beginn der Blüte
　Fichte, Beginn der Blattentfaltung
　Kiefer, Beginn der Blattentfaltung
　Besenginster, Beginn der Blüte
　Weißdorn, Beginn der Blüte
　Roßkastanie, Beginn der Blüte
　Flieder, Beginn der Blüte
　Akazie, Beginn der Blattentfaltung
Juni. Rotklee, Beginn der Blüte
　Ackerwinde, Beginn der Blüte
Ende Juni. Akazie, Beginn der Blüte
　Goldregen, Beginn der Blüte
　Holunder, Beginn der Blüte
Juli. Ackerdistel, Beginn der Blüte
　Wegwarte, Beginn der Blüte
　Winterraps, Beginn der Fruchtreife
　Wintergerste, Beginn der Fruchtreife
　Braunelle, Beginn der Blüte

Juli. Weiderich, Beginn der Blüte
  Heidelbeere, Beginn der Fruchtreife
  Sommerlinde, Beginn der Blüte
August. Winterroggen, Beginn der
  Fruchtreife
  Winterweizen, Beginn d. Fruchtreife
September. Ackerdistel, Beginn der
  Fruchtreife
  Herbstzeitlose, Beginn der Blüte
  Weißdorn, Beginn der Fruchtreife
  Holunder, Beginn der Fruchtreife
  Roßkastanie, Beginn der Fruchtreife
Oktober. Schlehe, Beg. d. Fruchtreife
  Birke, Beginn der Laubverfärbung
  Roßkastanie, Beginn d. Laubverfärb.
  Efeu, Beginn der Blüte

Hersfeld, 1923
(Beob. Fürst)

März. Huflattich, Beginn der Blüte
10. März. Weide, Beginn der Blüte
April. Schlehe, Beginn der Blüte
  Herbstzeitlose, Beginn der Blüte
Ende April. Löwenzahn, Beg. d. Blüte
Ende April und Mai. Weißling, erste
  Falter
Anfang Mai. Winterraps, Beginn der
  Blüte
18. Mai. Weiderich, Beginn der Blüte
Anfang Juni. Winterroggen, Beginn
  der Blüte
  Wintergerste, Beginn der Blüte
  Grasfrosch, Laichbeginn
  Wasserfrosch, Laichbeginn
Mitte Juni. Winterweizen, Beg. d. Blüte
Juni/Juli. Ackerwinde, Beginn d. Blüte
20. Juli. Ackerdistel, Beginn d. Blüte
 8. September. Champignon

Hünfeld, Hessen=Nassau, 1923
(Beob. Hügel)

 5. Februar. Hasel, Beginn der Blüte
20. Februar. Pappel, Beginn d. Blüte

20. Februar. Schneeglöckchen, Beginn
  der Blüte
25. Februar. Erle, Beginn der Blüte
 2. März. Hase, erste Junge
12. März. Feldlerche, erster Gesang
15. März. Misteldrossel, erster Ruf
  Huflattich, Beginn der Blüte
18. März. Singdrossel, erster Gesang
25. März. Salweide, Beginn d. Blüte
  Weide, Beginn der Blüte
28. März. Wiesenschaumkraut, Beginn
  der Blüte
30. März. Scharbockskraut, Beginn der
  Blüte
 4. April. Goldflieder, Beginn d. Blüte
 5. April. Buchfink, erster Ruf
10. April. Hausrotschwanz, erster Ruf
12. April. Baumpieper, erster Ruf
15. April. Schlehe, Beginn der Blüte
  Birke, Beginn der Blattentfaltung
  Löwenzahn, Beginn der Blüte
18. April. Goldammer, erster Ruf
 2. Mai. Hausschwalbe, erster Ruf
  Flieder, Beginn der Blüte
 5. Mai. Roßkastanie, Beginn d. Blüte
  Winterraps, Beginn der Blüte
 8. Mai. Walderdbeere, Beginn der
  Blüte
10. Mai. Wucherblume, Beginn der
  Blüte
11. Mai. Girlitz, erster Ruf
12. Mai. Sommerlinde, Beginn der
  Blattentfaltung
14. Mai. Nachtigall, erster Gesang
15. Mai. Rauchschwalbe, erster Ruf
  Kuckuck, erster Ruf
  Vergißmeinnicht, Beginn der Blüte
18. Mai. Wachtel, erster Ruf
20. Mai. Segler, erster Ruf
  Reh, erste Junge
  Fichte, Beginn der Laubentfaltung
25. Mai. Gartenspötter, erster Ruf
  Kiefer, Beginn der Blattentfaltung

25. Mai. Akazie, Beginn der Blatt=
entfaltung

2. Juni. Wintergerste, Beginn der
Blattentfaltung

10. Juni. Schwalbe, erste Junge

15. Juni. Weißdorn, Beginn der Blüte
Winterroggen, Beginn der Blüte

20. Juni. Goldregen, Beginn d. Blüte
Sommerlinde, Beginn der Blüte

25. Juni. Holunder, Beginn der Blüte
Winterweizen, Beginn der Blüte

28. Juni. Akazie, Beginn der Blüte

5. Juli. Rebhuhn, erste Junge

10. Juli. Ackerdistel, Beginn d. Blüte

25. Juli. Winterraps, Beginn der
Fruchtreife

28. Juli. Wintergerste, Beginn der
Fruchtreife

30. Juli. Heidelbeere, Beginn d. Frucht=
reife

8. August. Fliegenpilz, Beginn der
Fruchtreife
Pfifferling, Beginn der Fruchtreife

10. August. Winterroggen, Beginn der
Fruchtreife

15. August. Winterweizen, Beginn der
Fruchtreife
Roßkastanie, Beginn der Fruchtreife

20. August. Braunelle, Beginn der
Blüte

25. August. Weiderich, Beginn der
Blüte

29. August. Herbstzeitlose, Beginn der
Blüte

30. August. Holunder, Beginn der
Fruchtreife

10. September. Weißdorn, Beginn der
Fruchtreife

25. September. Birke, Beginn d. Laub=
verfärbung
Schlehe, Beginn der Fruchtreife

25. Okt. Schlehe, Beginn der Frucht=
reife

Fulda, 1923

(Beob. Direktor Tremmel)

5. März. Erle, Beginn der Blüte

25. März. Huflattich, Beginn d. Blüte
Weide, Beginn der Blüte

14. April. Löwenzahn, Beginn d. Blüte

15. April. Hederich, Beginn der Blüte

18. April. Schlehe, Beginn der Blüte
Winterraps, Beginn der Blüte
Wiesenschaumkraut, Beginn d. Blüte

25. April. Hederich

4. Mai. Vergißmeinnicht, Beginn der
Blüte

15. Mai. Weißling, erster Falter

24. Mai. Wintergerste, Beginn d. Blüte

7. Juni. Winterroggen, Beginn der
Blüte

12. Juni. Rotklee, Beginn der Blüte

15. Juni. Wucherblume, Beginn der
Blüte

25. Juni. Gerste, Flugbrand

Ende Juni. Gerste, Hartbrand
Ackerbohne, schwarze Blattlaus

1. Juli. Getreide, Rostpilz

2. Juli. Braunelle, Beginn der Blüte

5. Juli. Kartoffel, Schwarzbeinigkeit

12. Juli. Ackerwinde, Beginn d. Blüte

14. Juli. Winterweizen, Beg. d. Blüte

15. Juli. Hafer, Flugbrand
Weißling
Weiderich, Beginn der Blüte
Weizen, Steinbrand

16. Juli. Bovist, Beginn d. Fruchtreife

20. Juli. Wegwarte, Beginn der Blüte
Wintergerste, Beginn d. Fruchtreife

23. Juli. Ackerdistel, Beginn d. Blüte

25. Juli. Winterroggen, Beginn der
Fruchtreife

5. August. Winterweizen, Beginn der
Fruchtreife
Champignon, Beginn der Fruchtreife

15. August. Ackerwinde, Beginn der
Fruchtreife

18. August. Rotklee, Beg. d. Fruchtreife

1. September. Ackerdistel, Beginn d. Fruchtreife

10. September. Herbstzeitlose, Beginn der Blüte

Montabaur, 1923
(Beob. Mühlenhover)

20. Januar. Stare, erste Junge

10. März. Huflattich, Beginn d. Blüte

20. März. Stachelbeere, Beginn der Laubentfaltung

24. März. Anemone, Beginn d. Blüte
Frösche, erstes Quaken

25. März. Scharbockskraut, Beginn d. Blüte
Salweide, Beginn der Blüte

2. April. Haferaussaat
Erbsenaussaat

10. April. Sommergersteaussaat

12. April. Rübenaussaat

16. April. Hederich
Raps, Beginn der Blüte

20. April. Roßkastanie, Beginn der Laubentfaltung
Buche, Beginn der Laubentfaltung

21. April. Kartoffelaussaat

23. April. Linde, Beginn der Laubentfaltung

23. April. Runkelfliege

27. April. Oberbaumaustrieb

28. April. Johannisbeere, Blattflecken

Anfang Mai. Rapserdfloh, Befall der Winterung durch den Käfer

Limburg a. d. Lahn, 1923
(Beob. Dr. Lutte)

Februar. Stare, erste Junge

12. März. Frösche, erstes Quaken

18. März. Huflattich, Beginn d. Blüte
Scharbockskraut, Beginn der Blüte
Anemone, Beginn der Blüte

22. März. Salweide, Beginn d. Blüte

12. April. Roßkastanie, Beginn der Laubentfaltung
Linde (Sommer=), Beginn der Laubentfaltung

15. April. Linde (Winter=), Beginn d. Laubentfaltung
Rebenaustrieb

16. April. Obstbaumaustrieb
Buche, Beginn der Laubentfaltung

10. Juni. Stachelbeere, amerikanischer Mehltau

28. Juni. Rübe, schwarze Blattlaus

30. Juni. Kartoffel, Schwarzbeinigkeit
Ackerbohne, schwarze Blattlaus

Juli. Rauhhaarige Wicke, Beginn der Fruchtreife
Viersamige Wicke, Beg. d. Fruchtreife
Hederich, Beginn der Fruchtreife
Ackersenf, Beginn der Fruchtreife
Weizen, Steinbrand
Weizen, Gelbe Halmfliege
Gerste, Hartbrand
Ackerbohne, Rost
Pflaume, Taschenkrankheit
Zwetsche, Taschenkrankheit

3. Aug. Apfel (Clar=), Beg. d. Ernte

6. August. Pflaume (Bühler), Beginn der Ernte

10. August. Birne (Magdalenen), Beginn der Ernte

17. August. Zwetsche, Beginn d. Ernte

19. August. Pfirsich, Beginn d. Ernte

August. Roggen, Mutterkorn
Frühkartoffel, Erdraupe, Larve
Rüben, Rost
Apfel, Polsterschimmel
Birne, Polsterschimmel

Geisenheim, 1923
(Beob. Dr. Lüstner)

15. Januar. Hasel, Beginn der Blüte

16. Januar. Schneeglöckchen, Beginn der Blüte

13. Februar. Erle, Beginn der Blüte
23. Februar. Huflattich, Beginn der Blüte
24. Februar. Kornelkirsche, Beginn der Blüte
25. Februar. Misteldrossel, erster Ruf
Buchfink, erster Gesang
28. Februar. Singdrossel, erster Gesang
5. März. Pappel, Beginn der Blüte
10. März. Scharbockskraut, Beginn d. Blüte
11. März. Walderdbeere, Beginn der Blüte
Feldlerche, erster Gesang
Hase, erste Junge
12. März. Goldflieder, Beginn der Blüte
18. März. Hausrotschwanz, erster Gesang
19. März. Weide, Beginn der Blüte
Salweide, Beginn der Blüte
Anemone, Beginn der Plüte
23. März. Gerste, Aussaat
Hafer, Aussaat
Frösche, erstes Quaken
Wasserfrosch, Laichbeginn
Girlitz, erster Ruf
26. März. Stachelbeere, Beginn der Blüte
27. März. Johannisbeere, Beginn der Blüte
Prunus persica, Beginn der Blüte
Birke, Beginn der Laubentfaltung
28. März. Roßkastanie, Beginn der Laubentfaltung
Schlehe, Beginn der Blüte
29. März. Tilia grandifolia, Beginn der Laubentfaltung
31. März. Kirsche, Beginn der Blüte
Birke, Beginn der Blüte
Löwenzahn, Beginn der Blüte
1. April. Wiesenschaumkraut, Beginn der Blüte

5. April. Birne, Austrieb
Vergißmeinnicht, Beginn der Blüte
6. April. Birne, Beginn der Blüte
10. April. Fichte, Beginn der Blüte
11. April. Rauchschwalbe, erster Ruf
12. April. Kartoffel, Aussaat
Kuckuck, erster Ruf
13. April. Rotbuche, Beginn der Laubentfaltung
Sauerkirsche, Beginn d. Laubentfltg.
16. April. Tilia parvifolia, Beginn der Laubentfaltung
17. April. Apfel, Beginn der Blüte
21. April. Segler, erster Ruf
Nachtigall, erster Gesang
22. April. Erdbeeren, Beginn d. Blüte
Heidelbeere, Beginn der Blüte
28. April. Roßkastanie, Beginn d. Blüte
29. April. Besenginster, Beginn der Blüte
30. April. Weißdorn, Beginn der Blüte
2. Mai. Wein, Austrieb
Kuckucksspeichel
Quitte, Beginn der Blüte
2. Mai. Hausschwalbe, erster Ruf
3. Mai. Flieder, Beginn der Blüte
5. Mai. Goldregen, Beginn der Blüte
6. Mai. Wucherblume, Beginn der Blüte
7. Mai. Kiefer, Beginn der Blüte
8. Mai. Holunder, Beginn der Blüte
24. Mai. Mispel, Beginn der Blüte
31. Mai. Hartriegel, Beginn der Blüte
2. Juni. Akazie, Beginn der Blüte
3. Juni. Rebstichler
20. Juni. Johannisbeere, Beginn der Fruchtreife
22. Juni. Mauerpfeffer, Beginn der Blüte
25. Juni. Rebe, Oidium
4. Juli. Braunelle, Beginn der Blüte
Sommerlinde, Beginn der Blüte
Weinrebe, Beginn der Blüte

6. Juli. Ackerwinde, Beginn der Blüte
7. Juli. Ackerdistel, Beginn der Blüte
Heidelbeere, Beginn der Fruchtreife
12. Juli. Wegwarte, Beginn der Blüte
20. August. Holunder, Beginn der Fruchtreife
24. Aug. Herbstzeitlose, Beg. d. Blüte
22. September. Weißdorn, Beginn der Fruchtreife
26. September. Efeu, Beginn d. Blüte
7. Oktober. Roßkastanie, Beginn der Fruchtreife
20. Oktober. Roßkastanie, Beginn der Laubverfärbung
24. Oktober. Birke, Beginn der Laubverfärbung
12. November. Herbstfrostspanner

Langenschwalbach i. Taunus, 1923

16. März. Salweide, Beginn d. Blüte
21. März/10. April. Haferaussaat
24. März. Anemone, Beginn d. Blüte
28. März. Stachelbeere, Beg. d. Blüte
30. März. Huflattich, Beginn d. Blüte
6. April. Oberbaumaustrieb
10. April. Süßkirsche, Beginn d. Blüte
Raps, Beginn der Blüte
15. April. Pflaume, Beginn der Blüte
Zwetsche, Beginn der Blüte
16. April. Birne, Beginn der Blüte
18. April. Rübenaussaat
20./30. April. Kartoffelaussaat
25. April. Apfel, Beginn der Blüte
26. April. Buche, Beginn der Laubentfaltung
27. April. Linde, Beginn der Laubentfaltung
28. April. Sommergersteaussaat
Erbsenaussaat
Rübenaussaat
3. Mai. Rapsglanzkäfer
7. Mai. Ackersenf, Keimpflänzchen
15. Mai. Hederich, Keimpflänzchen

16. Mai. Apfel, Beginn der Blüte
Ende Juni. Sommerrapsaussaat
19. Juli. Raps, Beginn der Ernte
23. Juli. Wintergerste, Beg. d. Ernte
Juli. Weizen, Steinbrand
3. Aug. Winterroggen, Beg. d. Ernte

Bad Homburg v. d. Höhe, 1923
(Beob. M. Hotop)

25. Februar. Stare, erste Junge
3. März. Huflattich, Beginn der Blüte
18. März. Scharbockskraut, Beginn der Blüte
19. März. Kornelkirsche, Beginn der Blüte
21. März. Frösche, erstes Quaken
24. März. Anemone, Beginn der Blüte
25. März. Salweide, Beginn der Blüte
26. März. Stachelbeere, Beginn der Laubentfaltung
12. April. Rapsglanzkäfer, Larve
18. April. Rapserdfloh, Befall der Winterung durch den Käfer
25. April. Kirsche, Zweigdürre
3. Juli. Hederich, Beg. d. Fruchtreife
4. Juli. Lupine, Beginn der Blüte
5. Juli. Gerste, Hartbrand
12. Juli. Rauhhaarige Wicke, Beginn der Fruchtreife
13. Juli. Birne, Beginn der Ernte
14. Juli. Viersamige Wicke, Beginn der Fruchtreife
19. Juli. Stachelbeerspanner, Falter
20. Juli. Apfel, Obstmade
23. Juli. Apfel, Beginn der Ernte
18. August. Sommerroggen, Beginn der Ernte
August. Frühkartoffeln, Larven der Erdraupe
Apfel, Polsterschimmel
Birne, Polsterschimmel
10. September. Birne (Gute Graue), Beginn der Ernte

12. September. Zwetsche (Wachenheims Frühzw.), Beginn der Ernte

14. September. Pfirsich (Weiße Magdalene), Beginn der Ernte

15. September. Apfel (Kais. Alexander), Beginn der Ernte
Pflaume (Bühler Früh.), Beginn der Ernte

17. September. Birne (Gute Luise), Beginn der Ernte
Kartoffel (späte Sorten), Beginn der Ernte wegen Mäuseplage

Frankfurt a. M., 1923

(Beob. Obst= und Gartenbauinspektor der Landwirtschaftskammer für den Reg.=Bez Wiesbaden)

3. März. Hasel, Beginn der Blüte

5. März. Cornus mas, Beginn der Blüte

13. März. Scharbockskraut, Beginn d. Blüte

15. März. Weiße Osterblume, Beginn der Blüte

16. März. Huflattich, Beginn d. Blüte

18. März. Salweide, Beginn d. Blüte

7. April. Süßkirsche, Beginn d. Blüte

8. April. Johannisbeere, Beg. d. Blüte

13. April. Birke, Beginn der Blüte
Birne, Beginn der Blüte

14. April. Kastanie, Beginn der Blüte

21. April. Kuckuck, erster Ruf

7. Juni. Süßkirsche (Maik.), Beginn der Ernte

8. Juni. Winterroggen, Beginn der Blüte

9. Juni. Gerste, Streifenkrankheit

10. Juni. Kartoffel, Schwarzbeinigkeit

13. Juni. Wein (Spal.), einbindiger Heuwurm

16. Juni. Kartoffel (Kaiserk.), Beginn der Blüte

20. Juni. Wein am Spal., Beginn d. Blüte

21. Juni. Stachelbeerblattwespe, Larve

25. Juni. Johannisbeere, Beginn der Ernte

26. Juni. Sommergerste, Beginn der Blüte

27. Juni. Winterweizen, Beginn der Blüte

28. Juni. Stachelbeere (Frühe gelbe), Beginn der Ernte

Rheingau, 1923

(Beob. Dr. Schuster, aus Der Deutsche Weinbau, Karlsruhe 1924, Heft 1 u. 2)

Anfang Juni. Weinrebe, Peronospora, starkes Auftreten

2. Juni. Weinrebe, Peronospora in Kiedrich

3. Juni. Weinrebe, Peronospora in Erbach

5. Juni. Weinrebe, Peronospora in Geisenheim

8. Juni. Weinrebe, Peronospora in Eltville

10. Juni. Weinrebe, Peronospora in Hochheim

Anfang Juli. Weinrebe, Peronospora in Lorch
Weinrebe, Peronospora in Winkel
Weinrebe, Oidium (wenig)

12. Juni. Weinrebe, Oidium in Hattenheim

21. Juni. Weinrebe, Oidium in Kiedrich

12. Juli. Weinrebe, Oidium in Geisenheim

15. Juli. Weinrebe, Oidium in Erbach

16. Juli. Weinrebe, Oidium in Winkel
Heu= und Sauerwurm (selten)

23. und 28. April. Weinrebe, erste Motten, Heu= und Sauerwurm in Geisenheim

16. Mai. Weinrebe, erste Motten, Heu= und Sauerwurm in Erbach

Anfang Juni. Weinrebe, erste Motten, Heu- und Sauerwurm in Hochheim

Weinrebe, Kräuselkrankheit in Caub sehr stark

Weinrebe, Kräuselkrankheit in Hattenheim sehr stark

Weinrebe, Kräuselkrankheit in Erbach sehr stark

22. April. Weinrebe (Frühburgunder), Austrieb in Erbach

3. Juni. Weinrebe (Frühburgunder), Beginn der Blüte in Erbach

27. April. Weinrebe, Austrieb in Lorch

1. Mai. Weinrebe, Austrieb in Erbach

2. Mai. Weinrebe, Austrieb in Geisenheim

6. Mai. Weinrebe, Austr. in Hochheim

8. Mai. Weinrebe, Austrieb in Kiedrich

14. Mai. Weinrebe, Austrieb in Winkel

6. Juni. Weinrebe, Beginn der Blüte in Lorch

Weinrebe, Beginn d. Blüte in Erbach

10. Juni. Weinrebe, Beginn der Blüte in Eltville

Weinrebe, Beginn der Blüte in Hochheim

15. Juni. Weinrebe, Beginn der Blüte in Hattenheim

Weinrebe, Beginn der Blüte in Geisenheim

18. Juni. Weinrebe, Beginn der Blüte in Kiedrich

20. Juni. Weinrebe, Beginn der Blüte in Winkel

4. August. Weinrebe, Beginn der Beerenreife in Kiedrich

7. Aug. Weinrebe, Beginn der Beerenreife in Geisenheim

10. Aug. Weinrebe, Beginn der Beerenreife in Erbach

15. Aug. Weinrebe, Beginn der Beerenreife in Lorch

20. Aug. Weinrebe, Beginn der Beerenreife in Hochheim

Weinrebe, Beginn der Beerenreife in Winkel

13. Oktober. Weinrebe, Beginn der Ernte in Lorch

15. Okt. Weinrebe, Beginn der Ernte in Hochheim

28. Okt. Weinrebe, Beginn der Ernte in Winkel

3. November. Weinrebe, Beginn der Ernte in Kiedrich

Weinrebe, Beginn d. Ernte in Erbach

4. Nov. Weinrebe, Beginn der Ernte in Eltville

Weinrebe, Beginn der Ernte in Geisenheim

8. Nov. Weinrebe, Beginn der Ernte in Hattenheim

20. Oktober. Weinrebe, Ende der Ernte in Hochheim

31. Oktober. Weinrebe, Ende der Ernte in Lorch

7. Nov. Weinrebe, Ende der Ernte in Winkel

10. Nov. Weinrebe, Ende der Ernte in Kiedrich

12. Nov. Weinrebe, Ende der Ernte in Eltville

15. Nov. Weinrebe, Ende der Ernte in Erbach

15. Nov. Weinrebe, Ende der Ernte in Geisenheim

16. Nov. Weinrebe, Ende der Ernte in Hattenheim

Phänologische Einzelbeobachtungen im Freistaat Hessen und in Baden.[1]

Reichelsheim, 1923
(Beob. Landwirtschaftsamt)

7. Juni. Gerste, Hartbrand

Friedberg i. Hessen, 1923
(Beob. Dr. Heßler)

3./11. April. Aprikose (Luizet), Nacht=
fröste

5. April. Aprikose (Luizet), Beginn d.
Blüte

10. April. Aprikose (Luizet), Austrieb

11. April. Birne (Grüne Sommer=
Magdalene), Austrieb

14. April. Sauerkirsche (Ostheimer
Weichsel), Beginn der Blüte

15. April. Aprikose (Luizet), Ende der
Blüte

17. April. Birne (Grüne Sommer=
Magdalene), Beginn der Blüte

18. April. Wein, Austrieb

19. April. Birne (Grüne Sommer=
Magdalene), Nachtfrost

19. April. Apfel (Baumanns Reinette),
Austrieb

26. April. Apfel (Baumanns Reinette),
Beginn der Blüte

28. April. Sauerkirsche (Ostheimer
Weichsel), Ende der Blüte

1. Mai. Birne (Grüne Sommer=
Magdalene), Ende der Blüte

7. Mai. Apfel (Baumanns Reinette),
Ende der Blüte

11. Juni. Erdbeere (Flandern), Ende
der Blüte

19. Juni. Erdbeere (Flandern), Beginn
der Ernte

8. August. Birne (Grüne Sommer=
Magdalene), Beginn der Ernte

9. August. Aprikose (Luizet), Beginn
der Ernte

1. Oktober. Apfel (Baumanns Reinette),
Beginn der Ernte

Gau Algesheim, 1923
(Beob. Nau)

16. Februar. Feldlerche, erster Ruf

20. März. Sommergerste (Pfälzer),
Aussaat
Hafer, Aussaat
Pfirsich, Beginn der Blüte
Huflattich, Beginn der Blüte

23. März. Süßkirsche, Beginn d. Blüte
Sauerkirsche, Beginn der Blüte
Birne, Beginn der Blüte

28. März. Pflaume, Beginn d. Blüte
Zwetsche, Beginn der Blüte

29. März. Stachelbeere, Beg. d. Blüte
Johannisbeere, Beginn der Blüte

1. April. Klee, Aussaat
Schlehe, Beginn der Blüte

3. April. Raps, Beginn der Blüte
Löwenzahn, Beginn der Blüte
Winterraps, Beginn der Blüte

9./11. April. Raps, Nachtfröste

18. April. Kuckuck, erster Ruf

19. April. Hausschwalbe, erster Ruf

20. April. Nachtigall, erster Gesang
Apfel, erste Blüte

5. Mai. Rebstichler

9. Mai. Holunder, Beginn der Blüte

24. Mai. Winterroggen, Beg. d. Blüte

13. Juli. Raps, Beginn der Ernte

2. August. Winterroggen, Beginn der
Ernte

6. August. Sommergerste, Beginn der
Ernte

---

[1] Zu einem großen Teil dem Rheinischen Klimabezirk, mit warmen Wintern und
warmen Sommern, angehörend.

12. August. Winterweizen, Beginn der
Ernte
15. August. Sommerweizen, Beginn
der Ernte

Langen, 1923
(Beob. Groh)

 9. Sept. Eiche, Beginn der Laubver=
färbung
11. Sept. Buche, Beginn der Laub=
verfärbung
13. Sept. Roßkastanie, Beginn der
Laubverfärbung

Offenbach, 1923
(Beob. Dr. Georg Eberle)

 4. Februar. Salweide, erste Kätzchen
11. Februar. Schneeglöckchen, Beginn
der Blüte
25. Februar. Leucojum vernum, Be=
ginn der Blüte
 4. März. Kornelkirsche, Beginn der
Blüte
 8. März. Anemone, Beginn der Blüte
11. März. Polmonaria offic., Beginn
der Blüte
Corydalis cava, Beginn der Blüte
21. März. Symphoricarpus racem.,
Beginn der Laubentfaltung
24. März. Betula alba, Beginn der
Laubentfaltung
24. März. Hausrotschwanz, erster Ruf
31. März. Rauchschwalbe, erster Ruf
29. März. Schlehe, Beginn der Blüte
13. April. Mauersegler, erster Ruf
Buche, Beginn der Laubentfaltung
20. April. Kuckuck, erster Schrei
28. April. Sarothamnus scopardus,
Beginn der Blüte
30. April. Roßkastanie, Beginn der
Blüte
24. Juni. Sommerlinde, Beginn der
Blüte

 2. September. Herbstzeitlose, Beginn
der Blüte

Offenbach a. Main, 1923

16. April. Hederich
18. Mai. Apfel, Schorf
10. Juni. Windhalm
15. Juni. Roggen, Mutterkorn
18. Juni. Kartoffel, Schwarzbeinigkeit
20. Juni. Kartoffel, Krautfäule
16. Juli. Weizen, Steinbrand

Sprendlingen, Rheinhessen, 1923
(Beob. Landwirtschaftsamt)

23. März. Aprikose, Beginn der Blüte
 4. April. Raps, Beginn der Blüte
 6. April. Aprikose, Ende der Blüte
 9., 10., 18., 24. April. Raps, Nacht=
fröste
23. April. Hederich
18. Mai. Sauerkirsche, Zweigdürre
20. Mai. Klee (Esparsette), Beg. d. Blüte
Raps, Ende der Blüte
27. Mai. Kartoffel, Austrieb
Rübe, Austrieb
Winterroggen (Petkuser), Beginn
der Blüte
31. Mai. Gerste, Flugbrand
 9. Juni. Weinrebe, falscher Mehltau
12. Juni. Klee, Beginn der Ernte
Weinrebe, Rebstichler
16. Juni. Winterroggen (Petkuser),
Nachtfröste
17. Juni. Winterroggen (Petkuser),
Ende der Blüte
23. Juni. Sommergerste, Beginn der
Blüte
24. Juni. Kartoffel, Krautfäule
Schwarzbeinigkeit
 5. Juli. Raps, Beginn der Ernte
24. Juli. Winterroggen (Petkuser), Be=
ginn der Ernte
30. Juli. Sommergerste, Beginn der
Ernte

Kettenheim, Rheinhessen, 1923
(Beob. Müller)

24. September. Pflaume, Beginn der Ernte
Zwetsche (Italien.), Beginn d. Ernte

28. Sept. Apfel (Reinette), Beg. d. Ernte
1. Oktober. Birne (Pastoren=), Beginn der Ernte
25. Oktober. Wein (Österreicher), Beginn der Ernte

Phänologische Einzelbeobachtungen in Württemberg und Bayern.

Weinsberg, Württemberg, 1923
(Beob. Württembergische Weinbauschule)

22. Februar. Stare, erster Ruf
26. Februar. Kornelkirsche, Beginn der Blüte
10. März. Huflattich, Beginn d. Blüte
Scharbockskraut, Beginn der Blüte
17. März. Stachelbeere, Beginn der Laubentfaltung
19. März. Anemone, Beginn der Blüte
27. März. Salweide, Beginn d. Blüte
1. April. Pfirsich, Beginn der Blüte
5. April. Roßkastanie, Beginn der Laubentfaltung
15. April. Linde, Beginn der Laubentfaltung
16. April. Buche, Beginn der Laubentfaltung
20. April. Erdbeere, Beginn der Blüte
20./25. April. Obstbaumaustrieb
25. April. Weinrebe, Austrieb
Frosch, erstes Quaken
26. April. Winterlinde, Beginn der Laubentfaltung
Apfelblütenstecher
20. Mai. Erdbeere, Ende der Blüte
Blutlaus (an Kernobstbäumen)
18. Juni. Wein, Beginn der Blüte
30. Juni. Erdbeere, Beginn der Ernte
4. Juli. Wein, Beginn der Blüte
18. Juli. Wein, Ende der Blüte
20. Juli. Raps, Beginn der Ernte
1. September. Apfel (Charlamowsky), Beginn der Ernte
Pfirsich (amer. Früh=), Beginn der Ernte

5. September. Pflaume (Bühler Früh=zwetsche), Beginn der Ernte
20. September. Zwetsche, Beginn der Ernte
28. September. Birne (Moos=), Beginn der Ernte

Ensingen b. Vaihingen, 1923
(Beob. Schneider)

1. April. Wein, Austrieb
4. Juli. Wein, Beginn der Blüte
12. Juli. Wein, Ende der Blüte
10. Oktober. Wein, Beginn der Ernte

Hohenheim b. Stuttgart, 1923
(Beob. Gaul)

29. März. Sommerroggen (Petkuser), Aussaat
Anfang April. Klee, Krebs
13. April. Lupine (hellbl.), Aussaat
14. April. Sommerroggen (Petkuser), Austrieb
24. April. Apfel, Mehltau
27. April. Lupine (hellbl.), Austrieb
7. Mai. Stachelbeere, amerikanischer Mehltau
15. Mai. Gerste (Winter=), Flugbrand
Raps, Rapsglanzkäfer
16. Mai. Roggen, Berberitzenrost
20. Mai. Gerste, Streifenkrankheit
10. Juni. Weizen, Fritfliege
22. Juni. Weizen (Sommer=), Flugbrand
Sommergerste, Flugbrand
27. Juni. Sommerroggen, Beginn der Blüte
1. Juli. Kartoffel, Schwarzbeinigkeit

5. Juli. Lupine (hellbl.), Beginn der Blüte

10. Juli. Ackerbohne, schwarze Blattlaus

11. Juli. Roggen, Braunrost

12. Juli. Sommerroggen (Petkuser), Ende der Blüte

15. Juli. Weizen, Steinbrand

16. Juli. Kartoffel, Krautfäule
Lupine (hellbl.), Ende der Blüte

20. Juli. Hafer, Flugbrand

29. Juli. Apfel, Polsterschimmel

11. August. Lupine (hellbl.), Beginn der Ernte

13. August. Sommerroggen (Petkuser), Beginn der Ernte

20. Oktober. Zuckerrüben, Rost
Runkelrüben, Rost

Aalen, Württemberg, 1923
(Beob. Kürz)

6. Mai. Stachelbeere, Stachelbeerspanner
Apfel, Mehltau

Mitte Mai. Hederich
Ackersenf

Ende Mai. Rauhhaarige Wicke

Juni. Klee, Kleeseide

Mitte u. Ende Juni. Pflaume, Taschenkrankheit
Zwetsche, Taschenkrankheit

15. Juli. Roggen, Mutterkorn

Mitte Juli. Weizen, Steinbrand
Gerste, Flugbrand
Gerste, Streifenkrankheit
Hafer, Flugbrand

Ende Juli. Ackerbohne, schwarze Blattlaus

August. Birne, Schorf

Mitte August. Apfel, Schorf

Mitte September. Apfel, Obstmade

Unterregenbach a. d. Jagst, 1923
(Beob. Mürdel)

15. März. Scharbockskraut, Beg. d. Blüte

---

15. März. Anemone, Beginn d. Blüte
Dotterblume, Beginn der Blüte

25. März. Salweide, Beginn der Blüte

29. März. Johannisbeere, Beginn der Blüte

31. März. Wasserbirne, Beginn der Blüte

10. April. Spalierapfel, Beginn der Blüte

22. April. Roßkastanie, Beginn der Laubentfaltung
Buche, Beginn der Laubentfaltung

26. April. Winterlinde, Beginn der Laubentfaltung
Kardinal, Beginn der Blüte

27. April. Gravensteiner, Beginn der Blüte

1. Mai. Roßkastanie, Beginn der Blüte

5. Mai. Syringa, Beginn der Blüte

28. Mai. Sambucus nigra, Beginn der Blüte

31. Mai. Winterroggen, Beginn der Blüte

1. Juni. Salvia officinalis, Beginn der Blüte

Lauffen i. Württemberg, 1923
(Beob. v. Ditterich)

22. März. Klee, Kleekrebs

30. Mai. Stachelbeere, amerikanischer Mehltau

12. Juni. Gerste, Flugbrand

5. Juli. Zuckerrübe, schwarze Blattlaus
Runkelrübe, schwarze Blattlaus

10. Juli. Weizen, Steinbrand

12. Juli. Roggen, Sklerotium

Gmünd, Württemberg, 1923
(Beob. Bader, Ldw. Lehrer)

15. März. Schneeglöckchen, Beginn d. Blattentfaltung

Mitte März. Flieder, Beginn der Blatt=
  entfaltung
28. März. Schlehe, Beginn der Blüte
Anfang April. Wucherblume, Beginn
  der Blüte
 4. April. Wiesenschaumkraut, Beginn
  der Blüte
Mitte April. Feldlerche, erster Gesang
10. April. Löwenzahn, Beginn der
  Blüte.
  Buchfink, erster Ruf
14. April. Roßkastanie, Beginn der
  Laubentfaltung
15. April. Schlehe, Beginn der Blüte
Ende April. Sommerlinde, Beginn der
  Laubentfaltung
  Winterraps, Beginn der Blüte
Anfang Mai. Löwenzahn, Beginn der
  Blüte
10. Mai. Quitte, Beginn der Blüte
  Sommerlinde, Beginn der Laub=
  entfaltung
  Flieder, Beginn der Blüte
  Weißdorn, Beginn der Blüte
10./12. Mai. Akazie, Beginn der Laub=
  entfaltung
10./15. Mai. Hederich
15. Mai. Walderdbeere, Beg. d. Blüte
  Roßkastanie, Beginn der Blüte
  Besenginster, Beginn der Blüte
  Rapsglanzkäfer
19. Mai. Kuckuck, erster Ruf
Mitte Mai. Hase, erste Junge
  Wintergerste, Beginn der Blüte
Mai. Goldregen, Beginn der Blüte
Ende Mai. Rotklee, Beginn der Blüte
  Walderdbeere, Beginn d. Fruchtreife
  Weißdorn, Beginn der Blüte
10. Juni. Holunder, Beginn der Blüte
Anfang Juni. Ackerwinde, Beginn der
  Blüte
  Weinrebe, Beginn der Blüte
Mitte Juni. Akazie, Beginn der Blüte

15. August. Schlehe, Beginn d. Frucht=
  reife
  Weißdorn, Beginn der Fruchtreife
15. September. Holunder, Beginn der
  Fruchtreife
Mitte Oktober. Quitte, Beginn der
  Fruchtreife
10./20. Oktober. Weinrebe, Beginn der
  Fruchtreife

Sulz, O. A. Nagold, 1923

 2. Mai. Birne, Beginn der Blüte
 7. Mai. Apfel (Luiken), Beginn der
  Blüte
  Hederich
13. Mai. Birne, Ende der Blüte
20. Mai. Apfel (Luiken), Ende der
  Blüte
20. Juli. Weizen, Steinbrand
Mitte Juli/Anfang August. Ackersenf
Anfang August. Apfel, Obstmade

Waiblingen, 1923
(Beob. Ldw. Schule)

Ende Februar. Schneeglöckchen, Beginn
  der Blüte
Mitte März. Huflattich, Beginn der
  Blüte
23. März. Stachelbeere, Beginn der
  Blüte
27. März. Aprikose, Beginn der Blüte
  Forsythia, Beginn der Blüte
10. April. Birne, Beginn der Blüte
20. April. Apfel, Beginn der Blüte
 1. Mai. Flieder, Beginn der Blüte

Stuttgart=Cannstatt, 1923
(Beob. Henninger)

18. August. Herbstzeitlose, Beginn der
  Blüte
21. August. Roßkastanie, Beginn der
  Blüte

Unterhaugstett O. A. Calw., 1923

23. April. Hederich
15. Juni. Gerste, Streifenkrankheit
 9. Juli. Weizen, Flugbrand
31. Juli. Apfel, Obstmade

Ulm, Donau, 1923
(Beob. Wenck, Obstbauinspektor)

27. März. Veilchen, Beginn der Blüte
17. April. Mirabelle, Beginn d. Blüte
 6. Mai. Erdbeere, Beginn der Blüte

Langenau, O. A. Ulm, 1923
(Beob. Redle)

14. Februar. Feldlerche, Ankunft
17. Februar. Bergstelze, erster Ruf
Star, erster Ruf
 4. März. Misteldrossel, erster Ruf
11. März. Wacholderdrossel, erster Ruf
Großer Brachvogel, erster Ruf
20. März. Singdrossel, erster Gesang
25. März. Hausrotschwanz, erster Gesang
Weidenlaubvogel, erster Ruf
Gartenrotschwanz, erster Ruf
Wiesenpieper, erster Ruf
30. März. Baumpieper, erster Ruf
 5. April. Rauchschwalbe, erster Ruf
 6. April. Hausschwalbe, erster Ruf
 7. April. Steinschmätzer, erster Ruf
14. April. Kuckuck, erster Ruf
24. April. Wendehals, erster Ruf
29. April. Würger (rotrückiger), erster
Ruf
 1. Mai. Segler, erster Ruf
11. Mai. Gartenspötter, erster Ruf
19. Mai. Wachtel, erster Ruf
Juli. Saubohne, schwarze Blattlaus
 2. Juli. Reh, erste Junge
Winterraps, Beginn der Fruchtreife
Kiefernspinner
 6. Juli. Fliegenpilz, Beginn d. Frucht=
reife

 8. Juli. Wintergerste, Beginn der
Fruchtreife
13. Juli. Wegwarte, Beginn der Blüte
16. Juli. Ackerdistel, Beginn der Blüte
22. Juli. Ackerwinde, Beginn der Blüte
25. Juli. Winterroggen, Beginn der
Fruchtreife
26. Juli. Heidelbeere, Beginn der
Fruchtreife
 2. August. Ackerdistel, Beginn der
Fruchtreife
 6. August. Nonne
12. August. Winterweizen, Beginn der
Fruchtreife
24. August. Herbstzeitlose, Beginn der
Blüte
August. Champignon
 5. September. Holunder, Beginn der
Fruchtreife
 6. September. Weißdorn, Beginn der
Fruchtreife
12. September. Birke, Beginn der Laub=
verfärbung
18. Oktober. Schlehe, Beginn d. Frucht=
reife

Kloster Kreuzberg i. Rhön, 1923
(Beob. P. M. Müller, Vikar)

Mitte März. Seidelbast, Beg. d. Blüte
Ende März. Haselstaude, Beg. d. Blüte
Ende März. Goldstern, Beginn d. Blüte
Anfang April. Kuhschelle, Beginn der
Blüte
Schlüsselblume, Beginn der Blüte
Anfang April. Bingelkraut, Beginn d.
Blüte
Gänseblümchen, Beginn der Blüte
Preißelbeere, Beginn der Blüte
Lungenkraut, Beginn der Blüte
Anfang Mai. Heidelbeere, Beginn der
Blüte
Waldmeister, Beginn der Blüte

Schweinfurt i. Unterfranken, 1923
(Beob. Landwirtschaftsstelle)

25. Juli. Sommerroggen, Beginn der Ernte

 5. August. Sommergerste, Beginn der Ernte

10. August. Hafer, Beginn der Ernte
Pfirsich, Beginn der Ernte

12. August. Winterweizen, Beginn der Ernte

15. August. Sommerweizen, Beginn d. Ernte

15. August. Birne (Stuttgarter Geiß=hirtl), Beg. der Ernte
Pflaume (Königsberger Früh=), Beg. der Ernte

17. August. Kartoffel, Beginn d. Ernte

Anfang August. Apfel (Weißer Clar=apfel), Beginn der Ernte

Mitte August. Winterraps, Aussaat

Ende August. Zwetsche (Bühler Früh=), Beginn der Ernte
Wintergerste, Beginn der Aussaat

11. September. Winterroggen, Beginn der Aussaat

Ende September. Winterweizen, Beginn der Aussaat
Rübe, Beginn der Ernte

29. Oktober. Wein, Beginn der Ernte

Alfeld b. Hersbruck, 1923
(Beob. Eckardt)

10. März. Seidelbast, Beginn d. Blüte

21. März. Küchenschelle, Beg. d. Blüte

Phänologische Einzelbeobachtungen in Österreich.

Friedberg, Steiermark, 1923
(Beob. R. Hinterweg)

28. Februar. Leucojum vernum, Beginn der Blüte

29. April. Kohlweißling, erste Falter
Süßkirsche, Beginn der Blüte

2./4. Mai. Birne, Beginn der Blüte

3. Mai. Winterlinde, Beginn d. Blüte

5. Mai. Roßkastanie, Beginn d. Blüte

6./8. Mai. Apfel, Beginn der Blüte

9. Mai. Sommerlinde, Beginn der Blüte

9. August. Herbstzeitlose, Beginn der Blüte

2. September. Roßkastanie, Beginn der Fruchtreife

Wien, Schönbrunn, 1923
(Beob. Max Onno)

1. Januar. Erika, Beginn der Blüte

25. Januar. Eranthis hiemalis, Beginn der Blüte

15. Februar. Anemone hepatica, Beginn der Blüte

18. März. Anemone nemorosa, Beginn der Blüte
Kornelkirsche, Beginn der Blüte
Primula acaulis, Beginn der Blüte

20. März. Huflattich, Beginn d. Blüte
Gagea lutea, Beginn der Blüte
Holzwurz, Beginn der Blüte

29. März. Märzveilchen, Beginn der Blüte

 1. April. Traubenkirsche, Beginn der Laubentfaltung
Schwarzer Flieder, Beginn d. Blüte
Himmelschlüssel, Beginn der Blüte
Roßkastanie, Beginn d. Laubentfaltg.

13. April. Süßkirsche, Beginn d. Blüte
Kohlweißling, erste Falter

14. April. Schlehe, Beginn der Blüte

15. April. Pflaume, Beginn der Blüte
Apfel, Beginn der Blüte
Sommerlinde, Beginn der Blüte

15. April. Winterlinde, Beginn der Laubentfaltung
Weißbuche, Beginn der Laubentfaltung
Buche, Beginn der Laubentfaltung

1. Mai. Roßkastanie, Beginn d. Blüte
Traubenkirsche, Beginn der Blüte
Flieder, Beginn der Blüte
Goldregen, Beginn der Blüte

6. Mai. Eichenhochwald, grün

10. Mai. Eberesche, Beginn der Blüte

20. Mai. Johannisblume, Beginn der Blüte
Wiesenscharlachskraut, Beginn der Blüte

25. Mai. Holunder, Beginn der Blüte

25. Mai. Robinie, Beginn der Blüte

31. Mai. Schneebeere, Beginn d. Blüte
Falscher Jasmin, Beginn der Blüte

15. Juni. Sommerlinde, Beginn der Blüte
Winterlinde, Beginn der Blüte

3. Juli. Kastanie, Beginn der Blüte

3. August. Alpenveilchen, Beginn der Blüte

15. August. Eiche, Beginn der Blüte

18. August. Carlina acaulis, Beginn der Blüte

15. Oktober. Roßkastanie, Beginn der Laubverfärbung

23. Oktober. Eiche, Beginn der Laubverfärbung

II.
Apfelblüte und Apfelblütenstecherbefall 1923.
Von Prof. Dr. E. Werth.
(Zu den Karten I u. II.)

Gegenüber der allgemein verbreiteten Ansicht, daß vornehmlich frühblühende Apfelsorten vom Apfelblütenstecher (Anthonomus pomorum L.) befallen werden, habe ich an anderer Stelle (Nachrichtenblatt für den Deutschen Pflanzenschutz, Jahrg. 1924, S. 47 ff. sowie „Angewandte Botanik", Zeitschrift für Erforschung der Nutzpflanzen 1925, Bd. VII, S. 121 ff.) gezeigt, daß dieses nicht für alle Jahrgänge zutrifft. Auf Grund der im Jahre 1924 im Versuchsobstgarten der Biologischen Reichsanstalt gewonnenen Blütezeiten verschiedener Apfelsorten und der Befallshöhe durch den Apfelblütenstecher (in Prozenten der überhaupt entwickelten Blüten) ergab sich ein Ansteigen der Höhe des Befalls mit der Verspätung des Blütenbeginns. Ich fügte damals hinzu, daß die eben ausgesprochene allgemeine Ansicht auch für viele Jahre zutreffen möge, daß aber die abnormen Verhältnisse des Winters 1923/24 und des Frühjahrs 1924 es verständlich erscheinen lassen, daß die Blütenstecherlarve bei Beginn der Blüte — obwohl diese an sich gegenüber dem Durchschnitt spät war — noch nicht genügend entwickelt war, um sich in den befallenen Knospen halten zu können.

Auf den hier beigefügten Karten (I und II) habe ich die Frage des Zusammenhanges der Befallshöhe des Apfelblütenstechers mit dem Blütenbeginn des Apfels für das Jahr 1923 auf einem anderen Wege der Lösung näher zu bringen versucht. Auf beiden Karten sind auf Grund der Meldungen der Beobachter der Deutschen Pflanzenschutzorganisation durch schwarze Punkte die Orte „stärkeren" Befalls durch den Apfelblütenstecher markiert. Die Karte I bringt außerdem die Abweichung des Temperaturmittels vom langjährigen Mittel für die Monate Februar und März 1923.[1]) Diese beiden Monate haben sich in genanntem Jahre für viele Gegenden durch stärkere Abweichungen von der normalen Temperatur hervorgehoben. Auf der Karte II sind auf Grund der Beobachtungen des Deutschen Phänologischen Reichsdienstes (siehe dieses Heft S. 8 ff.) und der Ihneschen Phänologischen Beobachtungsorganisation (siehe Phänologische Mitteilungen, Arbeiten der Landwirtschaftskammer für Hessen, Jahrg. 1923, Heft Nr. 33) die Abweichungen des Apfelblütenbeginns vom vieljährigen Mittel (vgl. Ihne: Phänologische Karte des Frühlingseinzuges in Mitteleuropa, Petermanns Mitteilungen Bd. 51, 1905, S. 97 ff.) in Tagen eingetragen.

---

[1]) Konstruiert nach den Deutschen Monatswitterungsberichten. Bearbeitet vom Preuß. Meteorologischen Institut.

Karte I.   Abweichung des Temperaturmittels im Februar/März 1923 vom langjährigen Mittel und stärkeres Auftreten des Apfelblütenstechers im gleichen Jahre.

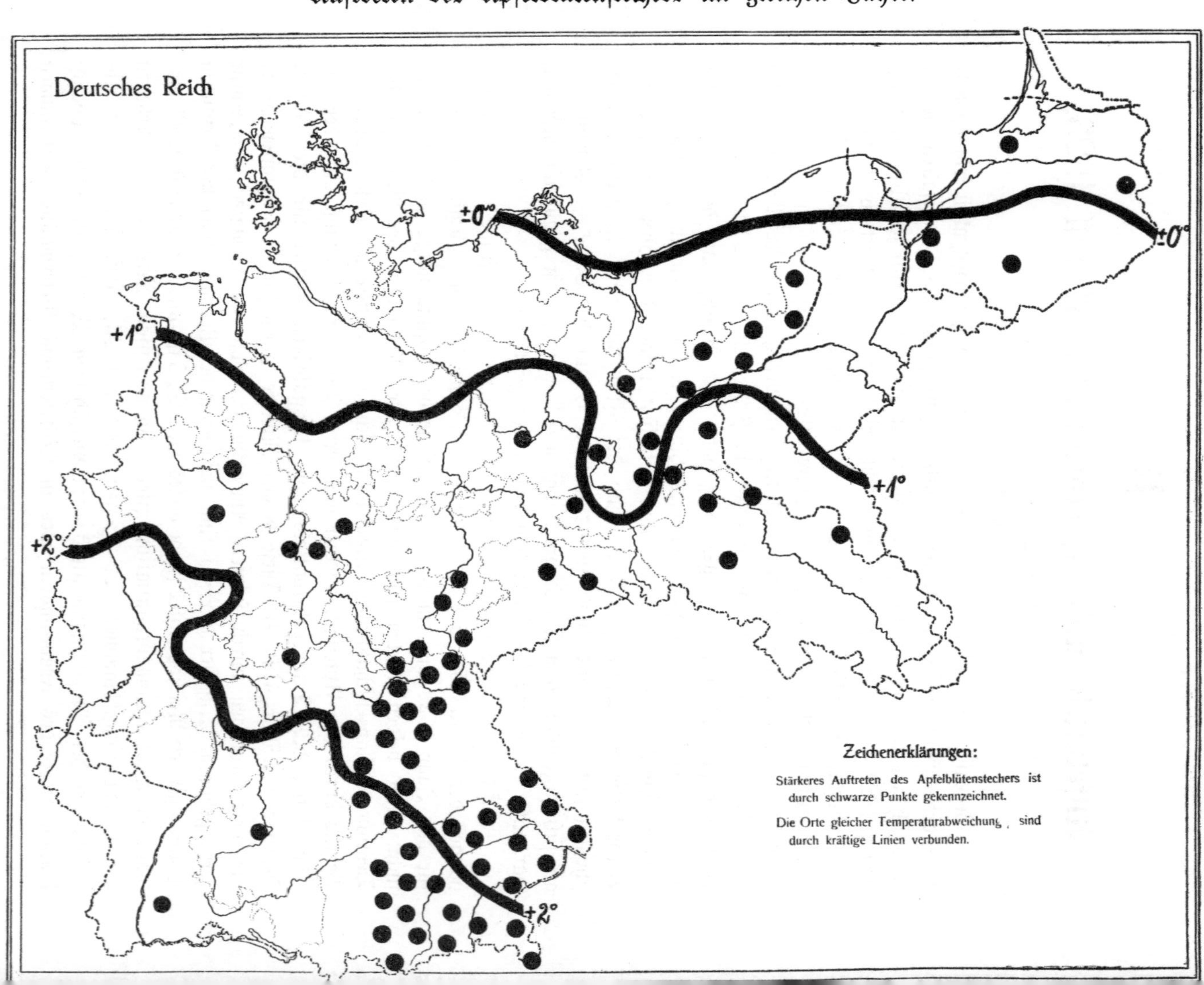

Karte II.   Abweichung des Apfelblütenbeginns vom vieljährigen Mittel und stärkeres Auftreten des Apfelblütenstechers 1923.

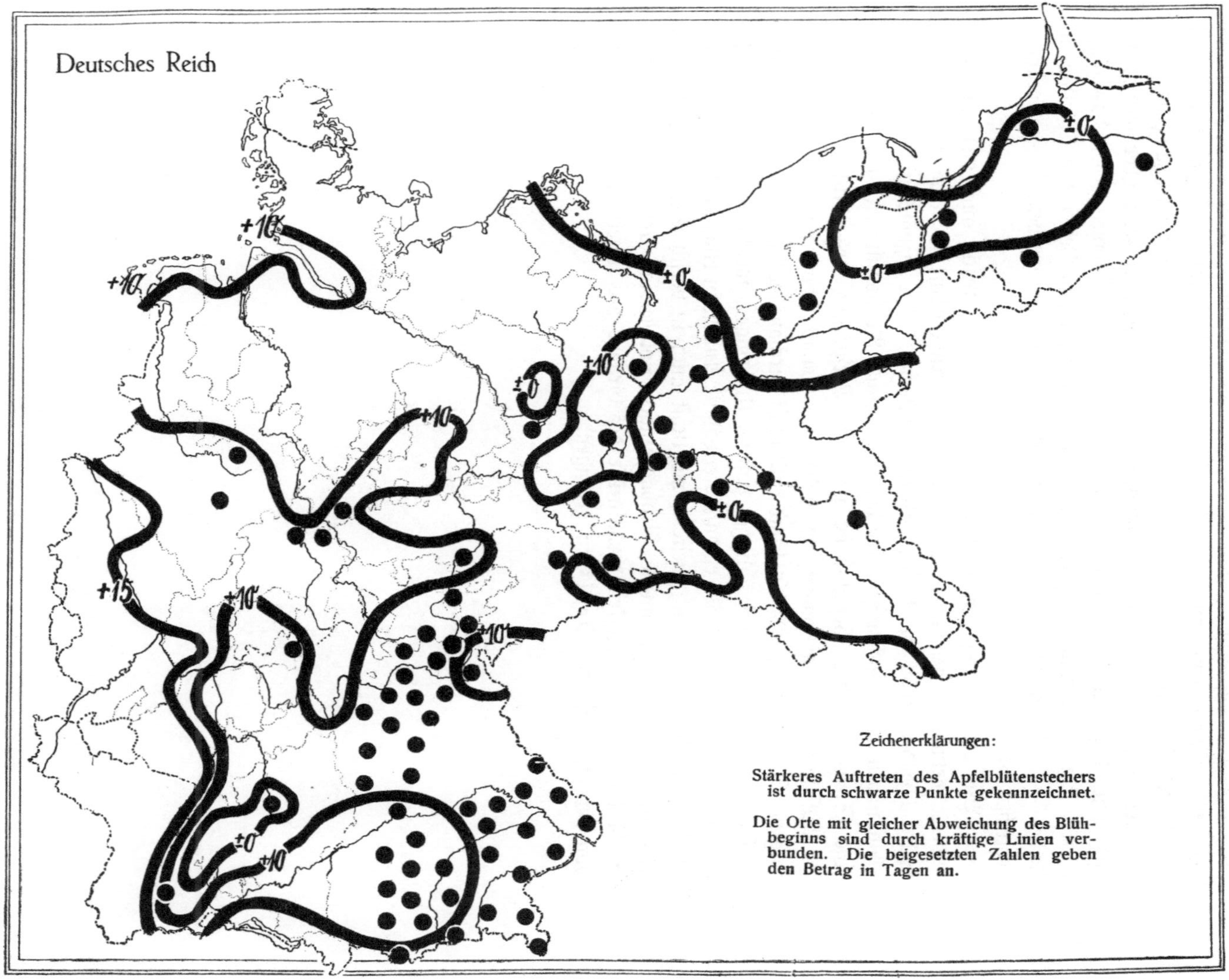

Der Vergleich der beiden Karten zeigt zunächst eine gute Übereinstimmung der Verfrühung des Blütenbeginns mit der Zunahme der Abweichung des Temperaturmittels vom langjährigen Mittel, d. h. vom Nordosten nach Südwesten zunehmende Temperatur wie Voreilen des Apfelblütenbeginns. In bezug auf den Apfelblütenstecher läßt sich auf der Karte I ein Zusammenhang mit den Temperaturabweichungen kaum konstatieren. Die Karte II zeigt aber wenigstens das eine, daß der Südwesten mit mehr als um zwei Wochen gegen das langjährige Mittel verfrühten Apfelblütenbeginn von stärkerem Befall des Apfelblütenstecher — wie ausdrücklich aus diesem Gebiet gemeldet worden ist — verschont geblieben ist.

Wie die eingangs erwähnten Beobachtungen, so spricht auch diese auf ganz anderer Grundlage gewonnene Feststellung wiederum nicht für eine Bevorzugung frühblühender Äpfel durch den Apfelblütenstecher. Da inzwischen auch die Beobachtungen im Versuchsobstgarten der Biologischen Reichsanstalt für das Jahr 1925 eine Steigerung der Befallshöhe mit der Verspätung des Blütenbeginns für 24 Apfelsorten gezeigt haben, so haben wir damit schon für drei aufeinander folgende Jahrgänge (1923, 1924 und 1925) mit durchaus verschiedenem Temperaturverlauf des Winters und Frühlings, positive Unterlagen, welche die, wie es scheint, allgemein als Regel geltende eingangs erwähnte Ansicht in etwa erschüttern dürften. Selbstverständlich sind noch weitere, möglichst auch in verschiedenen Gegenden des Deutschen Reiches gewonnene Beobachtungen notwendig, um zu einem klaren Einblick in die Abhängigkeitsverhältnisse des Grades des Apfelblütenstecherbefalles von der Blütezeit des Apfels zu gelangen.

III.

Bedeutung extremer Temperaturen für die Existenz- grenzen der Pflanzen.

Von Prof. Dr. E. Werth.

(Zu den Karten III—VI.)

Bei den Bemühungen, die klimatische Bedingtheit des Eintritts bestimmter Entwicklungsphasen im Leben der Pflanze und damit auch die klimatischen Grund- lagen ihres Existenzminimums im geographischen Raume festzustellen, begegnet uns immer wieder die Ansicht, daß die Übereinstimmung der Arealgrenzen be- stimmter Arten mit bestimmten Linien mittlerer Temperatur, mittlerer Regenhöhe usw. mehr oder weniger auf Zufälligkeit beruhen müsse, da ja solche Mittelwerte gar keine reellen Werte darstellten und damit auch keine unmittelbare Wirkung auf die Pflanzen ausüben könnten. Sicher ist das im letzten Nachsatze Gesagte richtig. Ebenso richtig ist es aber auch, daß die Existenz einer Pflanze nicht von einer extremen Temperatur oder einer extremen Regenhöhe usw. abhängt, sondern, daß verschiedene meteorologische Faktoren bald in diese, bald in jene Phase des Ent- wicklungsganges der Pflanze fördernd oder hemmend eingreifen.

Wenn wir z. B. eine Übereinstimmung konstatieren zwischen der Januar- isotherme von —3° und der nordöstlichen Begrenzung des Areals der Buche, des wichtigsten waldbildenden Laubholzes Mitteleuropas, so sagt uns die genannte Isotherme nicht allein etwas über die Temperatur aus, sondern zugleich auch etwas über die Regenmenge des betreffenden Landstriches. Schon der Verlauf der Januarisotherme zeigt uns deutlich seine Abhängigkeit von ozeanischen Ein- flüssen. Solche machen sich aber nicht nur durch relativ milde Wintertemperaturen, sondern u. a. auch durch größere Regenmengen im Laufe des Jahres geltend. So kann uns die Mitwintertemperatur nicht selten einen deutlichen Hinweis auf die Regenmenge des Hochsommers einer Gegend gewähren.

Liegt hierin m. E. die große Bedeutung der meteorologischen Mittelzahlen für die Klarstellung der klimatischen Bedingtheit der Entwicklungsphasen und der Existenzmöglichkeit der Pflanze, so soll in Folgendem an einigen Beispielen die Bedeutung und unmittelbare Wirkung extremer Temperaturen für das Pflanzen- leben geprüft werden. Dabei komme ich zunächst ganz kurz auf ein Beispiel zurück, das ich schon an anderer Stelle ausführlicher behandelt habe (Zeitschrift für angewandte Botanik VII, 1925, S. 122 ff.).

Der andauernde Winter 1923/24, welcher in einigen Gegenden des Deutschen Reiches auch ganz besonders tiefe Temperaturen gebracht hat, hat in bestimmten

Karte III. Tiefste Temperaturen und größte Abweichung vom langjährigen Durchschnitt sowie Frost= beschädigung der Obstblüte im Winter 1923/24.

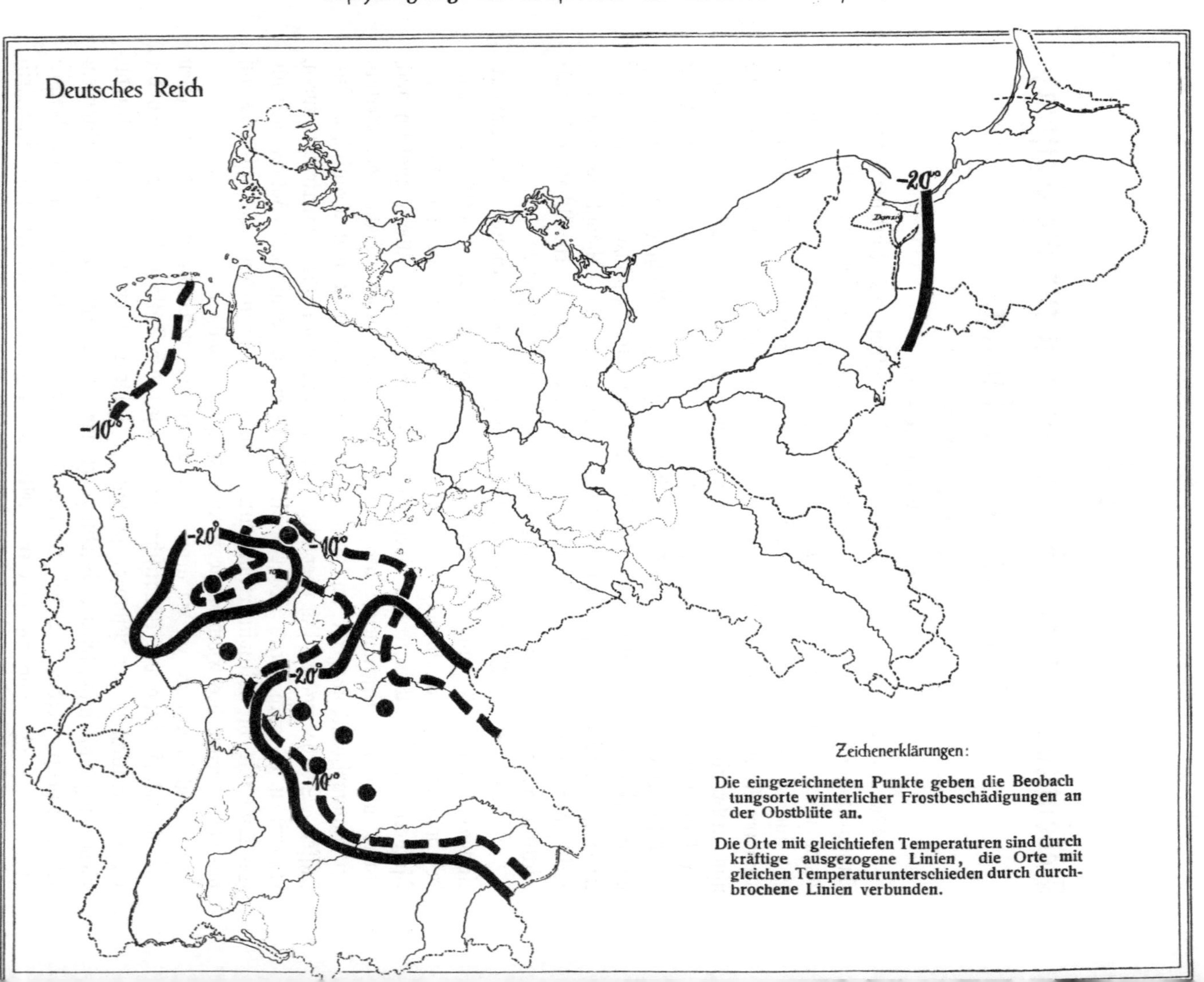

Strichen Süd= und Mitteldeutschlands die Obstblüte zum Teil im Winterzustande erfrieren lassen. Meldungen dazu liegen vor aus der Würzburger Gegend[1]), aus dem Forchheimer Land und Ullstadt (Mfr.)[2]), aus Triesdorf (süd=südwestlich von Nürnberg)[3]) und aus Markt Bergel[4]). Weitere Angaben über Frostschäden an Obstbäumen sind auch aus dem Regierungsbezirk Cassel[5]) und aus der Wetterau[6]) vorhanden. Diese letzteren Angaben sind jedoch leider so all=gemein gehalten, daß es sich nicht immer entscheiden läßt, ob es sich wirklich um Winterfrostschäden oder vielleicht z. T. um Dürreschäden handelt. An dieser Stelle können sie jedenfalls nicht vorbehaltlos mit verwertet werden, da dabei nirgends etwas über den Einfluß der Schäden auf die Blütenknospen gesagt worden ist.

Fragen wir uns nun, welche Besonderheiten der Lage und Witterung die Frostschäden an den Blütenknospen im Winterzustande bewirkt haben, so müssen wir zunächst feststellen, daß es sich in den Beobachtungsgebieten um ausgesprochene Beckenlandschaften handelt, welche auf der Regenkarte als Trockengebiete erscheinen. In Becken können mehr oder weniger lokal auftretende extreme Temperaturen sich viel schärfer auswirken, als im freien Lande, wo die Luftbewegungen einem Aus=gleiche entgegenstreben. Die Beckenlage gilt besonders auch für die aus der Würzburger und Nürnberger Gegend gemeldeten Vorkommen. In diesem Gebiete traten schon im Dezember 1923 ganz außergewöhnliche Temperaturminima auf: Würzburg —24°, Nürnberg —27,4°, Triesdorf (Ries a. a. O.) —28,0°, Metten (an der Donau) —26,3°. Ähnliche Temperaturextreme treffen wir innerhalb Deutschlands erst wieder im nördlichsten Ostpreußen an, wo Tilsit im Januar 1924 ein Minimum von 27,5° erreichte. —20 bezw. —20,4° erreichte das Thermometer auch in Cassel, Arnsberg und Neuwied (Dezember 1923).

Tragen wir auf einer Karte von Deutschland die tiefsten Wintertemperaturen[7]) 1923/24 ein, so fallen die extremsten Gebiete nur zum Teil mit den Örtlichkeiten

---

[1]) Nach schriftlicher Mitteilung von Herrn Dr. Gerneck.

[2]) Hartmann im Wegweiser für Obst= u. Gartenbau 1924 (Heft 9), S. 65.

[3]) G. Ries, Frostschäden des strengen Winters im Wegweiser für Obst= u. Gartenbau 1924 (Heft 9), S. 65.

[4]) G. Rückert, Baumblüte. Der Wegweiser im Obst= u. Gartenbau 1924 (Heft 11), S. 84.

[5]) Becker, Frostschäden an Obstbäumen im Winter 1923/24. Deutsche Obst= u. Gemüse=bauzeitung 1924, Nr. 52. — Derselbe, Frostschäden an Obstbäumen im Winter 1923/24. D. Deutsche Erwerbsgartenbau 1924, S. 654/55.

[6]) P. Rentsch, Frostschäden an Obstbäumen im Winter 1923/24. Deutsche Obst= u. Ge=müsebauzeitung 1924, Nr. 44. — Fr. Braun, Frostschäden an Obstbäumen durch den strengen Winter 1923/24 im Kreise Friedberg. Deutsche Obst= u. Gemüsebauzeitung 1924, Nr. 41. — Horn, L., Frostschäden an den Bäumen der Kreisstraßenpflanzungen des Kreises Friedberg 1923/24. Hess. Ldw. Zeitschrift 1924, Nr. 94. — Sencht, Frostschäden an Obstbäumen durch den strengen Winter 1923/24. Deutsche Obst= und Gemüsebauzeitung 1924, Nr. 38. — P. Rentsch, Frost=schäden an Obstbäumen durch den strengen Winter 1923/24. Deutsche Obst= u. Gemüsebauzeitung 1924, Nr. 35. — Derselbe, Frostschäden an Obstbäumen durch den strengen Winter 1923/24. D. Deutsche Erwerbsgartenbau 1924, S. 402.

[7]) Nach: Deutscher Monatswitterungsbericht, bearbeitet vom Preußischen Meteorologischen Institut. (Berlin, W. Koebke.)

zusammen, von denen die Froſtſchädigungen der Obſtblüte im Winterzuſtande berichtet wurden; zumal das oſtpreußiſche Gebiet liegt außerhalb. Tragen wir aber zugleich auch die Unterſchiede der Winterextreme 1923/24 gegen die mittleren Extreme der Lufttemperatur der gleichen Monate[1]) ein, ſo ſehen wir, daß die angeführten Beobachtungen — zumal die aus dem mit Sicherheit hier in Betracht kommenden Main=Regnitzbecken (aber auch der Regierungsbezirk Caſſel gehört hierher und, wenn auch in etwas abgeſchwächter Form, die Wetterau) — in ein Gebiet fallen, in dem ſich die abſolut tiefſten Wintertemperaturen mit der ſtärkſten Abweichung von den mittleren Extremen decken (vgl. die beiſtehende Karte III).

Dieſe Kongruenz erſchien mir bemerkenswert genug, um ſie hier zur Sprache bringen zu ſollen. Sie beleuchtet aber zugleich dieſe und ähnliche Vorkommniſſe als verhältnismäßig ſeltene Ausnahmeerſcheinungen, als kataſtrophale Ereigniſſe ohne tiefere Bedeutung für das Leben der Pflanze. Zwar hat ein ſolches Vor= kommen eine wirtſchaftliche Bedeutung für den pflanzenbauenden Menſchen, aber die Exiſtenz einer mehrjährigen Pflanze iſt durch einmalige Vernichtung ihrer Reproduktionsorgane nicht gefährdet.

*   *   *

Als Beiſpiel für die Prüfung des Zuſammenhanges zwiſchen Exiſtenzraum und Tiefſttemperaturen habe ich im folgenden die oft in dieſem Zuſammenhange angezogene Südoſtgrenze des Areals der Stechpalme (Hülſe, Ilex aquifolium) in Deutſchland gewählt. Nach P. Graebner entſpricht im norddeutſchen Flachlande etwa das Januarminimum von —12° in ſeinem Verlauf dem der Grenze der Hülſe[2]). Wie Graebner zu dieſer Zahl — offenbar iſt nicht das abſolute, ſondern das mittlere Januarminimum gemeint — kommt, iſt mir un= verſtändlich. Der neue Klimaatlas von Deutſchland[3]) bringt keine Karten über Tiefſttemperaturen. Wir haben ſolche erſt ſelbſt konſtruieren müſſen auf Grund der im Klimaatlas Tabelle 3, S. 15, gegebenen Unterlagen und bringen in der beiliegenden Karte IV das mittlere und in der Karte VI das abſolute Jahres= minimum in der üblichen Form von Linien, welche die Orte mit gleichen Minima verbinden. In der Karte IV iſt außerdem die beſprochene Arealgrenze von Ilex aquifolium (nach Th. Loeſener a. a. O. S. 21, Fr. Oltmanns, Das Pflanzenleben des Schwarzwaldes 1922, Karte 3, und J. E. Weiß, Schul= und Exkurſionsflora von Bayern, München 1894) eingetragen.

Man ſieht zunächſt, daß die letztere — entgegen der Anſicht Graebners — keinerlei Abhängigkeit von der —12°=Linie zeigt. Dagegen ſchmiegt ſie ſich in Norddeutſchland wie im Rheingebiet im ganzen ziemlich gut der —16°=Linie an — das ſind 4° mittleres Jahresminimum weniger, als Graebner annehmen zu müſſen glaubte —, ohne aber die große ſüdöſtliche Ausbuchtung derſelben im norddeutſchen Tieflande mitzumachen und ohne dem Verlauf der —16°=Linie an

---

[1]) Nach: G. Hellmann, Klimaatlas von Deutſchland. (Berlin, D. Reimer, 1921.)

[2]) P. Graebner, Die Entwicklung der Deutſchen Flora. Leipzig 1912, S. 130. — Siehe auch: Th. Loeſener, in Mitteilungen der Deutſchen Dendrologiſchen Geſellſchaft Nr. 28, 1919, S. 22.

[3]) G. Hellmann, Klimaatlas von Deutſchland. Berlin 1921.

der hinterpommerschen Küste und der Danziger Bucht zu folgen. Im Gebiete des Schwarzwaldes und seiner Umgebung wie im Alpenvorlande weicht die Ilex=linie weit ab von der —16°=Linie. Die Karte V (S. 223) gibt die Gebiete mit durch=schnittlich über 50 Schneetagen im Jahr; und es wäre vielleicht daran zu denken, daß in seinem süddeutschen Gebiete die erheblicheren Schneemengen Ilex aqui=folium auch bei durchschnittlich tieferen Temperaturen (als —16°) genügenden Winterschutz gewähren. Immerhin ist zu bemerken, daß das Januarmittel von 0° (bis —1°) — und das gilt für das Gesamtareal — eine bessere und durchaus zu=friedenstellende Übereinstimmung mit der Nordgrenze von Ilex aquifolium zeigt.

Eine bessere Übereinstimmung mit der —16°=Linie gewährt die auf Karte IV (S. 222) gleichfalls eingetragene Südostgrenze von Erica tetralix in Norddeutschland (nach A. Y. Grevillius und O. Kirchner, in Lebensgeschichte der Blütenpflanzen Mittel=europas, Lieferung 23/24, S. 158, A. Garcke, Illustrierte Flora Deutschlands, Berlin 1903 und P. Graebner, Handbuch der Heidekultur, Leipzig 1904). Sie macht bezeichnender Weise auch die beiden Ausbuchtungen der genannten Temperatur=linie gegen Südosten und entlang der Hinterpommerschen Küste bis in die Danziger Bucht mit. Aber auch hier ist die Kongruenz keine vollkommene. Abgesehen von einigen Inseln (Vogtland, Posen, Drewenzgebiet), die aus der —16°=Linie heraus fallen, biegt die Arealgrenze von Erica tetralix im mittleren Rheingebiet nach Frankreich ab, statt südwärts der —16°=Linie zu folgen. Hier treten eben offenbar die spezifisch=ozeanischen Faktoren, die durch die Temperaturextreme allein nicht zum Ausdruck gelangen, in ihr Recht und bestimmen weiterhin die Existenz=möglichkeit der Glockenheide.

Es darf nicht vergessen werden, daß die teilweise Übereinstimmung zwischen den Arealgrenzen von Ilex aquifolium wie Erica tetralix und den Minimal=temperaturen, die auf der Karte IV zum Ausdruck kommen, immerhin ein mitt=leres Minimum betrifft. Die Karte des absoluten Minimums (Karte VI, S. 224) läßt — wenn wir uns hier dieselben Arealgrenzlinien eingetragen denken — keinerlei Übereinstimmung erkennen. Es ergeben sich hier fortlaufend Kreuzungen der Arealgrenzen mit ganz verschiedenwertigen Temperaturlinien.

Karte IV. Mittleres Jahresminimum der Lufttemperatur nebst Arealgrenzen von Ilex aquifolium und Erica tetralix.

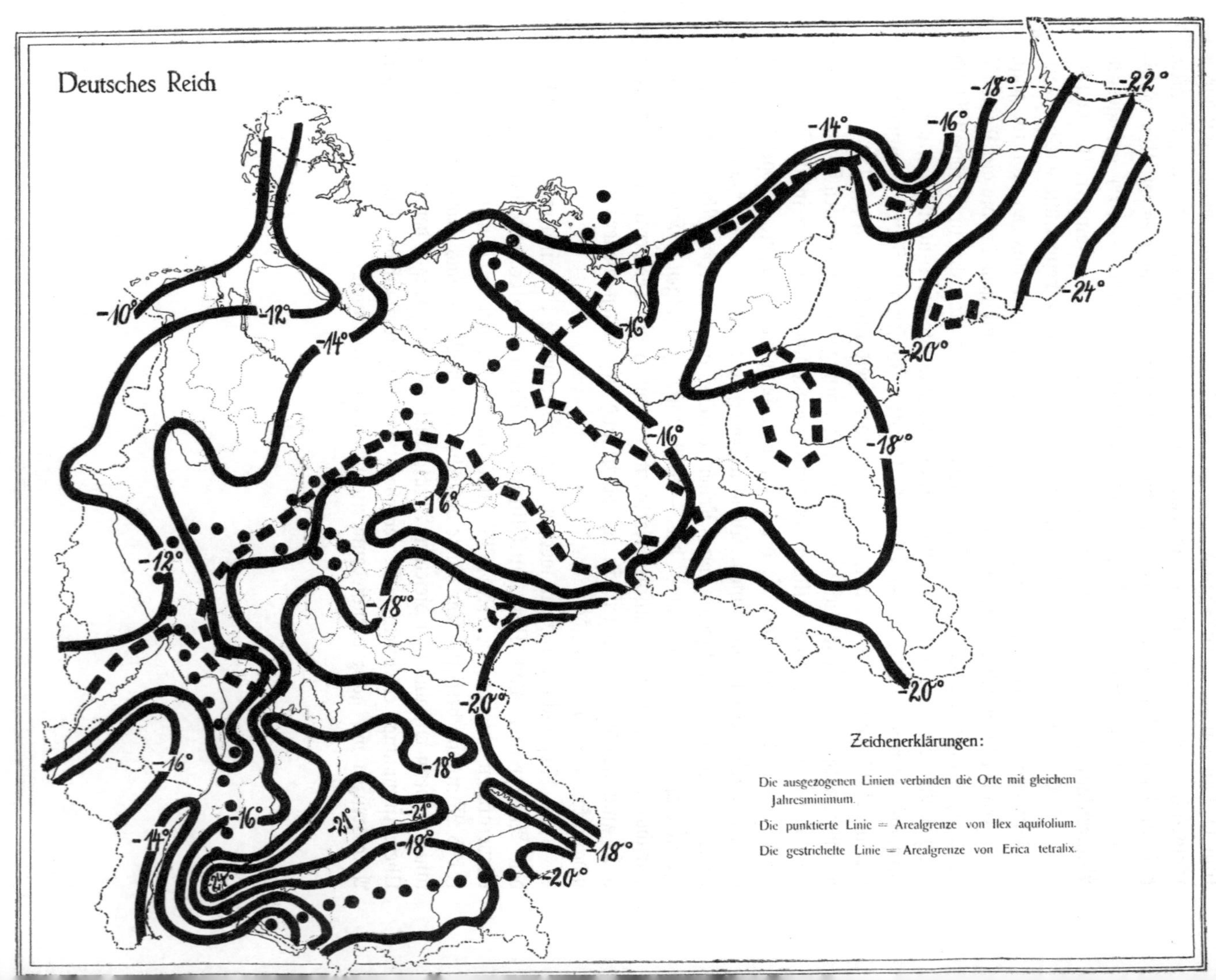

Karte V. Mittlere jährliche Zahl der Schneetage mit mindestens 0,1 mm Schmelzwasser = 50 und mehr (nach Hellmann, Klimaatlas) nebst Arealgrenze von Ilex aquifolium.

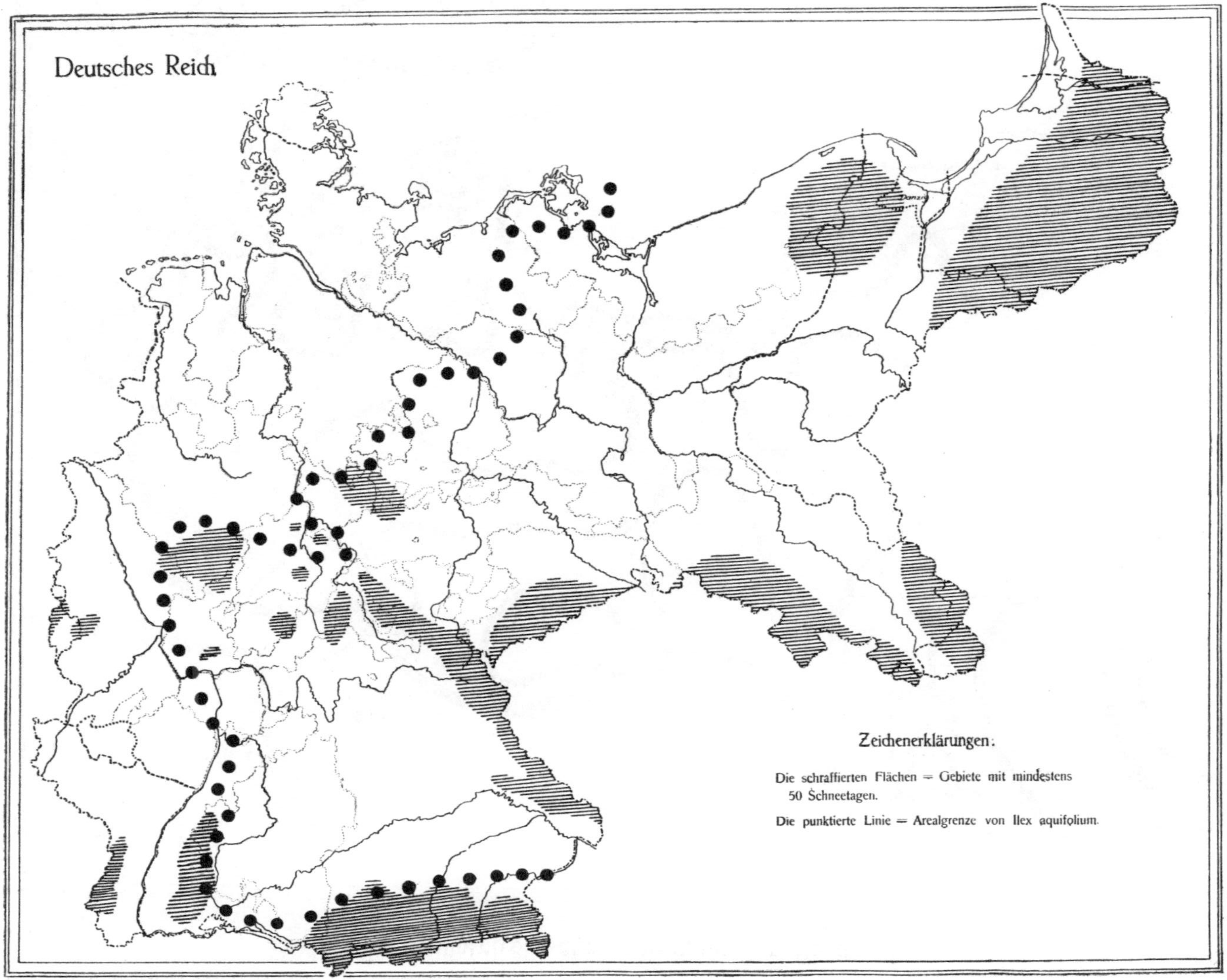

Karte VI. Absolutes Jahresminimum der Lufttemperatur.

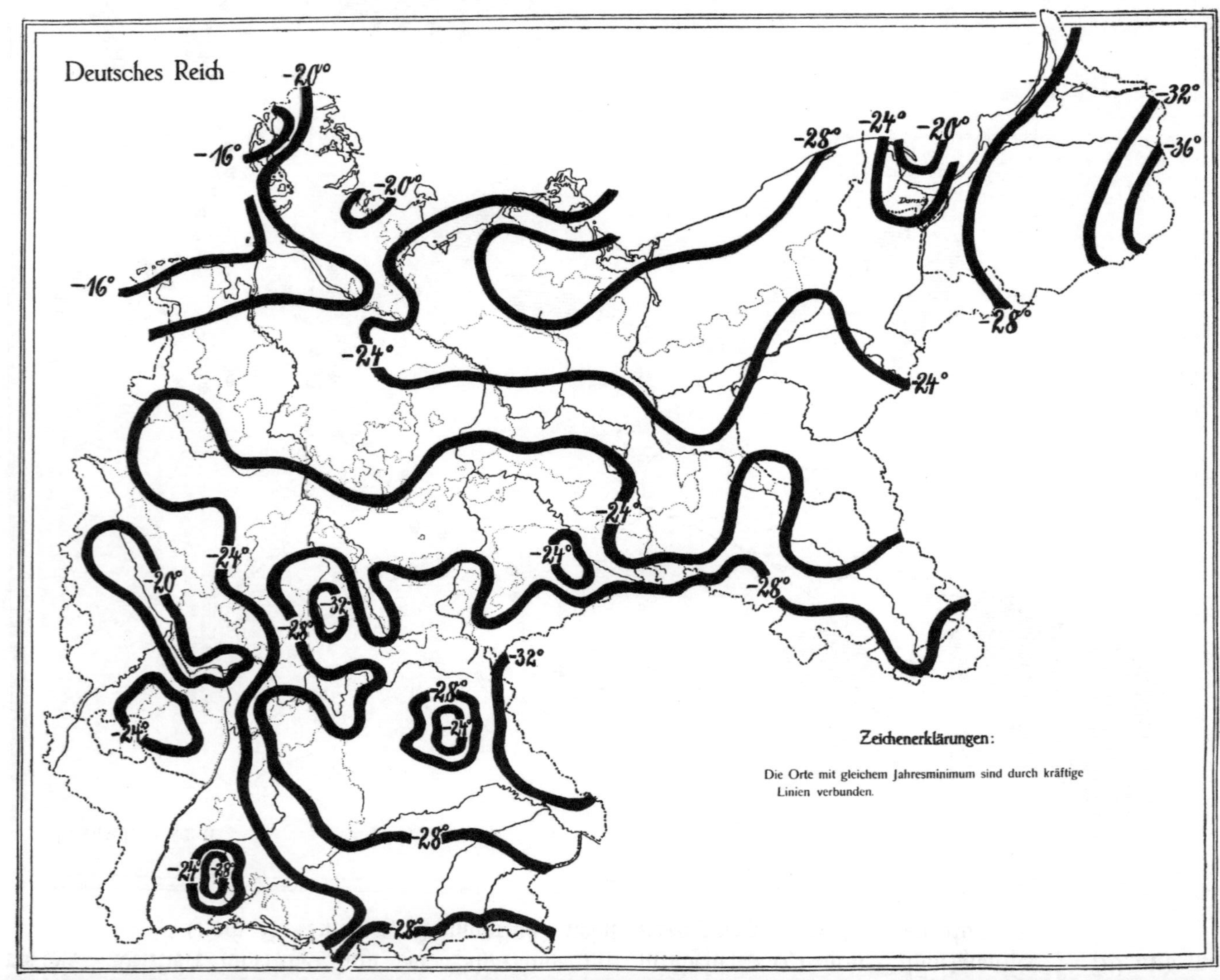